役にたつ
土木工学
シリーズ
1

海岸環境工学

岩田好一朗
水谷　法美
青木　伸一　［著］
村上　和男
関口　秀夫

朝倉書店

執　筆　者

岩田好一朗（いわた こういちろう）	中部大学工学部教授
水谷法美（みずたに のりみ）	名古屋大学大学院工学研究科教授
青木伸一（あおき しんいち）	豊橋技術科学大学建設工学系教授
村上和男（むらかみ かずお）	武蔵工業大学工学部教授
関口秀夫（せきぐち ひでお）	三重大学生物資源学部教授

（執筆順）

まえがき

海辺の砂浜に立ち，浜辺の草木や松林を吹きそよぐ風の音を耳にしながら，青い色調を彩に変えながら遥か向こうまで続く海を眺めているとき，また，朝靄から神々しく顔を出す朝日に映える海や，赤々として海に沈む夕日と夕焼けに映える海を眺めていると，いつのまにか時が止まり，スーッとその中に引き込まれて身と心が融けあい，なにかしら心が和むような感じをもたれる方が多いのではなかろうか．海辺は人をやさしく包み込み心に安らぎを与え，明日につながる“なにか”を授けてくれるように思われてならない．

1999年の改正海岸法でも明記されたように，海岸は「海岸災害からの防護」を前提にしながらも，「海岸環境の保全」がなされ，「海岸域の資源と空間利用」が円滑に行える生活空間でなければいけない．“人の心と身体に潤いと活気を与えてくれる”海岸は，“良質の海岸環境”が前提とされるので，「海岸環境の保全」はきわめて重要であることは，その言を俟たないであろう．

本書のタイトルは『海岸環境工学』であるが，海岸環境工学という学問体系は確立されているわけではなく，いまだに漠としており，その体系化は今後の展開に待たざるを得ない．本書では，沿岸海域における“物理環境”のみならず，“生物環境”も取り扱い，両者の基本特性と両者のかかわり方を，海域施設整備と関係づけながら，主として工学的視点から論じたものである．本書は，学部学生を対象にした初学者の入門書として編集したため，基本的でしかも重要な事柄を中心にして，平易な記載を心がけた積もりである．しかしながら，十分その意に沿っていないことをおそれる．大方のご批判をいただければ幸いである．なお，本書を理解された初学者は，ぜひ，より高度な専門書を紐解かれ，深い専門知識を身に付けていただきたいと思っている．

本書の企画は2002年に始まったが，なかなか執筆が進まず，脱稿が2005年3月にまで延びてしまった．この間，企画から出版にいたるまで，朝倉書店に一方ならないお世話になった．ここに記して謝意を表する．

2005年9月

執筆者一同

目　　次

1 序論　ー海岸のあり方ー

■ 1.1　海岸と人のつながり

海岸はどのような場であり，またどのような機能をもつのであろうか．そして，人は海岸とこれからどのようにかかわっていこうとしているのであろうか．

人は海岸あるいは海辺を通して，多くの“海の恵み”を受けてきた．豊かな水産資源はその恵みの１つであるが，その反面，大きな暴浪や津波の来襲により悲惨な災害を被り，“海の怖さ”も同時に体験してきた．このため，より多くの海の恵みを受けとり，海の怖さから身や財産を守る知恵や技術を開発してきた．また，古来より，海岸は“情報”の受発信の場であり，物の交易や人の交流，文化や文明の流入や流出，それにかかわる祭事や神事の場であった．さらに，物づくりが行われ，新しい文化も育み，人の心を和ませてきた海岸は，まさに人々の大切な日常生活の場であり，喜怒哀楽に満ちた“心の古里”でもあった．

海岸は，陸域の影響と海域の影響を受けるとともに，“都市の論理”と“自然の論理”が交錯する場である．地勢上，臨海低平地部に人口と富が集中せざるを得ない我が国においては，近年の経済成長や都市化の進展に伴い，必然的に海岸施設の“陸域防護機能”向上が社会的に強く要請され，それに応える科学技術が著しく進展したが，その反面，海岸の利用機能を阻害し，生物・生態系を含む海岸環境を悪化させる事態を招いた．このため，利用しやすい海岸づくりと海岸環境の良質化が求められるとともに，いずれ顕在化すると思われる海面上昇を見据えながら，“海岸はどうあるべきか”という問いかけがなされている．今後，地域住民と国や地方自治体が協働して海岸づくりをすることが重要であり，最近提唱されている“里浜づくり”[1)]が１つの方向性を示している．

本章では，まず海岸のもつ自然環境と機能について述べ，ついで，海岸保全と海岸施設計画の視点について記述する．

■ 1.2　海岸の特性と現状

1）自然特性

i）海の波：　海で発生し，海岸に打ち寄せる波は，表 1.1 に示すように，そ

表 1.1　周期による海の波の分類

外　力	復元力	波　の　名　称	周期［秒］
	表面張力	表面張力波（さざ波）	0〜0.1
風	重力	短周期重力波（風波）	0.1〜1
		重力波（風波，うねり）	1〜30
嵐・地震		長周期重力波（サーフビート，静振，湾水振動）	30〜300
	コリオリ力	長周期波（静振，津波，高潮，潮汐）	300〜8.64×10^4
太陽・月		遷移潮波（潮汐，海面の季節振動）	8.64×10^4〜

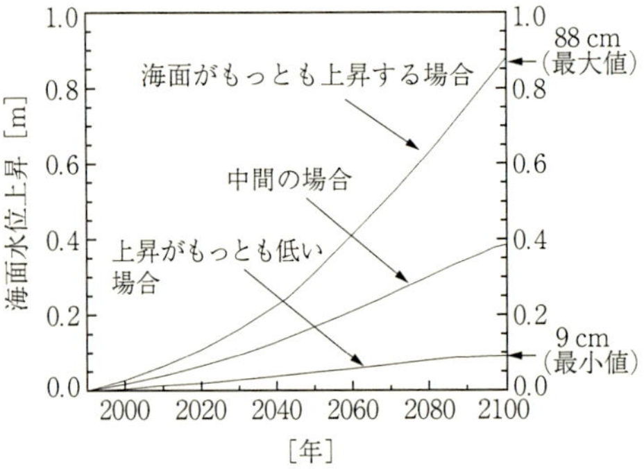

図 1.1　地球温暖化による海面上昇予測[2)]

の周期で，表面張力波，短周期重力波，重力波，長周期重力波，長周期波と遷移長波の 6 種類の波に分類される．波を引き起こす外力は，周期の短い波の場合はおもに風であるが，周期が長くなるにつれて，台風（高潮の場合），海底地震（津波の場合），太陽や月などの天体の引力（潮汐の場合）などが主たる外力となる．また，復元力は，周期の短い波からいえば，表面張力（表面張力波の場合），重力（短周期重力波〜長周期波の場合），地球の自転による Coriolis（コリオリ）力（長周期波〜遷移長波の場合）が主である．

このうち，来襲頻度の高い波は風によって発生する周期 4〜17 秒程度の重力波である．太平洋側の海岸では，台風の影響を受けやすい夏期〜秋期に大きな波が来襲し，一方，日本海側では冬期季節風により大きな波が発生する．津波と高潮は長周期波であり，第 5 章で詳述するように，津波の周期は数十分程度，高潮は数時間〜十数時間である．両方の波とも海岸近傍で増大して大きな破壊力をもつので，これまで甚大な災害を引き起こしてきた．

海面上昇は，いずれ顕在化するはずである．日本の太平洋沿岸の海面は上昇しており，北部沿岸域では年間 5 mm 程度の海面上昇があると指摘されている[2)]．また，図 1.1 に示すように，地球全体としても海面は確実に上昇すると予測されている[3)]．海面上昇に伴い砂礫浜が減少し，海岸環境が変化する．そして，高潮・津波来襲時の海岸施設の防災機能が低下するため，沿岸域の生活基盤が災害に対して脆弱になる可能性が高いことに要注意である．

ii)　海岸の地形：　我が国の海岸は非常に変化に富んでおり，世界でも海岸線の美しい国である．海岸の地形は，海崖･岩石海岸，堆積物海岸とサンゴ礁やマングローブ海岸のような生物形成海岸に大別されると考えてよい[4]．

① 海崖・岩石海岸：波の作用によりおもに削り取られていく岩石海岸であり，岩質の硬さにより侵食速度が異なる．砂礫や泥が混合した未固結堆積物の崖が一番激しく浸食され，侵食速度が 1 m/ 年程度になることもある．兵庫県の東播海岸などが代表例である．つぎに侵食を受けやすいのは，千葉県の屏風ヶ浦海岸のような砂岩と泥岩の互層の半固結・固結堆積岩の崖である．一方，火成岩の海崖は硬岩質のため波による侵食を受けにくいが，福井県の東尋坊のように奇岩状になる場合が少なくない．

② 堆積物海岸：土砂が長年にわたり堆積した海岸であり，礫や砂などで構成され，通常砂浜海岸と称される．その構成材質により，礫浜海岸，砂浜海岸，泥浜海岸に分けられる．三重県の七里御浜海岸は礫浜海岸，千葉県の九十九里浜海岸や愛知県の渥美海岸（図 1.2）は砂浜海岸，九州の有明海沿岸の海岸は泥浜海岸の代表例である．平面地形としては，京都府の天の橋立のように砂浜が海に突き出していく砂嘴（さし），山口県の室積海岸（図 1.3）のように土砂が島の背後に移動して陸地と島が繋がるトンボロ地形（陸繋島地形）[5]，河口で見られる三角州や波打ち際の汀線が波型状になるカスプ地形などが代表的である．近年，供給土砂の減少により海岸侵食が起きているのはこのタイプの海岸である．干潟は，埋立て，陥没，浚渫（しゅんせつ）などにより消滅し，1992 年での現存干潟面積は 51443 ha，1996 年では 1992 年より 4％程度減少している．また，1978 年以降消滅した干潟は 4075 ha であり，2002 年度までに造成された干潟は 2100 ha である[7]．

③ 生物形成海岸：サンゴ礁海岸のサンゴ礁は[6]，褐虫藻を共生させている造礁サンゴや貝類，有孔虫や石灰藻などの造礁生物により形成される地形で，海底から海面付近まで発達し，沖方向に数百 m～数 km の長さになる．水質浄化，生態系の形成や消波効果がある．沖縄県の海岸はサンゴ礁海岸である．マングローブ海岸は，マングローブ林が生育している海岸をいう．日本では，西表島や石垣島のような南西諸島にみら

図 1.2　愛知県渥美海岸（砂浜海岸）

図 1.3　山口県室積（トンボロ地形）[5]

れる．マングローブ林は，サンゴ礁に囲まれた入り江や河口付近の比較的平坦地などに自然立地する．樹木や樹陰が魚類，貝類，エビやカニなどの涵養場所となり，また水質浄化機能も併せもつ．

iii）海岸の生物：　海岸植生は海岸地形により異なり，波，潮，風の影響によっても変化する．砂浜では，満潮時や強風時に波がかぶるような場所にツルナやオカヒジキなど，風による砂移動がある水はけのよい場所ではコウボウムギ，ハマヒルガオ，ハマボウフウなどが，地形がほぼ安定な場所ではハマエンドウ，ハマゴウなどが，そしてふつうの土壌に変わっていく場所ではクロマツ，マサキなどが生育する．海岸動物としては，シロチドリやコアジサシのような鳥類やアカウミガメが代表的である．水域生物については，表 1.2 に示すように[3]，岩礁，サンゴ礁，藻場，干潟と砂浜で，それぞれ特色のある魚類，節足動物や大型の動物が生息している．なお，我が国の藻場については，1992 年時点では，現存藻場面積は 201154 ha，消滅した面積は 6403 ha であり[3]，藻場面積の減少が続いている．

2）海岸のもつ機能

海岸あるいは沿岸域には，環境調整機能，利用・経済機能と情報機能の 3 機能があると考えられている[8]．

① 環境調整機能は，陸域の作用と海域の作用を緩衝さす機能や海岸環境の健全性を保つ機能をいう．砂浜や礫浜のような高い消波機能や水質浄化機能，あるいは干潟や浅場のような高い水質浄化機能，海岸植生などによる塩害や飛砂防止機能により，自然外力や人為的外力を緩和し調整する機能である．このような緩和調整機能により，臨海部での社会生活が保障されている．

② 利用・経済機能は，人が利用できる空間的・経済的な資源を提供する機能をさす．海岸・沿岸域をこれまで，1）生産の場，2）交通・輸送・通信の場，3）生活の場と 4）憩いの場としておもに活用してきた[9]．1）生産としては，工業（工業用地や工業用水など），農業用地，漁業（沿岸漁業や増養殖漁業など），鉱業（砂，石油，天然ガスなど）や石油備蓄など，2）交通・輸送・通信としては，港湾，漁港，空港，航路，

表 1.2　海岸の動物[3)]

海岸の形状	特　徴	魚　類	甲殻類など節足動物	貝　類	大型動物（哺乳類・爬虫類・鳥類）
岩　礁	・鳥類，甲殻類，魚類，貝類など，多様な生物の生息場 ・魚類の産卵場，稚仔の生育場	メバル クエ ウツボ イサキ	ショウジンガニ ホンヤドカリ イセエビ	サザエ アワビ タマキビ イガイ	トド イソヒヨドリ ウミネコ ゴマフアザラシ バンドウイルカ
サンゴ礁	・魚類，ジュゴンなどの哺乳類など，多様な生物の生息場 ・天然の消波機能，魚類などに安息の場の提供 ・光合成による酸素の供給	タカサゴ チョウチョウウオ クマノミ アオブダイ	オカヤドカリ カラッパ オトヒメエビ	イモガイ ザルガイ シャコガイ	ジュゴン カツオドリ タイマイ
藻　場	・大型海藻草類，小動物，幼稚仔魚など，多様な生物の生息場 ・窒素・リンなどの栄養素塩類の吸収 ・光合成による酸素の供給	コノシロ アミメハギ クロガシラカレイ	モエビ テッポウエビ ガザミ	アワビ サザエ サルボウ	スナメリ ジュゴン
干　潟	・鳥類，甲殻類，魚類，貝類など，多様な生物の生息場 ・魚類の産卵場，稚仔魚の生育場	サヨリ マコガレイ トビハゼ	ヤマトオサガニ クルマエビ カブトガニ シオマネキ	イボキサゴ アサリ ハマグリ	スナメリ シロチドリ ハマシギ
砂　浜	・植生，ウミガメ類，底生生物，海草など，多様な生物の生息場 ・稚仔魚の生育場 ・水質浄化機能	イシガレイ シロギス アオギス	スナガニ アミ ヒラツメガニ	サクラガイ ホッキガイ イタヤガイ	アカウミガメ コアジサシ

パイプラインやトンネルなど，3）生活の場として，祭事や宗教，臨海都市や廃棄物処理施設や汚水処理施設など，4）憩いの場として，マリンスポーツ，海水浴や潮干狩り，海中公園や海浜公園などである．

③情報機能は，文化的，学問的な情報を提供し保存する機能をさす．海岸地形を安定にするヘッドランド工法は“Copy Nature”から誕生したように，文・理・工学分野の学問上の情報や知見の提供，文芸活動を啓発する美的・文学的情報など人間の感性にかかわる情報を提供する．

■ 1.3　海岸保全と社会環境

1）海　岸　線

海岸線は陸域と海面が接するところであり，海岸法では，春分の日の満潮面と陸域との交線として定義している．我が国の海岸線の総延長は 34837 km であり，そのう

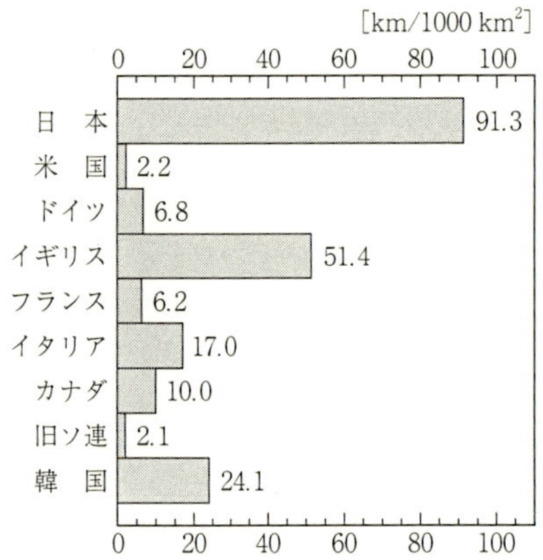

図 1.4　面積あたりの海岸線延長[2)]

ち自然的海岸は約 23000 km で，人工的海岸は約 12000 km である．自然的海岸のうち，約 13000 km が堆積物海岸，海崖・岩石海岸は約 10000 km である[3)]．我が国の海岸線の長さは，国民 1 人あたり約 30 cm であるが，面積あたりの海岸線の長さは，図 1.4 に示すように[3)]，世界で日本は群を抜いて大きい．

2）　海 岸 災 害

波により発生するおもな海岸災害は，発生原因により，① 侵食災害，② 高波災害，③ 高潮災害と ④ 津波災害に大別される．

① の侵食災害は，波の作用により海岸が侵食され，海岸堤防や護岸の倒壊や家屋が損傷を受ける災害である．海岸侵食が全国的に進んでおり，深刻な問題である．現在，1 年間に約 160 ha の砂礫浜が消失しているといわれている．

② の高波災害は，太平洋側でも発生するが，日本海側で顕著である．冬期季節風浪による著しい海岸侵食，海岸施設や施設沿いの家屋の被害，沿岸道路の越波災害，航行船舶の転覆や座礁などが発生する．

③，④ は第 5 章で詳述するが，我が国は台風常襲域にあるため，南向きに湾口をもつ東京湾，伊勢湾，大阪湾，土佐湾や有明海沿岸などで悲惨な高潮災害が発生してきた．1959 年 9 月の伊勢湾台風による高潮災害は，我が国で発生した最悪の高潮災害で，死者・行方不明者が 5098 名に達した．一方，津波の来襲頻度は低いが，日本近くで発生する近地津波により大きな被害が生じる．最近では，1993 年に北海道南西沖地震津波で甚大な津波災害が発生している．なお，日本から遙か離れた場所で発生する遠地津波でも，1960 年のチリ地震津波のように，日本沿岸に大きな被害をもたらす場合がある．

3）　海 岸 防 護

海岸法では，約 34837 km の海岸線総延長のうち，要保全区域延長は 15076 km，一般公共海岸区域は 8508 km，その他は 11253 km である[3)]．なお，海岸保全区域として指定されている区域は 13455 km であり，1621 km はいまだ指定されていない．海岸の管理者は，沖ノ鳥島を除き，地方自治体や港湾管理者の長である．沖ノ鳥島については，国土交通大臣が直接管理する．海岸の所管省庁は国土交通省と農林水産省である．国土交通省は海岸全体の72%弱を所管し，農林水産省は23%強を所管し，両省共同で所管する海岸は1%弱である[3]．

つぎに，海岸防護の思想について述べる．1945年の終戦直後は，災害復旧が主体であったが，度重なる台風来襲により海岸堤防や護岸が破壊したため，1950年から国が正式に海岸災害防止事業を開始し，災害再発防止のための改良費を認めた．そして，1953年の伊勢湾・三河湾を直撃した台風13号による悲惨な高潮災害が契機となり，1956年に海岸防災事業に関する基本法である「海岸法」が成立し，1958年に「海岸保全築造基準」が策定された．そして，海岸堤防の表法面と天端面と裏法面をすべてコンクリートで巻く「三面張り工法」が完成した．さらに，1959年の伊勢湾台風と1961年の第2室戸台風による高潮災害を経験して，波力を低減するため消波ブロックを表法面に置く規模の大きい高天端消波ブロック堤防が誕生し，全国的に普及していった．これ以降，この規模の大きい高天端消波ブロック堤防1基で災害を防ぐ“線的防護方式”が主流となり，沿岸域の人命や財産を守り，臨海地帯での産業生産活動を推進させた面での貢献には大きいものがあった．

しかし，“線的防護方式”は，陸域と海域を分断して海岸利用を阻害し，暴浪による前浜消失を加速し，消波ブロックによる景観悪化などを招いた．そこで，この防護方式に代わり，人工リーフや潜堤，造成砂浜，規模の小さい海岸堤防などの複数の構造物を利用して複合的に波を制御する“面的防護方式”が1980年頃から採用されるようになり，多様な価値をもつ海岸空間の構築が始まった．そして，1999年の海岸法改正により，海岸整備のあり方が，従来の「海岸災害からの防護」一辺倒から，「海岸災害からの防護」，「海岸環境の保全」と「海岸域の資源と空間利用」が調和し，住民の意見を汲み入れた総合的な視点に立ち海岸を整備する思想に転換された．

4) 海岸保全と環境保全

海岸の環境保全を考える場合，生物を含めた物質循環の仕組みを理解すること，それを支配する海水の流れや混合拡散などの物理現象を十分理解することが必要である．水質汚濁は，水産物，海水浴場などに直接影響し，とくに窒素やリンなど栄養塩類の蓄積による富栄養化による赤潮発生は漁業に大きな影響を与える．また，砂浜海岸が侵食により消失すると，海岸のもつ消波機能や海水浄化機能がなくなり，また生態系が損なわれ多様な価値が失われるため，水質の保全と自然海岸の維持や良化が必要である．

水質の悪化が社会問題化したのは1960年代後半であり，産業や人口の都市集中化，生活様式の変化，下水道整備の立ち遅れなどが主たる原因であった．このため，水質の悪化を防止するために，1967年に公害対策基本法が，1970年に水質汚濁防止法が制定され，1971年に環境庁が発足し，環境行政を担った．現在では環境省にその任務が引き継がれている．

環境基本法により，水質の悪化が進んだ内湾海域をA，B，C類型の3段階に分けて，pH（水素イオン濃度），COD（化学的酸素要求量），DO（溶存酸素），大腸菌群数，n-ヘキサン抽出物質の5つの環境量に対して基準値を設定し，さらに良化するよう要請された．このうち，pH, COD, DOの値を記せば，A類型では$7.8 < \mathrm{pH} < 8.3$, $\mathrm{COD} < 2\,\mathrm{mg}/l$, $\mathrm{DO} > 7.5\,\mathrm{mg}/l$, B類型では$7.8 < \mathrm{pH} < 8.3$, $\mathrm{COD} < 3\,\mathrm{mg}/l$, $\mathrm{DO} > 5\,\mathrm{mg}/l$, C類型では$7.0 < \mathrm{pH} < 8.3$, $\mathrm{COD} < 8\,\mathrm{mg}/l$, $\mathrm{DO} > 2\,\mathrm{mg}/l$である．東京湾，伊勢湾や大阪湾の湾奥部がC類型，湾中央部でB類型，湾口近傍でA類型に指定されている．

海岸侵食に伴い消滅した砂浜復元のために，第10章で詳述するように，離岸堤工法が開発され，さらに人工養浜工法が1970年頃から始まった．加えて，人工リーフ工法，人工岬工法，サンドバイパス工法，サンドリサイクル工法などが開発され，砂浜海岸の造成や海浜地形の安定化が図られるようになってきた．また，人工干潟，人工藻場，浅場の造成など海岸環境の修復事業が鋭意行われているが，2004年の自然再生推進法の制定により，さらに加速されるはずであり，今後の進展が期待される．

1.4　海岸整備計画における視点

海岸の利用，開発，保全などの海岸計画を立てて海岸施設整備を実施する場合の基本的な流れは，① 海岸の基本計画策定→ ② 施設整備計画→ ③ 実施（建設・施工）→ ④ モニタリング/事後評価→ ⑤ 維持管理となる[10]．

海岸の基本計画では，長期的で総合的な視点より対象海岸の将来像を示し，その実現に向けての枠組を提示する．1999年の改正海岸法により，国が策定した海岸保全基本方針に基づいて，地元の意見を取り入れた海岸保全基本計画は策定されているので，それに基づき「流域圏」と「沿岸海域」の特性を十分織り込んだ幅の広い視点から施設整備計画を立てることが必要である．

1）　流域圏と沿岸海域

i）　流　域　圏：　流域圏は「流域および関連する水利用地域や氾濫原」として定義されている[11]．これは，人間の生活様式と土地利用の仕方も多様化したために，森林，農用地，都市域などを含み総合的にとらえないと，健全な水循環系を管理できないという認識に基づく．いうまでもなく，都市域や農用地などからの各種の負荷は河口から沿岸海域へ排出されるので，沿岸海域の水質環境に影響を及ぼし，ひいては海域生態系に影響を及ぼす．さらに，河川と沿岸海域を移動する魚類や水域生物にとって，この流域圏は貴重な生息場所である．また，河川上流部における防砂堤や治水・利水ダムの建設に伴い，河川から沿岸域に供給される土砂量の低減が波の作用による海岸線の後退を引き起こしている現状を考えると，「流域の源頭部から海岸の漂砂域までの一貫した土砂の運動領域」を一体としてとらえる「流砂系」による土砂管理の観点が必要である[3]．

ii）　沿岸海域：　沿岸海域は陸域の影響が強く及ぶ海域をさす．通常，浅い大陸棚から海岸までの海域であり，内湾や内海を含む．沿岸海域は，外洋の流体運動のシンクとソース場であるため外洋の影響を受けるが，① 陸域，外洋，大気と海底の 4 境界を通して，運動量，熱量，淡水などの物質交換を行う，② 外洋に比べ，海水運動の時空間的な変化が大きい，③ 風に対する応答が敏感で，風の作用により水位変化や鉛直循環が顕著に起きる，④ 河川などからの淡水流入により海水密度の水平勾配が大きくなるので，鉛直循環が発達する，などの物理特性をもつ[11]．たとえば，三重県尾鷲沖の海水温度の上昇が伊勢湾奥の海水位に影響を与える．このように，沿岸海域の影響には大きいものがある．

2)　環境影響評価

海岸整備に伴い周辺環境が大なり小なり変化する．このため，大規模な公有水面埋立てを伴う事業などについては，第 10 章で詳述するが，1993 年の環境基本法と 1997 年の環境影響評価法（環境アセスメント法）により，事業による環境変化を予測し，環境基準と照合し，その事業実施計画の推進可否を判断することが義務づけられている．また，規模によっては，地方公共団体の条例や要綱などにより行う事業もある．

海岸環境に変化をもたらす可能性がある場合は，ミティゲーション手法を用いることが有効である．まず，① 事業自体の取り止めや一部取り止めなどを再検討し，“影響の排除”を試みる．しかし，事業を実行せざるを得ない場合は，② 規模の縮小などにより“影響の最小化”を図る．それでも，その影響が予想されれば，③ 修復，回復や改善による“矯正”を行い，さらに ④ その事業の実施期間に，繰り返し対策を行い影響の“軽減や除去”を行う，それでも効果が不十分であれば，⑤ 代替えの資源提供などの“代償措置”をとる[12]．

3)　モニタリングと事後評価[8]

環境と調和する海岸整備を行うために，水質や海岸地形や生態系などの海岸環境がどのように変化しているかを，つねにモニタリングしておくことが必要である．海岸施設が新設された場合，その施設が計画どおり機能を発揮しているか，また周辺環境に対して予想以上に悪影響を与えていないかなどを評価する事後評価が重要である（第 10 章参照）．

4)　維持管理と海岸施設データベース

施設完成後は，適切な施設点検を適時行い，状況に応じた補修・補強などを行う維持管理が必要になる．施設整備計画の立案時に，施設の長寿命化を図るため，適切な点検と最適な補修を適時に行い，設計性能を維持する「ライフサイクルマネジメント」に基づく維持管理計画を立てることが望ましい[13]．また，現存の海岸施設の長寿命化にも，適切なライフサイクルマネジメントによる維持管理が必要である．このためには，海岸施設に関する点検結果を経時的に記録として残し，その経時変化から海岸施設の維持補修・更新時期を的確に判断できるような海岸施設データベースの構築が必要である．このデータベースには，海岸施設の設計条件以外に，周辺の環境情報（海岸地形，動植物，気象海象状況など）も同時に収録しておくことが必要である．

演習問題

1.1　我が国の都道府県別の海岸線の長さを調べなさい.

1.2　日本沿岸の海底形状は変化に富んでいる. ① 太平洋沿岸と ② 日本海沿岸の代表的な海岸を選び, その海底断面勾配を調べなさい.

1.3　A 類型海域で環境基準値が規定されていないものを選びなさい.
① COD, ② T−N, ③ n− ヘキサン抽出物質（油分等）, ④ DO, ⑤ pH

参考文献

1) 里浜づくり研究会：“里浜づくり宣言” と “里浜づくり宣言のねらい”, pp. 1−12（2003）.
2) 宇多高明, 伊藤弘之：地球温暖化影響調査報告書, 土木研究所資料, No. 3034, 99 p.（1991）.
3) 国土交通省河川局海岸室監修・全国海岸協会：2003〜2004 海岸ハンドブック, 239 p.（2004）.
4) 土木学会海岸工学委員会：地球温暖化の沿岸影響, 221 p.（1994）.
5) 土木学会海岸工学委員会：日本の海岸と港湾《海岸編》, 45 p.（1985）.
6) 国土交通省港湾局監修・海の自然再生ワーキンググループ著：海の自然再生ハンドブック　その計画・技術・実践, 第 4 巻サンゴ礁編, 103 p.（2003）.
7) 国土交通省港湾局監修・海の自然再生ワーキンググループ著：海の自然再生ハンドブック　その計画・技術・実践, 第 2 巻干潟編, 138 p.（2003）.
8) 土木学会海岸工学委員会：海岸施設設計便覧 2000 年度版, 528p., 丸善（2000）.
9) 石井靖丸, 今野修平編著：沿岸域開発計画, 152 p., 技報堂出版（1979）.
10) 新・全国総合開発「21 世紀の国土グランドデザイン」−地域の自立の促進と美しい国土の創造−平成 10 年 3 月（http://www.mlit.go.jp/kokudokeikaku/ryuuikiken/zso4.html）.
11) 宇野木早苗：沿岸の海洋物理学, 672 p., 東海大学出版会（1995）.
12) 土木学会海岸工学委員会：沿岸域のあり方−21 世紀に向けた海岸工学の課題−, 178 p.（1996）.
13) 難波喬司, 横田　弘, 橘　義則, 田中樹由, 岩田好一朗：海岸保全施設における LCM（ライフサイクルマネジメント）の導入検討, 海岸工学論文集, 第 50 巻, pp. 916−920（2003）.

2 波の基本的性質

■ 2.1 はじめに

波が沿岸域に伝搬すると，海岸の砂を動かして地形を変えたり，荒天時には沿岸施設に強大な外力を作用させ，時には被災にいたらしめる．一方，波が崩れる過程で海中に酸素が取り込まれるなど，沿岸域の物理的・化学的・生物的に重要な多くの現象を引き起こす．これらの現象を正しく評価するためには，外洋から伝搬してくる波の性質を十分に理解することが大事である．波を厳密に記述するにはかなり高度な数学が要求されるが，適度な近似を行うことにより簡潔にわかりやすく表示することが可能である．ここでは，おもに波の近似理論の1つである微小振幅波理論に基づいて波の性質を説明する．

■ 2.2 波の基本諸量と波の分類

波を表す基本量は，波高 H，周期 T，伝搬方向 θ である．また，水深 h も波の性質を支配する基本量である．波高は水位のもっとも高い波峰ともっとも低い波谷の鉛直距離である（図2.1）．波の周期は，水面の運動を時間的にみた場合の運動の繰り返しの時間間隔であり，$\sigma=2\pi/T$ で定義される量を角周波数という．水面の運動は空間的にも変化しており，空間的に繰り返しの間隔を見たものが波長 L で，$k=2\pi/L$ で定義される量を波数という．周期と波長には，2.4節で後述するように，重要な関係が存在する．

すでに，波の発生要因や周期によって波が分類できることを第1章で説明したが，ここでは別の観点から波を分類する．波の大きさは波高に依存するが，波長が長けれ

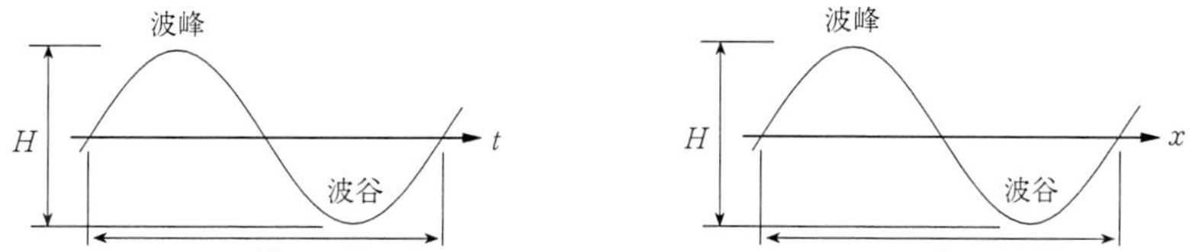

(a) 時間波形　　(b) 空間波形

図2.1 波高，周期と波長

ば水面の勾配は緩やかで，水粒子の運動の空間的な変化も小さい．波高と波長の比 H/L を波形勾配といい，波形勾配が小さければ相対的に波の運動は小さいとみなすことができる．水面の運動が小さい波を微小振幅波，逆に水面の運動が有意な大きさである波を有限振幅波といい，理論的に波を記述するうえで大きく異なる．また，水深と波長の比 h/L（水深波長比，あるいは相対水深という）によっても分類できる．すなわち，非常に水深が深い場合，波に対する海底面の影響はほとんどないが，水深が浅くなると海底面の影響が波に及ぶようになり，第3章で詳述するように，水深の影響によって波は変形する．h/L が 1/2 より大きく，海底面の影響がほとんどない場合を深海波，h/L が 1/20～1/25 より小さく，海底面の影響が非常に大きい場合の波を極浅海波，その中間（$1/25 < h/L < 1/2$）の波を浅海波という．

1つの波高・周期と波向きをもち，自身の波速で進行する波を自由波（free wave）という．自由波が1つの場合の波を規則波,多くの場合の波を不規則波という．また，波向きが1つの波を1方向波，複数の異なる波向きをもつ波を多方向波という．さらに，波が，不透過構造物などに入射すると，反射波が発生する．入射波と反射波が重合した波を重複波といい，進行波と区別している．本章では，これらの波のうち，規則波を中心に，微小振幅波の進行波と重複波の基本的性質について記述する．

2.3 水粒子の運動の記述

水粒子の運動は，その運動の大きさを速度で表すのが便利である．波高と周期は水面波形から定義され，したがって，水面変動も水粒子の運動の大きさを表す重要な物理量である．一方，波によって水粒子の運動は時間的に変化するので，それに伴って圧力勾配が生じる．すなわち，圧力も水粒子の運動を表す重要な物理量となる．波は波高，周期，波長，水深，および波向きによって表されるが，その中の水粒子の運動は水位変動，流速，圧力によって記述される．

2.4 波の基礎方程式と速度ポテンシャル

鉛直上向きを z 軸の正方向とする Descartes（デカルト）座標系を考える（図 2.2）．Euler（オイラー）の記述に従うと，波動場の水粒子の運動は，粘性の影響が無視できる場合，オイラーの運動方程式で記述される．

$$\frac{\partial u}{\partial t}+u\frac{\partial u}{\partial x}+v\frac{\partial u}{\partial y}+w\frac{\partial u}{\partial z}=-\frac{1}{\rho}\frac{\partial p}{\partial x} \tag{2.1}$$

$$\frac{\partial v}{\partial t}+u\frac{\partial v}{\partial x}+v\frac{\partial v}{\partial y}+w\frac{\partial v}{\partial z}=-\frac{1}{\rho}\frac{\partial p}{\partial y} \tag{2.2}$$

$$\frac{\partial w}{\partial t}+u\frac{\partial w}{\partial x}+v\frac{\partial w}{\partial y}+w\frac{\partial w}{\partial z}=-g-\frac{1}{\rho}\frac{\partial p}{\partial z} \tag{2.3}$$

ここに，$u(x,\ y,\ z\ ;\ t)$，$v(x,\ y,\ z\ ;\ t)$，$w(x,\ y,\ z\ ;\ t)$ はそれぞれ $x,\ y,\ z$ 方向の水

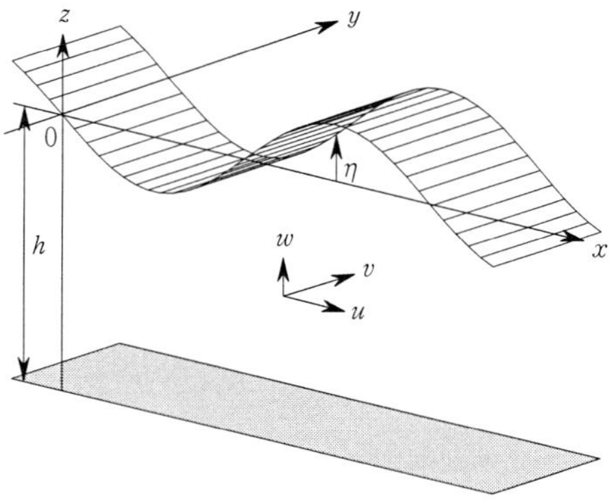

図 2.2　座標の定義

粒子速度，$p(x,\ y,\ z\ ;\ t)$ は圧力，ρ は水の密度，g は重力加速度である（以下 $(x,\ y,\ z\ ;\ t)$ は省略）．

連続式は，水の非圧縮性を考えると以下の式になる．

$$\frac{\partial u}{\partial x}+\frac{\partial v}{\partial y}+\frac{\partial w}{\partial z}=0 \tag{2.4}$$

ここで，水の運動を非回転，すなわち渦なし運動であるとする．このとき，速度ポテンシャルが定義でき，水粒子速度 $u,\ v,\ w$ は速度ポテンシャル ϕ を使って以下のように与えられる．

$$u=\frac{\partial \phi}{\partial x},\quad v=\frac{\partial \phi}{\partial y},\quad w=\frac{\partial \phi}{\partial z} \tag{2.5}$$

いま，式（2.5）を式（2.4）に代入すると，次式に示す Laplace（ラプラス）式を得る．

$$\frac{\partial^2 \phi}{\partial x^2}+\frac{\partial^2 \phi}{\partial y^2}+\frac{\partial^2 \phi}{\partial z^2}=\nabla^2\phi=0 \tag{2.6}$$

すなわち，質量の保存則を意味する連続式はラプラス式で表されることになる．この式（2.6）が速度ポテンシャルの支配方程式となり，式（2.6）を適切な境界条件のもとで解くと，速度ポテンシャルが求められ，式（2.5）から水粒子速度 $u,\ v,\ w$ が求められる．

一方，圧力 p を以下のように扱う．式（2.1）を書き直すと次式となる．

$$\begin{aligned}
\frac{\partial u}{\partial t}+u\frac{\partial u}{\partial x}+v\frac{\partial u}{\partial y}+w\frac{\partial u}{\partial z}&=\frac{\partial u}{\partial t}+\frac{\partial}{\partial x}\left(\frac{1}{2}u^2\right)+v\frac{\partial u}{\partial y}+w\frac{\partial u}{\partial z}\\
&=\frac{\partial u}{\partial t}+\frac{\partial}{\partial x}\left(\frac{1}{2}u^2+\frac{1}{2}v^2+\frac{1}{2}w^2\right)-\frac{\partial}{\partial x}\left(\frac{1}{2}v^2+\frac{1}{2}w^2\right)+v\frac{\partial u}{\partial y}+w\frac{\partial u}{\partial z}\\
&=\frac{\partial u}{\partial t}+\frac{\partial}{\partial x}\left(\frac{1}{2}u^2+\frac{1}{2}v^2+\frac{1}{2}w^2\right)+v\left(\frac{\partial u}{\partial y}-\frac{\partial v}{\partial x}\right)+w\left(\frac{\partial u}{\partial z}-\frac{\partial w}{\partial x}\right)\\
&=-\frac{1}{\rho}\frac{\partial p}{\partial x}
\end{aligned}$$

上式に速度ポテンシャルを代入すると，以下のようになる．

$$\frac{\partial}{\partial t}\left(\frac{\partial \phi}{\partial x}\right)+\frac{\partial}{\partial x}\left\{\frac{1}{2}\left(\frac{\partial \phi}{\partial x}\right)^2+\frac{1}{2}\left(\frac{\partial \phi}{\partial y}\right)^2+\frac{1}{2}\left(\frac{\partial \phi}{\partial z}\right)^2\right\}$$
$$+\left(\frac{\partial \phi}{\partial y}\right)\left\{\frac{\partial}{\partial y}\left(\frac{\partial \phi}{\partial x}\right)-\frac{\partial}{\partial x}\left(\frac{\partial \phi}{\partial y}\right)\right\}+\left(\frac{\partial \phi}{\partial z}\right)\left\{\frac{\partial}{\partial z}\left(\frac{\partial \phi}{\partial x}\right)-\frac{\partial}{\partial x}\left(\frac{\partial \phi}{\partial z}\right)\right\}=-\frac{1}{\rho}\frac{\partial p}{\partial x}$$

上式で，微分の順序は変えてもよいので，左辺第 3 項と第 4 項はゼロになる．また，第 1 項も順序を変えると以下のように書き直すことができる．

$$\frac{\partial}{\partial x}\left(\frac{\partial \phi}{\partial t}\right)+\frac{\partial}{\partial x}\left\{\frac{1}{2}\left(\frac{\partial \phi}{\partial x}\right)^2+\frac{1}{2}\left(\frac{\partial \phi}{\partial y}\right)^2+\frac{1}{2}\left(\frac{\partial \phi}{\partial z}\right)^2\right\}+\frac{1}{\rho}\frac{\partial p}{\partial x}=0 \tag{2.7}$$

同様にして，式（2.2）と式（2.3）は以下のようになる．

$$\frac{\partial}{\partial y}\left(\frac{\partial \phi}{\partial t}\right)+\frac{\partial}{\partial y}\left\{\frac{1}{2}\left(\frac{\partial \phi}{\partial x}\right)^2+\frac{1}{2}\left(\frac{\partial \phi}{\partial y}\right)^2+\frac{1}{2}\left(\frac{\partial \phi}{\partial z}\right)^2\right\}+\frac{1}{\rho}\frac{\partial p}{\partial y}=0 \tag{2.8}$$

$$\frac{\partial}{\partial z}\left(\frac{\partial \phi}{\partial t}\right)+\frac{\partial}{\partial z}\left\{\frac{1}{2}\left(\frac{\partial \phi}{\partial x}\right)^2+\frac{1}{2}\left(\frac{\partial \phi}{\partial y}\right)^2+\frac{1}{2}\left(\frac{\partial \phi}{\partial z}\right)^2\right\}+\frac{1}{\rho}\frac{\partial p}{\partial z}+g=0 \tag{2.9}$$

式（2.7）～(2.9）より，次式が導かれる（補遺 1 を参照）．

$$\frac{p}{\rho}+\frac{\partial \phi}{\partial t}+gz+\left\{\frac{1}{2}\left(\frac{\partial \phi}{\partial x}\right)^2+\frac{1}{2}\left(\frac{\partial \phi}{\partial y}\right)^2+\frac{1}{2}\left(\frac{\partial \phi}{\partial z}\right)^2\right\}=C(t) \tag{2.10}$$

したがって，速度ポテンシャルが求まれば圧力も上式から求められることになる．この式（2.10）は，非定常流れに対する Bernoulli（ベルヌーイ）式である．右辺の積分定数 $C(t)$ は速度ポテンシャルから速度を求めるときに寄与しないので ϕ に含め，右辺をゼロと表示することが通常である．

■ 2.5　微小振幅進行波

つぎに，速度ポテンシャルを具体的に求めてみる．簡単のため，一定水深 h の海域を x の正方向に進行する平面波を考える．このとき，y 方向（波峰方向）に現象が一様であるので，鉛直 2 次元の波動場（xz 面）で表すことができ，速度ポテンシャルの支配方程式は次式となる．

$$\frac{\partial^2 \phi}{\partial x^2}+\frac{\partial^2 \phi}{\partial z^2}=0 \tag{2.11}$$

上式を解くためには x と z に対して境界条件が必要である．x 方向については現象が周期的であるとする．z 方向の境界条件は後述するように自由表面と底面で与えられるが，自由表面は時々刻々変化するため，そこで境界条件を満足させるのは困難である．また，後述する境界条件の扱いを簡便にするため，以下の仮定を考える．

① 水面変動が小さい（$\eta \cong 0$，η は水面の高さ）．

② 運動が緩やかで速度の自乗の項は小さい（$O(u^2) \ll O(u)$，$O(w^2) \ll O(w)$）．

③ 水面勾配が小さく，速度との積も小さい（$O(u\partial\eta/\partial x) \ll O(u)$，$O(w)$）．

このような仮定の下で導かれた波を微小振幅波という．

1)　自由表面の境界条件

自由表面では 2 つの境界条件が与えられる．1 つは，水面上の水粒子は水面の運動

補遺 1　式（2.10）の誘導

$$\frac{\partial}{\partial z}\left(\frac{\partial \phi}{\partial t}\right)+\frac{\partial}{\partial z}\left\{\frac{1}{2}\left(\frac{\partial \phi}{\partial x}\right)^2+\frac{1}{2}\left(\frac{\partial \phi}{\partial y}\right)^2+\frac{1}{2}\left(\frac{\partial \phi}{\partial z}\right)^2\right\}+\frac{1}{\rho}\frac{\partial p}{\partial z}+g=0 \tag{1}$$

より

$$\frac{\partial}{\partial z}\left[\frac{p}{\rho}+\frac{\partial \phi}{\partial t}+gz+\left\{\frac{1}{2}\left(\frac{\partial \phi}{\partial x}\right)^2+\frac{1}{2}\left(\frac{\partial \phi}{\partial y}\right)^2+\frac{1}{2}\left(\frac{\partial \phi}{\partial z}\right)^2\right\}\right]=0 \tag{2}$$

と書ける．

すなわち，［　］内の値は z に依存しないことになる．同様に，gz を x，あるいは y で微分するとゼロになることを利用すると，式（2.7）と（2.8）から

$$\frac{\partial}{\partial x}\left[\frac{p}{\rho}+\frac{\partial \phi}{\partial t}+gz+\left\{\frac{1}{2}\left(\frac{\partial \phi}{\partial x}\right)^2+\frac{1}{2}\left(\frac{\partial \phi}{\partial y}\right)^2+\frac{1}{2}\left(\frac{\partial \phi}{\partial z}\right)^2\right\}\right]=0 \tag{3}$$

$$\frac{\partial}{\partial y}\left[\frac{p}{\rho}+\frac{\partial \phi}{\partial t}+gz+\left\{\frac{1}{2}\left(\frac{\partial \phi}{\partial x}\right)^2+\frac{1}{2}\left(\frac{\partial \phi}{\partial y}\right)^2+\frac{1}{2}\left(\frac{\partial \phi}{\partial z}\right)^2\right\}\right]=0 \tag{4}$$

が得られ，［　］内の値は x と y にも依存しないことになる．

すなわち t のみの関数となり，式（2.10）のように書ける．

と一致していること，すなわち，水面上の水粒子が飛び出さないという運動学的境界条件であり，もう 1 つは，水面での圧力は大気圧に等しいという力学的境界条件である．なお，① の仮定より，自由表面の境界条件は近似的に $z=0$ で与えられる．

自由表面を $F(x,\ z,\ t)=0$ で表すと，運動学的境界条件は

$$\frac{DF}{Dt}=0$$

で与えられる．ここで，$F=z-\eta(x,\ t)$ として，上式に代入すると

$$\frac{\partial \eta}{\partial t}+u\frac{\partial \eta}{\partial x}=w \qquad (\text{at } z=0)$$

が得られる．水位変動の勾配と水粒子速度の積は小さいとする ③ の仮定より上式の運動学的境界条件は次式のように書ける．

$$\frac{\partial \eta}{\partial t}=w=\frac{\partial \phi}{\partial z} \qquad (\text{at } z=0) \tag{2.12}$$

すなわち，水面の移動速度が鉛直方向水粒子速度に等しくなる条件を得る．

一方，力学的境界条件は，自由表面での力のつり合いで，圧力 p が大気圧 p_0 に等しいという条件になる．この条件は，式（2.10）の圧力の関係式を使って表される．ここで，② の仮定を考え，また大気圧 p_0 を 0 とすると力学的境界条件は以下のように書ける．

$$\frac{\partial \phi}{\partial t}+g\eta=0 \qquad (\text{at } z=0) \tag{2.13}$$

上式を書き直すと水位変動 η の式が得られる．

$$\eta=-\frac{1}{g}\frac{\partial \phi}{\partial t} \qquad (\text{at } z=0) \tag{2.14}$$

2) 底面の境界条件

底面は固定されており，不透過で水の流出入がないと考えると，そこでは底面に垂直な流速成分が0でなければならず，次式が成り立つ必要がある．

$$w=\frac{\partial \phi}{\partial z}=0 \qquad (\text{at } z=-h) \tag{2.15}$$

上記は，水粒子の運動を規定するもので，運動学的境界条件である．底面での力学的条件は海底面での圧力のつり合い式になるが，これは自動的に満足される．

3) 速度ポテンシャルの解（微小振幅進行波）

速度ポテンシャルを上記の境界条件を満たすように解くが，支配方程式であるラプラス式は空間だけの微分方程式なので，ここでは波の周期性を考え，時間に関する関数は $e^{-i\sigma t}$ や $\sin\sigma t$ のような周期関数で与えられるものとして，速度ポテンシャルの空間に依存する関数のみを求めることとする．なお，$i(=\sqrt{-1})$ は虚数単位である．

速度ポテンシャルが以下に示すように，x のみの関数 X と z のみの関数 Z の積で表されるものとする．

$$\phi(x,\ z\ ;\ t)=X(x)Z(z)e^{-i\sigma t} \tag{2.16}$$

これを式（2.11）に代入し，式（2.12）～(2.14）の境界条件を満たすように変数分離法で解くと，$\eta=a\cos(kx-\sigma t)$（a は波の振幅で，微小振幅波では $a=H/2$）で与えられる波に対して以下の解を得る（補遺2参照）．

$$\phi=\frac{ag}{\sigma}\frac{\cosh k(h+z)}{\cosh kh}\sin(kx-\sigma t) \tag{2.17}$$

また，σ と k のあいだに以下の関係式も同時に導かれる．

$$\sigma^2=gk\tanh kh \tag{2.18}$$

式（2.18）は分散関係式（dispersion relationship）とよばれる式で，海の波の性質の多くを規定する非常に重要な関係式である．

式（2.17）に式（2.18）を代入すると，微小振幅進行波の速度ポテンシャルが得られる．

$$\phi=\frac{H\sigma}{2k}\frac{\cosh k(h+z)}{\sinh kh}\sin(kx-\sigma t)=\frac{H\sigma}{2k}\frac{\cosh(2\pi h/L)(1+z/h)}{\sinh(2\pi h/L)}\sin(kx-\sigma t)$$

上式からも h/L が波を表す1つの重要なパラメータであることがわかる．

4) 波速と波長

波の進行する速度を波速といい，C で表す．波速 C は波の周期 T，波長 L と以下の関係を満たす．

$$L=CT \quad \text{あるいは} \quad C=\frac{L}{T} \tag{2.19}$$

分散関係式（2.18）に $k=2\pi/L$，$\sigma=2\pi/T$ を代入し，整理すると次式を得る．

$$L=\frac{gT^2}{2\pi}\tanh\frac{2\pi h}{L},\quad C=\frac{gT}{2\pi}\tanh\frac{2\pi h}{L} \tag{2.20}$$

補遺 2 ラプラス方程式の解

水平波形が

$$\eta = a\cos(kx-\sigma t) = \mathrm{Re}(ae^{i(kx-\sigma t)}) \tag{1}$$

で与えられるとする．なお，a は振幅，Re は複素数の実数部を採用することを示す（注：オイラーの公式 $e^{ix}=\cos x + i\sin x$）．

式（2.16）を式（2.11）に代入し，若干の式の変形を行うと次式を得る．ただし，両辺を時間項で割って空間の項のみを残して考える．

$$\frac{Z''}{Z} = -\frac{X''}{X} \tag{2}$$

式（2）の左辺は z のみの関数で，右辺は x のみの関数である．この関係式が任意の x, z に対して成り立つためには，両辺の値が定数でなければならない．この値を k^2（正の値，負の場合はここでは物理的に意味をもたない）とおく．

$$\frac{Z''}{Z} = -\frac{X''}{X} = k^2$$

上式から 2 つの微分方程式が得られる．

$$X'' + k^2X = 0,\quad Z'' - k^2Z = 0$$

これらを満たす一般解は，以下のようになる．

$$X = Ae^{ikx} + Be^{-ikx},\quad Z = Ce^{kz} + De^{-kz}$$

したがって，

$$\phi = (Ae^{ikx} + Be^{-ikx})(Ce^{kz} + De^{-kz})e^{-i\sigma t} \tag{3}$$

いま，振幅 a をもち，x の正の方向に進行する波を考えると，この波は（$kx-\sigma t$）の形をもたないといけないので，$B=0$ となる．すなわち，

$$\phi = Ae^{i(kx-\sigma t)}(Ce^{kz} + De^{-kz})$$

ここで，式（2.15）の境界条件より，

$$kAe^{i(kx-\sigma t)}(Ce^{-kh} - De^{kh}) = 0$$

したがって，$C = De^{2kh}$ となる．この関係を使うと，速度ポテンシャルはつぎのような形になる．

$$\begin{aligned}\phi &= ADe^{i(kx-\sigma t)}(e^{kz+2kh} + e^{-kz})\\ &= ADe^{kh}e^{i(kx-\sigma t)}(e^{k(h+z)} + e^{-k(h+z)})\\ &= Ce^{i(kx-\sigma t)}(e^{k(h+z)} + e^{-k(h+z)})\end{aligned} \tag{4}$$

さらに式（2.12）(2.14）の条件より最終的に式（2.17）を得る．

すなわち，波長は水深に依存し，水深が浅くなると短くなる．また，波速も水深の減少とともに減少し，水深の浅いほうが波速は遅くなる．これは，波の性質や第 3 章で述べる波の変形を考えるときに非常に重要な関係である．

5) 水粒子速度と圧力

導かれた速度ポテンシャルより，u, w, p が以下のように求められる．なお，水面変動 η も同時に示しておく．

$$\eta = \frac{H}{2}\cos(kx-\sigma t) \tag{2.21}$$

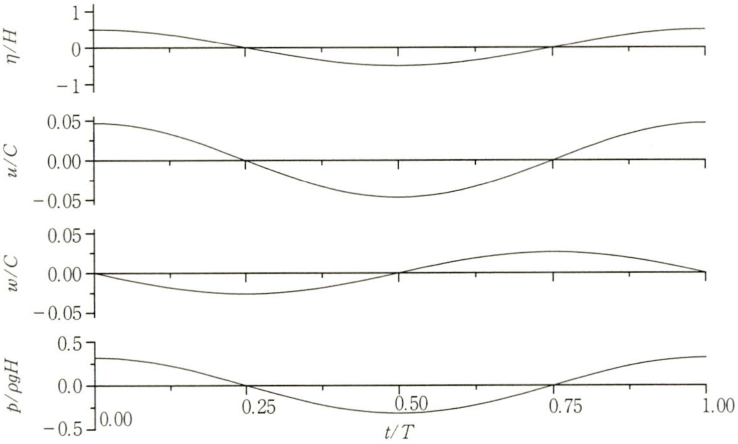

図 2.3　水位変動，流速，圧力の時間波形
$H/L=0.02$, $h/L=0.2$, $z/h=0.5$.

$$\phi=\frac{H\sigma}{2k}\frac{\cosh k(h+z)}{\sinh kh}\sin(kx-\sigma t) \tag{2.22}$$

$$u=\frac{\partial\phi}{\partial x}=\frac{H\sigma}{2}\frac{\cosh k(h+z)}{\sinh kh}\cos(kx-\sigma t) \tag{2.23}$$

$$w=\frac{\partial\phi}{\partial z}=\frac{H\sigma}{2}\frac{\sinh k(h+z)}{\sinh kh}\sin(kx-\sigma t) \tag{2.24}$$

$$p=-\rho\frac{\partial\phi}{\partial t}-\rho gz=\frac{\rho gH}{2}\frac{\cosh k(h+z)}{\cosh kh}\cos(kx-\sigma t)-\rho gz \tag{2.25}$$

水位変動，流速と圧力の時間波形を図 2.3 に例示する．η と u，および p は同位相で，u は，$\eta>0$ のとき波進行方向，$\eta<0$ のとき逆方向になる．一方，w は η より位相が進んでおり，水面が静水面を上向きに横切るときに上向きの最大値をとる．また，u と w の振幅を比較すると u のほうが大きいのも特徴である．

式（2.21）と（2.25）より以下の関係式が得られる．

$$\frac{(p/\rho g)+z}{\eta}=\frac{\cosh k(h+z)}{\cosh kh}=K \tag{2.26}$$

この係数 K を圧力応答係数（pressure responce factor）という．すなわち，水位変動と水深 z における圧力 p の関係を示すもので，実際の海域で圧力を計測して水位変動を求める水圧式水位計の原理となる重要な関係式である．

式（2.23）と式（2.24）を t で微分すると，加速度の表示式が得られる．

6)　深海波と極浅海波

ここで，双曲線関数について考える．双曲線関数は，以下のように定義される．

$$\cosh kh=\frac{e^{kh}+e^{-kh}}{2},\quad \sinh kh=\frac{e^{kh}-e^{-kh}}{2},\quad \tanh kh=\frac{\sinh kh}{\cosh kh}=\frac{e^{kh}-e^{-kh}}{e^{kh}+e^{-kh}}$$

いま，kh が十分大きいときの近似を考える．このとき，$\tanh kh\to 1$ で近似できる．したがって，

$$L=\frac{gT^2}{2\pi},\quad C=\frac{gT}{2\pi} \tag{2.27}$$

となり，波長と波速は周期のみに依存することになる．この関係から周期が異なる波は，独自の波速で進むことがわかる．これは，海の波が音や地震波のような波動とまったく異なる性質をもつことを示している．このような性質を波の分散性という．また，さまざまな周期をもった不規則な波は個々の成分波が独自の波速で進むため，伝搬とともに波形がつねに変化することになる．このような波を非定形波という．

さて，深海では ϕ，u，w，p を以下のように近似できる．

$$\phi = \frac{H\sigma}{2k}\frac{\cosh k(h+z)}{\sinh kh}\sin(kx-\sigma t) \cong \frac{H\sigma}{2k}e^{kz}\sin(kx-\sigma t) \tag{2.28}$$

$$u = \frac{H\sigma}{2}\frac{\cosh k(h+z)}{\sinh kh}\cos(kx-\sigma t) \cong \frac{H\sigma}{2}e^{kz}\cos(kx-\sigma t) \tag{2.29}$$

$$w = \frac{H\sigma}{2}\frac{\sinh k(h+z)}{\sinh kh}\sin(kx-\sigma t) \cong \frac{H\sigma}{2}e^{kz}\sin(kx-\sigma t) \tag{2.30}$$

$$p = \frac{\rho gH}{2}\frac{\cosh k(h+z)}{\cosh kh}\cos(kx-\sigma t) - \rho gz \cong \frac{\rho gH}{2}e^{kz}\cos(kx-\sigma t) - \rho gz \tag{2.31}$$

以上より，u と w の振幅は等しく，また，ϕ，u，w，p ともに水深が深くなるとともに指数関数で大きさが低減する．そして，$-z/L > 3/5$ では振幅はほぼ 0 とみなせる．なお，この近似が有効なのは $h/L > 1/2$ の場合で，このような相対水深の大きい海域での波を 2.2 節で既述したように深海波という．

逆に，水深が非常に浅く，$\tanh kh \to kh$ で近似できる場合，波速と波長は

$$C = \sqrt{gh}, \quad L = CT = T\sqrt{gh} \tag{2.32}$$

となる．これらは波速が周期に依存せず，水深にのみ依存することを示し，同じ水深の海域では異なる周期の波でも同じ波速で伝搬することを意味する．このような波は分散性のない波，あるいは非分散性の波という．そして，水深が一定なら波の進行に伴う波形の変化はないので定形波となる．また，$\sinh kh \to kh$，$\cosh kh \to 1$，$\sinh kz \to kz$，$\cosh kz \to 1 + (kz)^2$ の近似ができるので，ϕ，u，w，p はそれぞれ以下のようになる．

$$\phi = \frac{H\sigma}{2k}\frac{\cosh k(h+z)}{\sinh kh}\sin(kx-\sigma t) \cong \frac{H\sigma}{2k}\left(\frac{1}{kh} + kz + \frac{(kz)^2}{kh}\right)\sin(kx-\sigma t) \tag{2.33}$$

$$u = \frac{H\sigma}{2}\frac{\cosh k(h+z)}{\sinh kh}\cos(kx-\sigma t) \cong \frac{H}{2}\sqrt{\frac{g}{h}}\cos(kx-\sigma t) \tag{2.34}$$

$$w = \frac{H\sigma}{2}\frac{\sinh k(h+z)}{\sinh kh}\sin(kx-\sigma t) \cong \frac{H\sigma}{2}\left(1 + \frac{z}{h}\right)\sin(kx-\sigma t) \tag{2.35}$$

$$p = \frac{\rho gH}{2}\frac{\cosh k(h+z)}{\cosh kh}\cos(kx-\sigma t) - \rho gz \cong \rho g(\eta + z) \tag{2.36}$$

式 (2.34) より，u は水深方向に一定となり，海底面上でも大きな流速があることがわかる．これが，沿岸付近で海底の砂礫を動かす外力として重要な寄与をする．また，式 (2.36) より圧力は静水圧分布となる．

上記の近似が有効なのは $h/L < 1/20 \sim 1/25$ の範囲であり，相対水深がきわめて浅い海域である．このような波を極浅海波，あるいは水深に比べて波長が長いことから

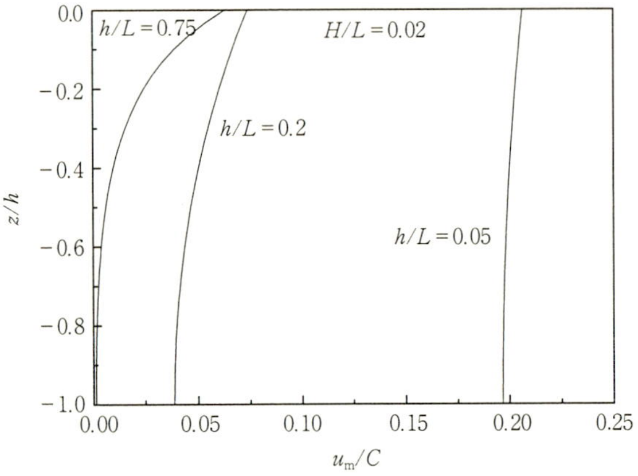

図 2.4　水平方向流速の鉛直分布

長波という．

浅海波，深海波と極浅海波の条件に対する水平方向流速の振幅 u_m を式（2.23）より求めた結果を図 2.4 に例示する．深海波の例で $-z/L > 3/5$ となる $z/h = -0.8$ では u_m の振幅はほぼ 0 に近い．一方，極浅海波は鉛直方向にほぼ一様であり，式（2.34）の近似が有効であることがわかる．

7)　水粒子の軌跡

平均位置が（$\bar{x}$, $\bar{z}$）にある水粒子の運動を Lagrange（ラグランジュ）的な見方で考える．この水粒子が時刻 t に（x, z）の点にあったとすると，平均位置からの偏差は以下のようになる．

$$\xi = x - \bar{x}, \quad \zeta = z - \bar{z} \tag{2.37}$$

ある瞬間にある点を水粒子が通過するとき，オイラー流速とラグランジュ流速は等しいので，つぎの関係が成り立つ．

$$u = \frac{d(x-\bar{x})}{dt} = \frac{d\xi}{dt}, \quad w = \frac{d(z-\bar{z})}{dt} = \frac{d\xi}{dt} \tag{2.38}$$

したがって，平均位置からの水粒子の偏差は，以下のように与えられる．

$$\xi = \int u dt, \quad \zeta = \int w dt \tag{2.39}$$

上式に，これまでに導いた流速 u と w の表示式を代入し，積分を行えば水粒子の偏差が求まることになる．実際には u, w の式に含まれる x と z は式（2.37）からわかるように ξ と ζ を含むため，u, w を（$\bar{x}$, $\bar{z}$）まわりに Taylor（テイラー）展開し，第 1 項のみを採用して近似すると以下の式を得る．

$$\xi = -\frac{H}{2}\frac{\cosh k(h+\bar{z})}{\sinh kh}\sin(k\bar{x}-\sigma t), \quad \zeta = \frac{H}{2}\frac{\sinh k(h+\bar{z})}{\sinh kh}\cos(k\bar{x}-\sigma t) \tag{2.40}$$

これらの表示式から t を消去し，ξ と ζ の代わりに x と z で表すと次式を得る．

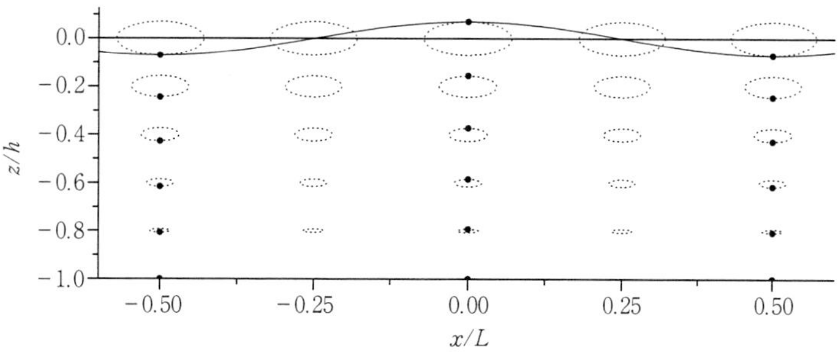

図 2.5　浅海波の水粒子の運動（$h/L=0.357$，$H/L=0.07$）

$$\frac{(x-\bar{x})^2}{\left(\dfrac{H}{2}\dfrac{\cosh k(h+z)}{\sinh kh}\right)^2}+\frac{(z-\bar{z})^2}{\left(\dfrac{H}{2}\dfrac{\sinh k(h+z)}{\sinh kh}\right)^2}=1 \tag{2.41}$$

上式は楕円の式である．すなわち，水粒子はその平均位置（$\bar{x}$, $\bar{z}$）を中心とする楕円軌道を描き，1 周期で楕円軌道上を 1 周して元の位置にもどることになる．進行波のように波が伝搬する現象は，水粒子の運動が伝搬することによって起こる現象であり，水粒子そのものが運ばれているわけではない．

さて，楕円の長軸と短軸は水深と波長の比で変化し，深海波では長軸と短軸が同じ長さになって水粒子は円軌道を描く．一方，極浅海波では水平な往復運動となる．なお，浅海波における楕円軌道も，水粒子の位置が水底に近づくほど扁平になり，底面上では水平方向だけの往復運動となる．浅海域における水粒子の軌跡の1例を示すと図2.5のようになる．軌道の大きさは静水面で鉛直方向が波高 H に等しく，水平方向はそれを $\coth kh$ 倍したものになる．いずれも波長に比べるとかなり小さい．楕円の大きさは水底に近づくに従って小さくなり，さらに扁平になる．なお，楕円軌道上の水粒子の運動と，水粒子の回転性の運動を混同してはならない．

2.6　波のエネルギーとその輸送

1)　波のエネルギー

微小振幅波の水面変動，流速，圧力の表示式が導かれたので，つぎにエネルギーについて考えてみる．波のエネルギーは，水面の単位面積あたりのエネルギーとして表すこととする．波のエネルギーは通常の力学エネルギーと同様に，位置エネルギー E_p と運動エネルギー E_k の和として表されるが，位置エネルギーを考えるときは，基準の高さを定義しておく必要がある．一般に，波の位置エネルギーは静水面を基準に考える．

高さ z にある厚さ dz，面積 1（単位面積）の水塊の質量は ρdz であり，したがって，位置エネルギーは $\rho gzdz$ となる．これを基準面から水面高さ η まで積分する．このとき，水面高さは場所によって変化するので，1 波長で平均する．すなわち，x 方向に 1 波長分積分し（$-L/2\sim L/2$），波長 L で割る操作を行う．

$$E_p=\frac{1}{L}\int_{-L/2}^{L/2}\left\{\int_0^{\eta}\rho gzdz\right\}dx=\frac{1}{L}\rho g\int_{-L/2}^{L/2}\left[\frac{H^2}{8}\cos^2(kx-\sigma t)\right]dx$$
$$=\frac{1}{16}\rho gH^2 \tag{2.42}$$

一方，運動エネルギーは（質量×(流速)^2)/2で与えられるので，位置エネルギーと同等に1波長で平均すると

$$E_k=\frac{1}{L}\int_{-L/2}^{L/2}\left\{\int_{-h}^{\eta}\frac{1}{2}\rho\left(u^2+w^2\right)dz\right\}dx$$
$$=\frac{\rho\sigma^2}{8L}\frac{H^2}{\sinh^2 kh}\int_{-L/2}^{L/2}\left\{\int_{-h}^{0}\left(\cos^2(kx-\sigma t)+\sinh^2 k(h+z)dz\right\}dx \tag{2.43}$$
$$=\frac{1}{16}\rho gH^2$$

なお，式（2.43）の第2式で積分の上限をηとすると，次数が高くなるので0までとしている．

以上より，水面の単位面積あたりの位置エネルギーと運動エネルギーは等しいことがわかる．これをエネルギーの等分配則という．位置エネルギーと運動エネルギーがわかれば，その総和をとれば1波長で平均された波の単位面積あたりの全エネルギーEが求められる．

$$E=E_p+E_k=\frac{1}{16}\rho gH^2+\frac{1}{16}\rho gH^2=\frac{1}{8}\rho gH^2 \tag{2.44}$$

2）群　速　度

同一方向に進行する2つの波を考える（2成分合成波といい，不規則波のもっとも簡単な形である）．簡単のため波高Hが同じで周期はT_1とT_2で異なるものとする．周期が異なるので波長が異なり，したがって波数もk_1とk_2，角周波数もσ_1とσ_2でそれぞれ異なる．この2つの波がともにxの正方向に進行するものとする．このとき，水面波形は以下の式で与えられる．

$$\eta=\frac{H}{2}\cos(k_1x-\sigma_1t)+\frac{H}{2}\cos(k_2x-\sigma_2t)$$
$$=H\cos\left(\frac{k_1-k_2}{2}x-\frac{\sigma_1-\sigma_2}{2}t\right)\cos\left(\frac{k_1+k_2}{2}x-\frac{\sigma_1+\sigma_2}{2}t\right) \tag{2.45}$$

この波形を図示した1例が図2.6である．

式（2.45）の波は，振幅が$\eta^*=H\cos((k_1-k_2)x/2-(\sigma_1-\sigma_2)t/2)$のように，時間的に変化する波になっている．$\eta^*$は波数（$k_1-k_2$)/2，角周波数（$\sigma_1-\sigma_2$)/2，振幅$H$の波とみなせるが，図2.6の個々の波（式（2.45）で表される波）の包絡を表すことから，包絡波とよばれる．ただし，包絡波を目にすることはできない．一方，実際に目にする個々の波は包絡のなかに含まれており，それを搬送波という．また，1つの包絡に含まれる搬送波のかたまりを波束（wave packet）という．このように，波がグループを形成して進む波を群波という．なお，搬送波の波数は（k_1+k_2)/2，角周波数は（$\sigma_1+\sigma_2$)/2である．

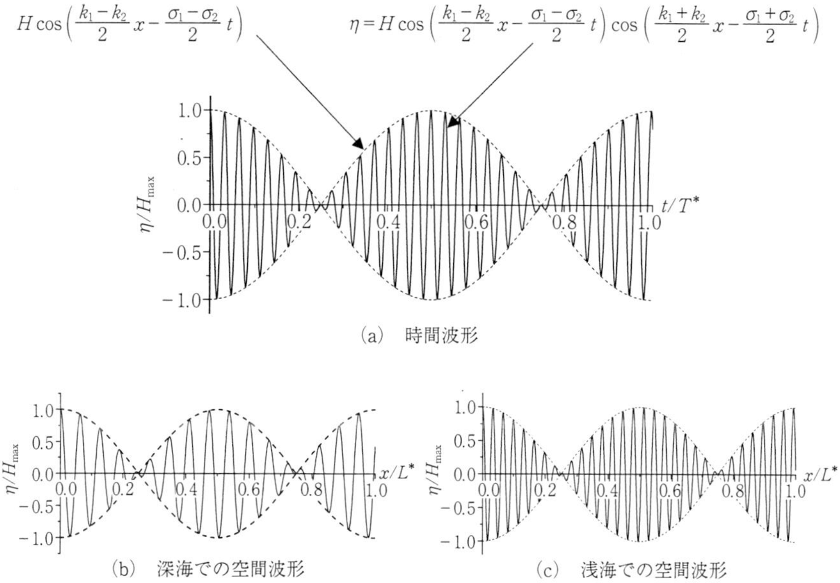

図 2.6 群波の波形

ところで，波速 C は L/T で与えられるので，これを波数と角周波数で表すと $C=\sigma/k$ となる．したがって，角周波数と波数の比が波速になる．包絡波と搬送波は波数と角周波数がともに異なるので，両者は異なる波速で進行する．ここで，包絡波の波速について考える．包絡波の波速を C_g とすると C_g は式 (2.46) のように与えられる．

$$C_g=\frac{\sigma_1-\sigma_2}{k_1-k_2} \tag{2.46}$$

いま，2 つの波の周期が限りなく近づいた場合を考えると

$$C_g=\frac{\sigma_1-\sigma_2}{k_1-k_2}\cong\frac{d\sigma}{dk} \tag{2.47}$$

上式は，群波の伝搬速度を表しているので，C_g を群速度という．一方，このとき 2 つの波の周期がかぎりなく近いので，搬送波の波速は

$$C=\frac{\sigma_1+\sigma_2}{k_1+k_2}\cong\frac{\sigma}{k} \tag{2.48}$$

である．$\sigma=kC$ とおけるので，式 (2.47) に代入すると，以下の関係が得られる．

$$C_g=\frac{d\sigma}{dk}=\frac{d(kC)}{dk}=C+k\frac{dC}{dk} \tag{2.49}$$

ここで，k が大きくなることは波長が短くなること，すなわち周期が短くなることに相当する．周期が短くなると波速は小さくなるので，式 (2.49) の右辺第 2 項は負の値になる．すなわち，C_g は搬送波の波速 C よりも小さくなることになる．では具体的にどの程度小さくなるのか以下のようにして調べる．分散関係式は，次式で与えられる．

$$\sigma^2=gk\tanh kh$$

両辺の対数をとって k で微分する．

$$\frac{2}{\sigma}\frac{d\sigma}{dk}=\frac{1}{k}+\frac{1}{\tanh kh}\frac{h}{\cosh^2 kh}=\frac{1}{k}+\frac{h}{\sinh kh\cosh kh}$$

$C=\sigma/k$ の関係を利用すると，最終的に次式を得る．

$$C_g=\frac{d\sigma}{dk}=\frac{C}{2}\left(1+\frac{2kh}{\sinh 2kh}\right) \tag{2.50}$$

群速度と波速の比を n とすると，n は次式となる．

$$n=\frac{C_g}{C}=\frac{1}{2}\left(1+\frac{2kh}{\sinh 2kh}\right) \tag{2.51}$$

極浅海波では，第 2 項は 1 で近似できるので $n=1$ となり，群速度と波数は等しくなる．浅海波では n は 1 より小さくなり，深海の条件では式（2.51）のカッコ内の第 2 項はゼロで近似できるので $n=1/2$ となる．すなわち，深海では群速度は搬送波の 1/2 の速さでしか進行しないことになる．群波の空間波形と時間波形を比較すると，搬送波の波速と群速度の等しい極浅海波では，空間波形と時間波形では相似な波形になるが，浅海波では時間波形の搬送波の数は空間波形のそれよりも増えることになる（深海波では倍になる．図 2.6 参照）．

3）エネルギーの輸送

波がもつ 1 波長で平均した単位面積あたりのエネルギーは $\rho gH^2/8$ であることを 2.6 節で導いた．ここではそのエネルギーの輸送について考える．いま，図 2.7 に示す鉛直断面を通過して輸送されるエネルギー W を求める．奥行き（y）方向に単位長さ，鉛直方向に dz の幅をもつ面を単位時間に通過する水の質量は ρudz で与えられる．一方，単位質量の水がもつエネルギーは $\{(u^2+w^2)/2+p/\rho+gz\}$ であるので，図 2.7 の鉛直面を単位時間に通過するエネルギーは以下のようになる．

$$W=\rho\int_{-h}^{\eta}\left\{\frac{u^2+w^2}{2}+\frac{p}{\rho}+gz\right\}udz \tag{2.52}$$

式（2.10）のベルヌーイ式（$C(t)$ はゼロとする）を使うと，上式の積分の{ }内は $-\partial\phi/\partial t$ で置き換えることができるので

$$W=-\rho\int_{-h}^{\eta}\frac{\partial\phi}{\partial t}udz=\frac{\rho\sigma^3H^2}{4k}\frac{\cos^2(kx-\sigma t)}{\sinh^2 kh}\int_{-h}^{\eta}\cosh^2 k(h+z)\,dz$$

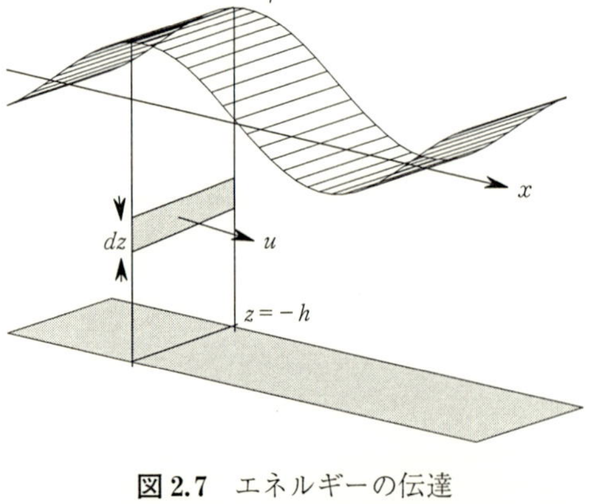

図 2.7 エネルギーの伝達

$$= \frac{1}{8}\rho g H^2 C\left(1 + \frac{2kh}{\sinh 2kh}\right)\cos^2(kx - \sigma t)$$

となる．さらに，上式を波1周期の時間平均をとると，最終的に次式を得る．

$$W = \frac{1}{16}\rho g H^2 C\left(1 + \frac{2kh}{\sinh 2kh}\right) = EC_g \tag{2.53}$$

上式は，波のエネルギー E が群速度 C_g で輸送されることを示す．逆に，群速度はエネルギーの輸送速度であるといえる．砕波や摩擦などのエネルギー損失がなければエネルギーの輸送量は一定である．したがって，EC_g＝一定の関係が成立する．この関係は，第3章の波の変形を考えるときに非常に重要な関係である．

2.7 微小振幅重複波

1) 完全重複波

鉛直で滑らかな壁面に波が垂直に入射した場合を考える．理想的な場を考え，エネルギーを失うことなく波が反射すると，壁面の前面には進行方向が逆で波高と周期の等しい波が重合した波が形成される．このような波を完全重複波という．

入射波，反射波と両者の合成波の波形をそれぞれ η_i, η_r と η_c とすると，それぞれ以下のようになる．

$$\eta_i = \frac{H}{2}\cos(kx - \sigma t), \quad \eta_r = \frac{H}{2}\cos(kx + \sigma t) \tag{2.54}$$

$$\begin{aligned}\eta_c = \eta_i + \eta_r &= \frac{H}{2}\cos(kx - \sigma t) + \frac{H}{2}\cos(kx + \sigma t) \\ &= H\cos kx \cos\sigma t\end{aligned} \tag{2.55}$$

この波は，進行波とは異なり，位相角が時間のみの項と空間のみの項の積で表されている．すなわち，水面変動は $\cos\sigma t$ の周期運動であるが，その振幅が $H\cos kx$ のように場所によって変化する波である．そして，水面は鉛直にのみ運動し，波は進行しない．そのため，定常波あるいは定在波ともよばれる．

完全重複波の水面波形はつぎのような特徴をもつ．すなわち，$kx = (2n-1)\pi/2$ ($n = 1, 2, \cdots$) のとき $\cos kx = 0$ となるので，水面変動の振幅がゼロとなり水面は動かない．この位置を重複波の節（node）という．逆に $kx = (n-1)\pi$ ($n = 1, 2, \cdots$) のとき $\cos kx = 1$ となるので振幅は最大値 H になる．このとき，波高は振幅の2倍，すなわち $2H$ となる．この位置を重複波の腹（loop，あるいは antinode）という．

完全重複波の速度ポテンシャル ϕ_c は，x の正方向に進行する波の速度ポテンシャル（式 (2.22)）と負方向に進行する波の速度ポテンシャル（式 (2.22) で sin の位相を $kx + \sigma t$ に置き換えたもの）の和で与えられる．

$$\begin{aligned}\phi_c &= \frac{H\sigma}{2k}\frac{\cosh k(h+z)}{\sinh kh}\sin(kx - \sigma t) + \frac{H\sigma}{2k}\frac{\cosh k(h+z)}{\sinh kh}\sin(kx + \sigma t) \\ &= -\frac{H\sigma}{k}\frac{\cosh k(h+z)}{\sinh kh}\cos kx \sin\sigma t\end{aligned} \tag{2.56}$$

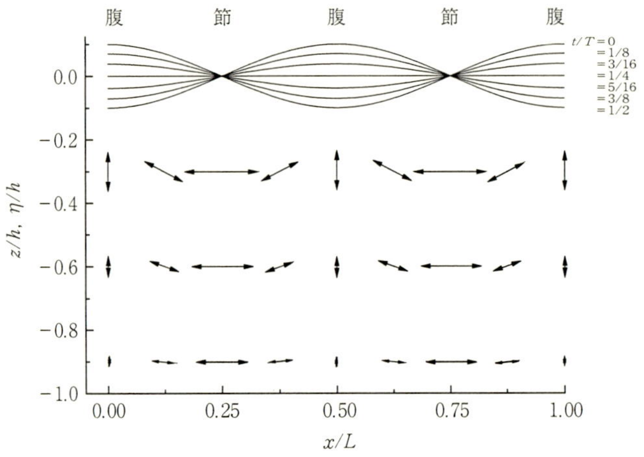

図 2.8　重複波の波形（$H/h=0.2$, $h/L=0.219$）

上式を x と z でそれぞれ偏微分すると，x 方向と z 方向の水粒子速度 u と w が以下のように求められる．

$$u=\frac{\partial\phi}{\partial x}=H\sigma\frac{\cosh k(h+z)}{\sinh kh}\sin kx\sin\sigma t \tag{2.57}$$

$$w=\frac{\partial\phi}{\partial z}=-H\sigma\frac{\sinh k(h+z)}{\sinh kh}\cos kx\sin\sigma t \tag{2.58}$$

また，圧力は以下のようになる．

$$p=-\rho\frac{\partial\phi}{\partial t}-\rho gz=\rho gH\frac{\cosh k(h+z)}{\cosh kh}\cos kx\cos\sigma t-\rho gz \tag{2.59}$$

式（2.57）と式（2.58）からわかるように，腹の位置では $\sin kx=0$ のため $u=0$ となり，水粒子の運動は鉛直方向のみとなる．一方，節の位置では $\cos kx=0$ であるため，$w=0$ となり，水粒子の運動は水平方向のみとなる．水面変動と水粒子の運動の様子を例示したのが図 2.8 である．

2)　部分重複波

入射波が壁面や防波堤などの海岸構造物から反射する場合，一般にはエネルギー損失などにより反射波の波高 H_r は入射波の波高 H_i よりも小さくなる．このような重複波を部分重複波という．部分重複波の水面波形は以下のように求められる．

$$\begin{aligned}\eta=\eta_i+\eta_r&=\frac{H_i}{2}\cos(kx-\sigma t)+\frac{H_r}{2}\cos(kx+\sigma t)\\&=\frac{H_i+H_r}{2}\cos kx\cos\sigma t+\frac{H_i-H_r}{2}\sin kx\sin\sigma t\end{aligned} \tag{2.60}$$

上式より，$\sin kx=0$ のとき波高は最大となり，H_i+H_r となる．やはりこの場所を腹という．一方，$\cos kx=0$ のとき波高は最小となり H_i-H_r となる．この場所を節という．部分重複波では，節の位置でも波高はゼロとならない．また，腹と節の位置は $L/4$ ごとに現れる．部分重複波の異なる時間の水面波形を例示したものが図 2.9 である．

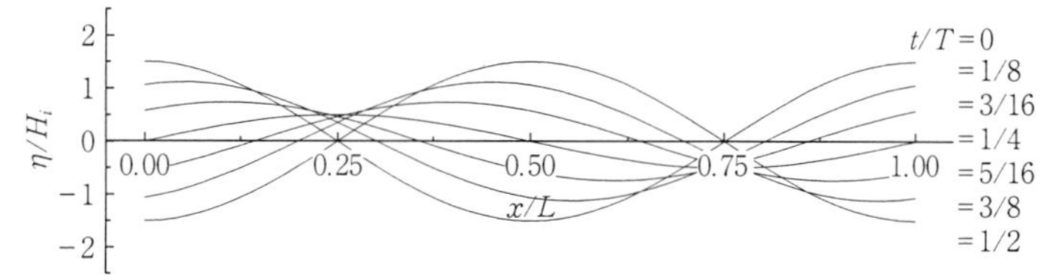

図 2.9 部分重複波の波形（$H_r/H_i = 0.5$, $H_i/L = 0.01$, $h/L = 0.25$）

式（2.60）の部分重複波に対する速度ポテンシャルは，以下のようになる．

$$\begin{aligned}\phi &= \frac{H_i\sigma}{2k}\frac{\cosh k(h+z)}{\sinh kh}\sin(kx-\sigma t) + \frac{H_r\sigma}{2k}\frac{\cosh k(h+z)}{\sinh kh}\sin(kx+\sigma t) \\ &= \frac{(H_i+H_r)\sigma}{2k}\frac{\cosh k(h+z)}{\sinh kh}\sin kx\cos\sigma t + \frac{(H_i-H_r)\sigma}{k}\frac{\cosh k(h+z)}{\sinh kh}\cos kx\sin\sigma t \\ &= \frac{(H_i-H_r)\sigma}{2k}\frac{\cosh k(h+z)}{\sinh kh}\sin(kx-\sigma t) - \frac{H_r\sigma}{k}\frac{\cosh k(h+z)}{\sinh kh}\cos kx\sin\sigma t\end{aligned} \tag{2.61}$$

最後の式の形より，部分重複波は，波高 $H_i - H_r$ の進行波と波高 $2H_r$ の完全重複波が重合した波として考えることができる．このことから，部分重複波は完全重複波と進行波が重なり合った波と考えることもできる．

2.8 有限振幅波

これまでは，水面変動や水粒子の運動の小さい波である微小振幅波の性質を見てきた．波が発達し，水面変動が大きくなり，水粒子の運動も大きくなると，波は有限振幅性を考慮した有限振幅波理論によって記述される．有限振幅波理論には Stokes（ストークス）波理論，クノイド波理論，非線形長波理論，孤立波理論などの理論が提案されている[1)]．最近では，計算機の高度化を利用し，数値的に非線形な波をシミュレーションする数値波動水槽の技術も実用化されている[2)]．ここでは，式の詳細は示さないが，波の有限振幅性に伴ういくつかの現象について簡単に述べる．

波の振幅が大きくなり，ある限界を越すと波は崩れる．これを砕波という．実際の海で砕波する直前の波を観察すると，波峰が尖っていることに気づく．微小振幅波理論は波を正弦波で表していたが，波高が大きくなるに従って波峰が尖り，逆に谷が平坦になって上下非対称な波形になってくる（図 2.10 参照）．これに伴って水粒子の運動も正弦的な運動から変化する．そして，水粒子の軌道は楕円軌道からずれるとともに，波 1 周期後に水粒子は元の位置にもどらずに少し波進行方向に前進する（図 2.11 参照）．すなわち，水粒子が波の運動により輸送されることになる．これを質量輸送（mass transport）という．これに伴って運動量など，質量に比例する物理量も質量の輸送とともに輸送されることになる．たとえば，沿岸流や平均水位の上昇・下降（wave set-up と wave set-down）の外力となるラディエーション応力なども質量輸送に起因しており，質量輸送は有限振幅波のもっとも重要な性質の 1 つである．水粒

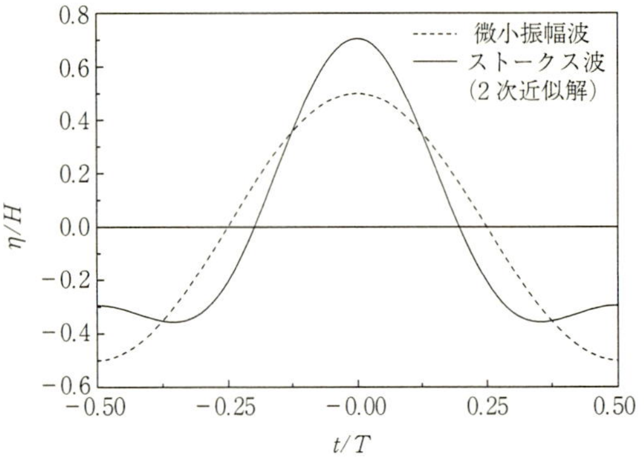

図 2.10　有限振幅波の波形
($H/L=0.05$, $h/L=0.05$)

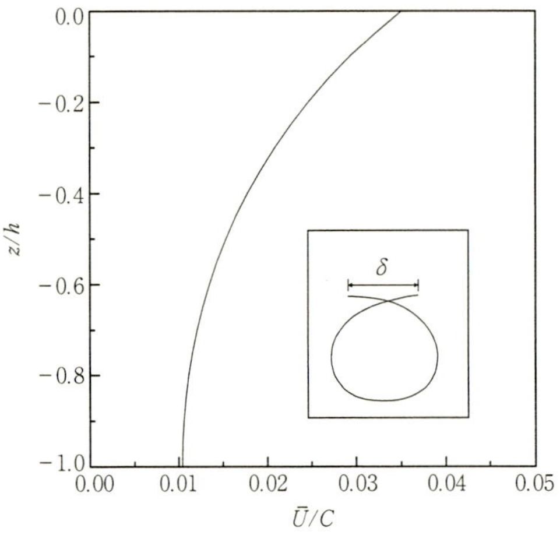

図 2.11　質量輸送速度の鉛直分布
($a/L=0.025$, $h/L=0.15$)

子の1周期間の移動距離 δ を周期で割ったものを質量輸送速度という．2次近似のストークス波理論によると，質量輸送速度 $\bar{U}$ は次式で表される．

$$\bar{U}=\frac{C}{2}a^2k^2\frac{\cosh 2k(h+\bar{z})}{\sinh^2 kh} \tag{2.62}$$

波に伴う流れについては，第6章で詳述する．

2.9 不規則波

2.5節で群波について述べたが，そこでは波高が等しく周期の異なる2つの波が重合した場合を考えた．実際の海の波は，波高，周期，さらには波向きの異なる無数の波が重合したものと考えることができ，その水面波形は次式のように書ける．

$$\eta=\sum_{i=1}^{\infty}\frac{H_i}{2}\cos(k_i\cos\theta_i\cdot x+k_i\sin\theta_i\cdot y-\sigma_i t+\varepsilon_i) \tag{2.63}$$

ここに，θ は波向き，ε は初期位相角で，添字 i は i 番目の成分の波を示す．

非常に水深の浅い海域を除けば，それぞれの成分の波は異なる波速で進むため，波形は空間的にも時間的にも変化する．したがって，このような波を表すには単に波高や周期といった物理量だけでなく，場全体を表しうるような代表的な物理量を考える必要がある．とくに，風域のなかで発達過程にある波や風域を抜け出たうねりのような波の特徴を表すことができる物理量が必要となる．これらの考え方は，第4章で詳しく述べられる．

ここで，1方向に進行する不規則波を考える．規則波の場合，水位変動 η と水平方向の水粒子速度 u は式 (2.21) と式 (2.23) からわかるように，ともに $\cos(kx-\sigma t)$ の関数形をもつ相似な関数である．したがって，水位変動から水粒子速度が推測できることが期待できる．このように，不規則波の水面波形から，規則波の水位変動と流速の関係を利用して不規則波の流速を求める方法がいくつか提案されている．Dean（ディーン）の流れ関数法[3]や線形フィルター法[4]，修正伝達関数法[5]などがあげられる．詳細は参考文献を参照されたい．ただし，最近の数値波動水槽を使った数値計算では水粒子速度や圧力も同時に直接解かれる．

演習問題

2.1　周期 10 秒の波の水深 h が 100 m，50 m，10 m，5 m における波長と波速を求めよ．

2.2　水深 h が 100 m，50 m，10 m，5 m における周期 10 秒，波高 1 m の微小振幅進行波の静水面 $z=0$ での波進行方向の最大流速（流速の振幅）を求めよ．

2.3　周期 6 秒，波高 1 m の微小振幅進行波が鉛直な岸壁に入射し，完全反射する場合を考える．このとき，岸壁に作用する単位幅あたりの全波圧の最大値を求めよ．ただし，水深は $h=5$ m で一定とする．

2.4　x の正方向に進む波は位相関数が $(kx-\sigma t)$ の形をもち，負の方向に進む波は $(kx+\sigma t)$ の形をもつことを説明せよ．

参考文献

1）たとえば，岩垣雄一，榿木　亨：海岸工学，463 p.，共立出版（1979）．
2）沿岸開発技術センター：数値波動水路の研究・開発－数値波動水路の耐波設計への適用に関する研究会報告書，296 p.（2001）．
3）R. G. Dean：Stream function representation of nonlinear ocean waves. J. Geophys. Res., **70**, 4561-4572（1965）．
4）R. O. Reid：Correlation of water level variation with wave force on a vertical pile for non periodic waves, Proc. 6th Conf. on Coastal Eng., pp. 749-786（1957）．
5）小山裕文，岩田好一朗，布藤省三：修正伝達関数法による水粒子速度の一算定法，第 31 回海岸工学講演会論文集，pp. 59-63（1984）．

3 波の変形

3.1 はじめに

本章では，沖合で発生した波が海岸まで到達する過程でどのように性質を変えながら伝搬し，そしてどのようにそのエネルギーを消散していくのかという波変形の一連の過程について解説する．ただし，変形過程での風の影響については取り扱わない．波の性質を表す物理量としては，第2章で示した，波周期 T，波長 L，波速 C，波高 H，波向き θ，波エネルギー E などを取り扱う．図3.1は，沖合から海岸にいたるまでの波の変形過程を模式的に描いたものである．以下では，図中に示す浅水変形，砕波，屈折，回折，反射について詳しく述べるが，その前に波が変形する原因について少し物理的に考察しておこう．

式（2.18）で示した分散関係式にもどって考えよう．この式は，波の解が存在するために，波周期 T（周波数 σ），水深 h，波長 L（波数 k）の3つの物理量のあいだで保持されなければならない関係を示したものであった．式の意味するところは，ある周期 T をもつ波がある水深 h でとりうる波長 L は1種類しかないことである．つまり，波周期が一定の場合，波の進む速さ（$C=L/T$）は水深によって決まってしまうことになり，これは沖合から水深の浅い海岸付近に伝搬してくる波の運動を大きく制約する条件となる．このように，波運動が存在し続けるために満たさなければならない条件を「波変形に対する運動学的な条件」とよんでおこう．波の進行が防波堤によって

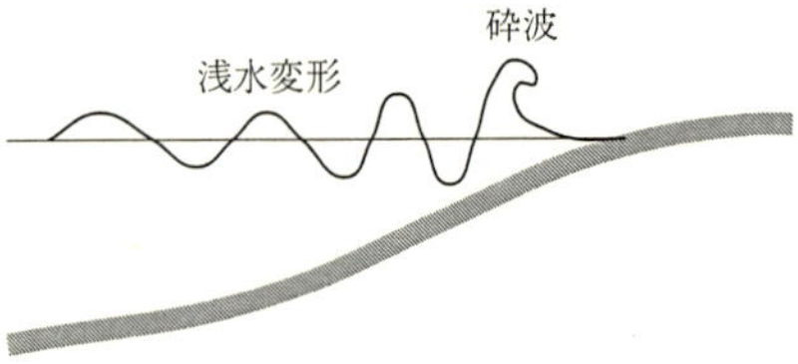

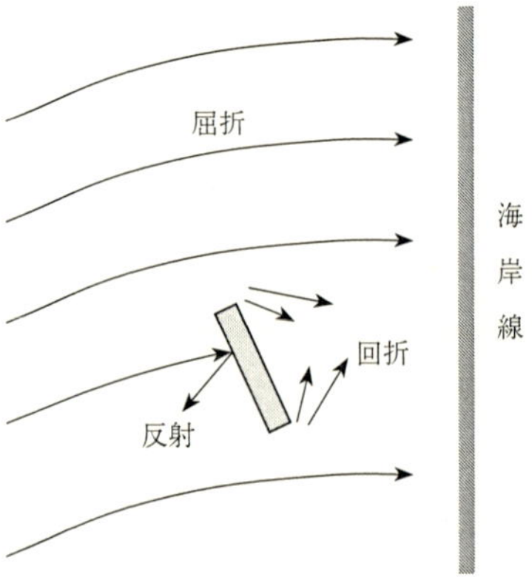

図 3.1 浅海域における波の変形

妨げられる場合に，防波堤で波の反射が生じるような現象も，波は防波堤を通過できないという運動学的な条件を満たすために必然的に起こった変形であるとみなすことができる．

一方，式（2.1）～（2.3）で示した運動方程式は，圧力の空間的な勾配によって水粒子の加速度が決定されることを意味しており，何らかの原因で空間的に圧力が変化すれば，水粒子の運動に変化が生じることを意味している．このように，水粒子の運動における力のつり合いから規定される条件を「波変形における力学的な条件」とよぶことにしよう．運動における力のつり合い式は，力学的エネルギーの保存式に置き換えることができるので，この条件はエネルギー保存を満たすための条件とみなすこともできる．防波堤の端部を通過した波が防波堤の背後にまわり込む現象（回折）は，エネルギーの不均衡が波の進行方向を変化させている例である．

波変形における上記の 2 つの条件は，もちろんどちらか一方だけを満たしていればよいのではない．第 2 章 2.5 節で示した波群の進行は，これを端的に表している．波群を表す包絡線は群速度（エネルギー輸送速度）C_g で進行しているのであるが，波群を構成する個々の波は波速 C で進行している．すなわち，個々の波は包絡線に沿うように波高（波エネルギー）を変化させながら自分自身は波速で進行しているのである．これは，波の伝搬速度を規定する運動学的な条件とエネルギー輸送速度を規定する力学的な条件をともに満足しながら波が変形・伝搬していくことを表している典型的な例である．

■ 3.2　波の浅水変形と砕波

1)　波速と波長の変化

本節では，図 3.1 に示した波変形のうち，図（a）に示すような水深変化に伴う 1 次元的な変形のみを取り扱う．このような変形を浅水変形（shoaling）とよぶ．ただし，海底勾配は緩やかで，波のエネルギーは海岸ですべて消滅し，沖への波の反射はないものとする（3.5.2 参照）．いま，沖（深海条件）で波周期 T_o，波高 H_o をもつ波が海岸に向かって進行してくるとする．深海の条件では，波長は水深に関係なく $L_o = gT_o^2/2\pi$ で，波速は $C_o = L_o/T_o = gT_o/2\pi$ で与えられることはすでに述べた．この波が浅海域に到達したときに，波の性質がどのように変化しているかについて考えよう．まず，波周期はどうなっているであろうか？　これについては，補遺 3 に示すように，波の特性が時間的に変化しない状態（定常状態）を仮定すれば，波周期 T は空間的に変化しない（水深にかかわらず一定）．したがって，波長 L と水深 h の関係は式（2.18）の分散関係式から，次式のように得られる（波速 C についても同様）．

$$\frac{L}{L_o} = \frac{C}{C_o} = \tanh\frac{2\pi h}{L} \tag{3.1}$$

図 3.2 には，波長と波速について，それぞれ沖での値との比（L/L_o，C/C_o）を h/L_o

補遺 3　波の周期はなぜ変わらないの？

図のように，断面 A および B に挟まれる幅 $\varDelta x$ の微小領域に出入りする波の数の保存について考える．断面 A を通過して領域内に単位時間に入ってくる波の数は波周波数 $f(x,\ t)$ で与えられる．いま，とりあえずこの周波数も時間と場所の関数であるとしておく．断面 B から出て行く波の数は，微分の定義から，$f+(\partial f/\partial x)\varDelta x$ と表されるので，領域内の波の数 N の時間変化は次式で与えられる．

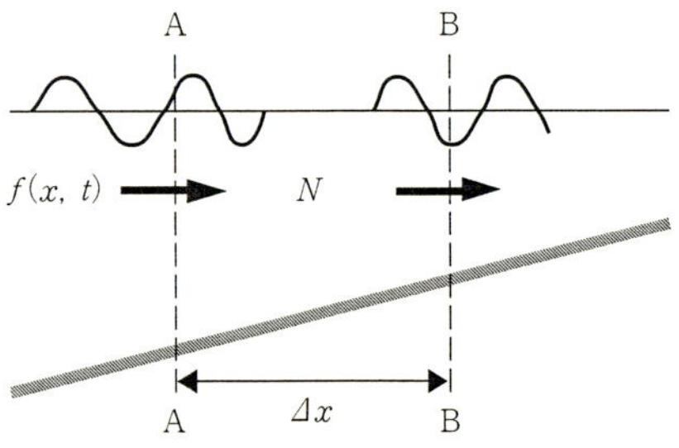

波数保存の概念

$$\frac{\partial N}{\partial t}=f-\left(f+\frac{\partial f}{\partial x}\varDelta x\right)$$

ここで，$N=\varDelta x/L=k\varDelta x/2\pi$，$f=\sigma/2\pi$ とおくと次式を得る．

$$\frac{\partial k}{\partial t}+\frac{\partial \sigma}{\partial x}=0$$

この式は，波数の保存式とよばれる．ここで，波数 k が時間的に変化しない（したがって，波長 L も時間的に変化しない）とすると，$\partial k/\partial t=0$ とおけるので，$\partial \sigma/\partial x=0$ となって，σ が（すなわち周期が）空間的に変化しないことになる．つまり，浅水変形の仮定で波周期が変化しないという結論は，波長や波速や波高など，波の特性を表す諸量が時間的に変化しないという前提のもとに導かれることがわかる．このような仮定を波の定常性とよぶ．波自体は時間変化する現象であるが，その波を特徴づける諸量が時間的に変化しない，すなわち定常であるという意味である．波を取り扱う際にはしばしばこのような記述がなされるので注意しておこう．

の関数として示してある．これより，波長と波速は水深が浅くなるとともにしだいに減少していくことがわかる．

2)　波高の変化

波長と波速が運動学的な条件から一義的に決まったのに対し，波高は波のエネルギーに関係するので，力学的な変形条件を与えるエネルギーの保存式を用いる必要がある．そこで，まずエネルギーの保存則について説明しておこう．これは，砕波後の波変形を考える場合にも使用する重要な概念である．図 3.3 に示すような 2 つの断面 A および B（間隔 $\varDelta x$）を考える．2 つの断面に囲まれる領域での波のもつ単位長さあたりの力学的エネルギーを $E(x,\ t)$ と表す．ただし，E は波の 1 周期（あるいは 1 波長）で平均した値であるので，ここでいう時間変化は 1 周期内の変化ではなく，波の性質そのものが時間的にゆっくり変化するというような意味である．また，断面

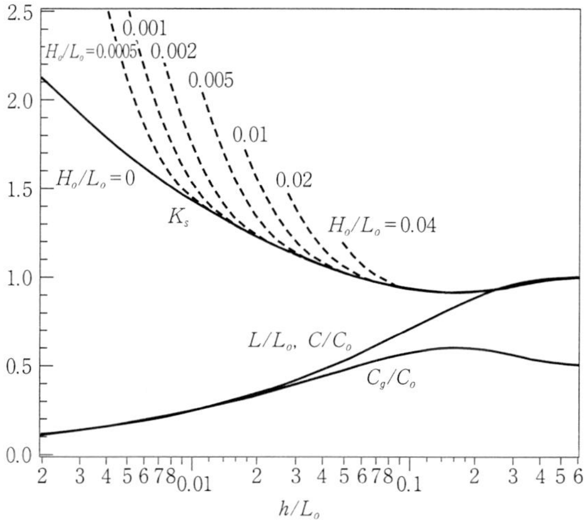

図 3.2　水深変化に伴う波諸量の変化

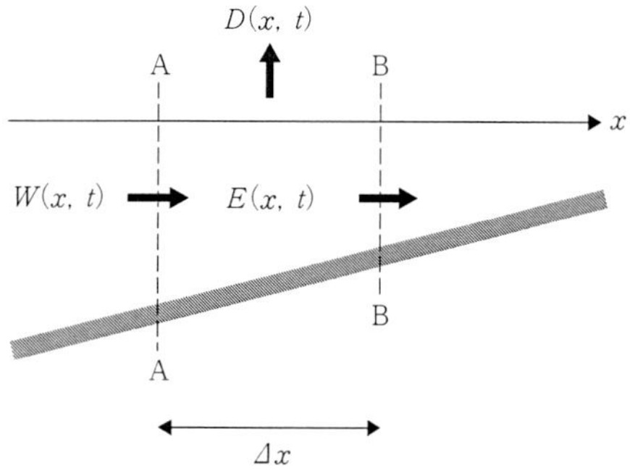

図 3.3　エネルギー保存の概念図

A を通過して領域内に輸送される単位時間あたりのエネルギーを $W(x,\ t)$ と表すと，断面 B から単位時間に領域外に出ていくエネルギーは，微分の定義から，$W+(\partial W/\partial x)\Delta x$ と表すことができる．また，この区間で何らかの原因で単位時間および単位長さあたりに消散していくエネルギー（エネルギー消散率）を $D(x,\ t)$ と表すと，エネルギーの保存（区間内のエネルギーの時間変化が流入出するエネルギーに等しいというもの）より，次式を得る．

$$\frac{\partial E}{\partial t}+\frac{\partial W}{\partial x}+D=0 \tag{3.2}$$

いま，エネルギーの消散は考えない（$D=0$）とし，さらに波の性質は時間的に変化しない（定常）であるとして，$\partial E/\partial t=0$ とおくと，$\partial W/\partial x=0$ となる．すなわち，定常状態では W がいたるところで（水深にかかわらず）一定でなければならないことが示される．

エネルギー輸送に関する式（2.44）を用いると，次式を得る．

$$W=EC_g=\frac{1}{8}\rho gH^2C_g=\text{一定} \tag{3.3}$$

これは，沖波と任意水深の波に対する W が等しいことを意味しているので，$(1/8)\rho gH_o^2C_{go}=(1/8)\rho gH^2C_g$ が成り立つ．したがって，任意水深における波高 H と沖波波高 H_o の比は次式で与えられる．

$$\frac{H}{H_o}=\sqrt{\frac{C_{go}}{C_g}} \tag{3.4}$$

ここに，$\sqrt{C_{go}/C_g}$ は沖波波高に対する浅海域での波高の比，すなわち増幅率を表す係数であり，浅水係数（shoaling coefficient）とよばれ，K_s で表される．

$$K_s=\sqrt{\frac{C_{go}}{C_g}}=\sqrt{\frac{C_o}{2C_g}} \tag{3.5}$$

K_s を，C_g とともに図 3.2 に示す（ここでいう K_s は $H_o/L_o=0$ の実線に対応）．浅水係数，すなわち波高は水深が浅くなるとともにいったん減少し，その後急激に増大することがわかる．これは，式（3.4）に示すように，エネルギー輸送速度 C_g の性質によるものである．

ここで，式（3.1）および（3.4）の適用性について少し述べておく．式の誘導に用いた分散関係式やエネルギー輸送速度に関する式は，いずれも第2章で述べた微小振幅波理論に基づいて導かれたものである．したがって，水深が浅くなり，波高が増大するにつれてその適用性が低下することが考えられる．もちろん，微小振幅波では波が砕けるような状態は想定していない．実験結果によれば，運動学的に決まる式（3.1）は，砕波点付近までは非常によい近似を与えるのに対し，式（3.4）の適用範囲はたかだか $h/L_o \approx 0.1$ 程度までであることがわかっている．これより浅い領域で波高を正確に求める必要がある場合は波の有限振幅性を考慮した理論を用いるか，数値計算によらざるを得ない．図3.2中に点線で示した K_s は，沖波波形勾配 H_o/L_o をパラメータとして首藤[1)] の式を用いて計算した値であり，実験値とよく一致することが確かめられている．ただし，波エネルギーについては，波高ほど大きな違いは現れない[2)]．

3)　砕波と波高減衰

水深が浅くなると，波高が増大する性質があることは上で述べたが，いつまでも増大し続けることはなく，やがて波が砕けることは誰でも知っている（砕波，wave breaking）．では，どのような条件でどのように波は砕け，砕けたあと波はどのように変化するのであろうか．まず，浅海域での砕波条件としては，次式が用いられる場合が多い．

$$\frac{H_b}{h_b} = \kappa \tag{3.6}$$

ここに，h_b は砕波水深，H_b は砕波波高である．すなわち，波高と水深の比がある値に達したとき波が砕けるというもので，一定水深上の孤立波理論によれば $\kappa = 0.827$ で与えられる（山田[3)]）．海底勾配が無視できない場合には，我が国では合田の砕波指標[4,10)] が一般に用いられている．これは，近似的に次式で表される．

$$\frac{H_b}{L_o} = 0.17\left[1 - \exp\left\{-1.5\,\pi\left(\frac{h_b}{L_o}\right)\left(1 + 15\tan^{4/3}\theta\right)\right\}\right] \tag{3.7}$$

図3.4は上式の関係を H_b/h_b と h_b/L_o の関係としてプロットしたものであるが，これより海底勾配が大きいほど κ は大きな値をとることがわかる．

図3.5に示すように，波の砕け方にもいろいろなパターンがあるが，これは図中に示した砕波帯相似パラメータ $\tan\beta/\sqrt{H_o/L_o}$ によって分類されることが多い．波の砕け方によって砕波後の波の減衰の仕方や砕波時の波力が異なることなどがわかっており，波条件から砕波形式を知ることも重要である．

砕波点から波打ち際までを砕波帯（surf zone）とよぶが，ここは砕波によって水中に連行された気泡で白く泡立っており，またしばしば海底の砂が巻き上げられて浮遊している．砕波帯は高波浪の場合でもたかだか数百 m 程度の長さしかないが，波

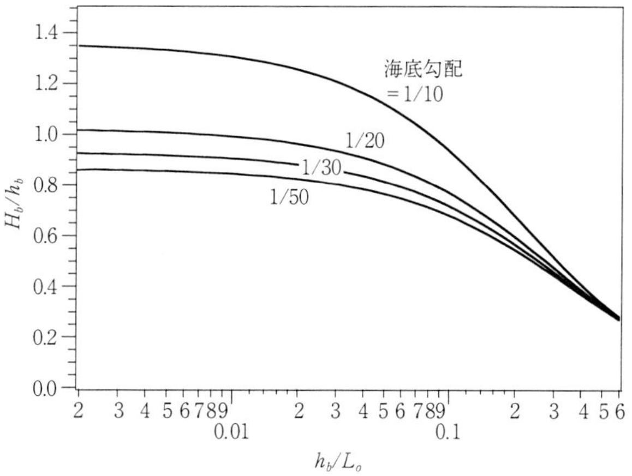

図 3.4　合田の砕波指標

図 3.5　砕波のパターンと砕波帯相似パラメータによる分類（$\tan\beta$ は海底勾配）

高は砕波点で最大値を示し，汀線ではゼロになるため短い距離で急激に減衰する．すなわち，砕波帯は沖から運ばれてくる波のエネルギーが一気に消散してしまう大きなエネルギー吸収帯となっているのである．エネルギー消散の詳細なメカニズムはまだ不明な点が多いが，砕波による水塊の突入や気泡の連行による乱れの生成，底質の移動や浮遊，海底への水の浸透などによる力学的エネルギーの消散に起因している．この現象を定式化するには，やはり式（3.2）のエネルギー保存式が使われる．つまり，砕波によって失われるエネルギーを，エネルギー消散率 D に考慮すればよい．D の表現には，多種多様なものが提案されているが，1 例として Dally[5] らの提案式を示す．

$$D=\frac{K}{h}\left[EC_g-(EC_g)_s\right] \tag{3.8}$$

ここに，$(EC_g)_s$ は安定状態でのエネルギーフラックスを表し，$(EC_g)_s=\rho g C_g \Gamma^2 h^2/8$ で与えられる．K および Γ は実験的に与えられる係数であり，これらを決定すれば，式（3.8）を用いてエネルギー方程式を解くことにより，砕波後の波高変化が求めら

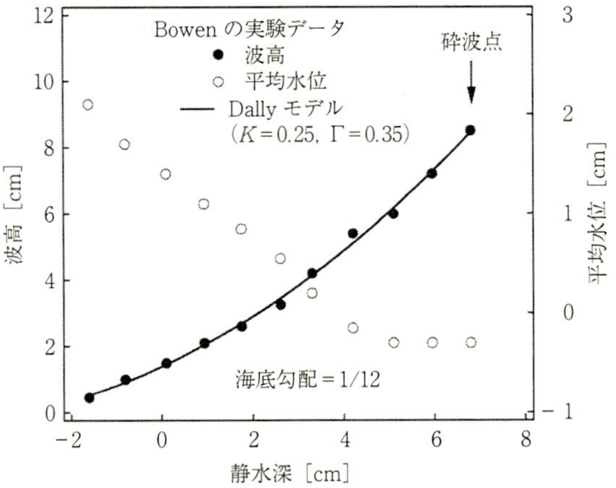

図 3.6　砕波後の波高変化と平均水位の変化（Dally[5] より作成）

補遺 4　ラディエーション応力って何？

第 2 章で述べた微小振幅波理論は，波の振幅が小さいと仮定して自由表面での境界条件を線形化する（非線形項を無視する）ことによって導かれたものであった．微小振幅波理論から得られる解は，波速や波エネルギーについては実際の波の特性をよく表しているが，浅海域での波高（波形）や流速については，必ずしも十分な近似を与えないことがわかっている．これは，無視した非線形項の影響が大きいためで，対象とする現象によっては，波の非線形性の影響を何らかの形で考慮しなければ説明できない場合がある．

波の作用下での平均水位の変動は，非線形影響を考慮しなければ現れない現象の 1 つである．これを説明するために，Longuet-Higgins[15] はラディエーション応力を提案した．これは，鉛直方向に積分された 1 周期平均の運動量の輸送量を表すために導入された概念で，波が存在することによって増加する運動量（過剰運動量フラックス）を表したものである．x 方向に伝搬する波のラディエーション応力 S_{xx} は波エネルギー E を用いて次式で与えられる．

$$S_{xx}=E\left(\frac{2C_g}{C}-\frac{1}{2}\right)$$

これを，平均量で表した運動量保存式に適用することにより，式（3.9）に示したような平均水面の変化 $\bar{\eta}$ に対する微分方程式を導くことができ，波高の変化に応じた平均水位の空間的な変動（wave set-up や wave set-down）が表現できる．ラディエーション応力は，波群に起因する長周期波や波高の変動性による平均流の解析などにも利用されている．この概念の有用性は，摂動法などの正攻法では解を求めること自体が難解であった非線形問題を，平均量についてではあるが見通しよく定式化できるようにしたことであり，とくに非線形性が重要になる浅海域の水理現象の解明に大きく寄与した．

れる．図 3.6 に Bowen[6] 実験結果との比較を示している．

4) 平均水位の変化

これまでに述べた浅水変形では，波の変形に伴って水深（1 周期平均した水深のこと）が変化することは考慮しなかった．しかしながら，実際には波の作用下で平均水位が若干変化し，とくに砕波後には平均水深が無視できない程度に増大することがわかっている．これは，波の存在によって岸向きに輸送される平均的な運動量 S_{xx}（ラディエーション応力（radiation stress）とよぶ，補遺 4 参照）を用いて説明される．ラディエーション応力は波高の 2 乗に比例するため，波高変化の大きな砕波帯内ではこの応力の岸沖方向勾配が大きくなり，岸向きに平均水位が増大することで均衡を保つので水位が増大する（wave set-up）．水位の変化は，次式で与えられる[6]．

$$\frac{d\bar{\eta}}{dx} = -\frac{1}{\rho g h}\frac{dS_{xx}}{dx} \tag{3.9}$$

図 3.6 に平均水位の実験結果が示されている．この水位上昇は，砕波波高が大きいほど大きくなるため，高波来襲時には海岸の水位が著しく上昇することになり，高潮の一因となる．

3.3 波 の 屈 折

1) 屈 折 現 象

水の波の屈折（wave refraction）について述べる前に，光の屈折について復習しておこう．図 3.7 に示すように水面に光が角度 θ_1 で入射するとき，水中では θ_2 の角度に曲げられて進むことを学んだ．このとき，θ_1 と θ_2 のあいだには，次式で表されるスネルの法則が成立することが知られている．

$$\frac{\sin\theta_1}{\sin\theta_2} = \frac{c_1}{c_2} \tag{3.10}$$

ここに，c_1, c_2 はそれぞれ空気中および水中での光の速度である．上式は，t 時間内に空気中および水中で光の進む距離 $c_1 t$ と $c_2 t$ に差があることを用いて図 3.7 から幾何学

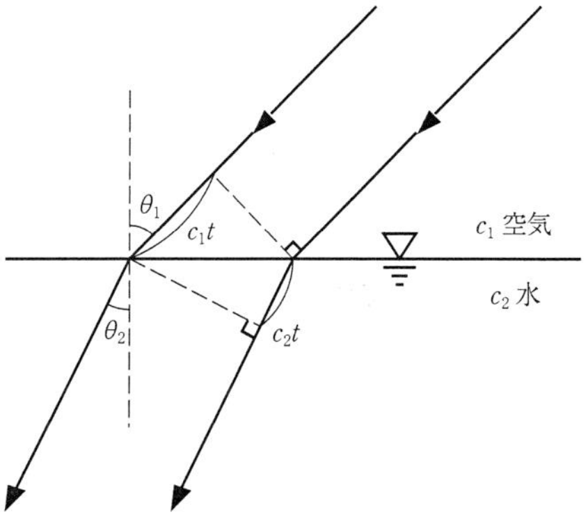

図 3.7 水表面での光の屈折

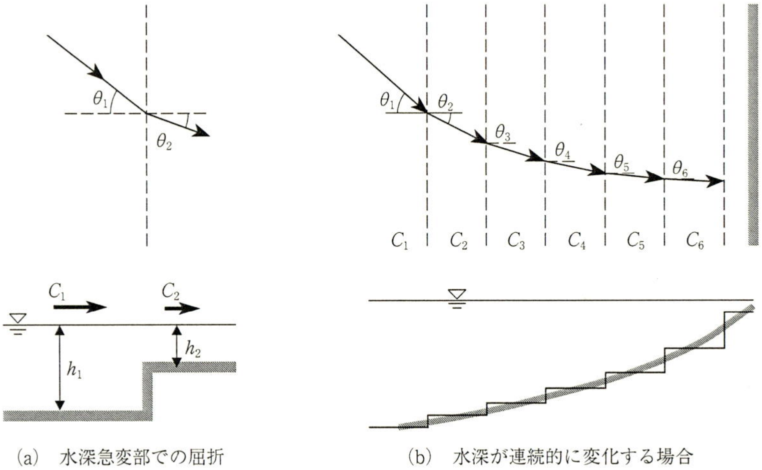

図 3.8　水深変化による水の波の屈折

的に簡単に求められる．つまり，光の進む向きが水面で変わる原因は，水中の方が光の速度が小さいので（$c_1/c_2=1.33$ でこの比を水の屈折率という），水面で光の進行速度が変化したためである．このように，屈折とは波の進む方向が波速の違いによって変化する現象のことをいう．

屈折は光にかぎった現象ではなく，水の波でも起こりうる．いま，図 3.8(a) のように水深が h_1 から h_2 に急変する海底をもつ直線的な海岸を考え，水深 h_1 では波が海岸線に対する垂線と角度 θ_1 をなして入射しているとしよう．3.2 節1) で述べたように，波の進む速さは波周期と水深の関数となるが，図 3.2 に示したように，波周期が一定の場合は水深が浅いほど小さくなる．したがって，この場合 $C_1 > C_2$ である．これは，図 3.7 の光の場合とまったく同じ条件になり，水深が急変する地点で波は海岸に垂直な方向に少し曲げられることになる．このとき，式 (3.10) のスネルの法則が成り立つ．つぎに，図 3.8(b) のように，ステップが連続する海底を考えると，ステップごとにスネルの法則が成り立つので，それらの式をすべて辺々掛け合わせると，$\sin\theta_1/\sin\theta_6 = C_1/C_6$ を得る．これは，2 地点間の波速の比だけで波向きの関係が決まることを意味している．いま，図 3.8(b) のステップの数を多くしてステップを小さくしてやると，極限では太い曲線で表すような滑らかな海底にすることができる．いま，θ_1 として沖波（深海条件）での波向き θ_o をとると，等深線が直線でかつ海岸線に平行な海岸では，ある地点での波向き θ は，その地点での波速 C と沖での波速 C_o の関数として次式で与えられる．

$$\sin\theta = \frac{C}{C_o}\sin\theta_o \tag{3.11}$$

また，$C/C_o = \tanh 2\pi h/L$ を用いると，波向きが相対水深 h/L の関数として与えられ，$h/L \to 0$ の極限（汀線）では波向きは海岸線に直角（$\theta \to 0$）となることがわかる．図 3.9 には波向き θ を h/L_o の関数として示してある．

2) 屈折係数

屈折によって波向きが変化するとき，波高はどのように変化するのであろうか．等深線が平行な場合について，浅水変形で用いたエネルギー保存式を用いて考えてみよう．図 3.10 に示すように，Δx だけ離れた 2 点間でのエネルギーの保存を考える．ただし，ここではエネルギーの消散は考えない．波が等深線に斜めに入射しているので，断面を通過する単位時間あたりのエネルギーは $W\cos\theta$ となることに注意すると，エネルギー保存式は次式のように書ける．

$$\frac{\partial E}{\partial t}\Delta x = W\cos\theta - \left(W + \frac{\partial W}{\partial x}\Delta x\right)\cos\left(\theta + \frac{\partial \theta}{\partial x}\Delta x\right)$$

ここで，$(\Delta x)^2$ の項は無視して差し支えないので，余弦関数の性質から $\cos(\theta + (\partial\theta/\partial x)\Delta x) \approx \cos\theta$ とおける．したがって，定常状態（$\partial E/\partial t = 0$）では次式を得る．

$$W\cos\theta \equiv EC_g\cos\theta \equiv \frac{1}{8}\rho g H^2 C_g \cos\theta = 一定 \tag{3.12}$$

沖波と任意水深に対して上式を適用すると，任意水深における波高 H と沖波波高 H_o の比は次式で与えられる．

$$\frac{H}{H_o} = \sqrt{\frac{C_{go}}{C_g}}\sqrt{\frac{\cos\theta_o}{\cos\theta}} \tag{3.13}$$

式（3.4）より，$\sqrt{C_{go}/C_g}$ は浅水係数 K_s である．すなわち，屈折の影響によって，$\sqrt{\cos\theta_o/\cos\theta}$ 分だけ波高が変化することになる．これを屈折係数（refraction coefficient）とよび，K_r で表す．K_r は次式のように表すことができる．

$$K_r = \sqrt{\frac{\cos\theta_o}{\cos\theta}} = \sqrt[4]{\frac{1-\sin^2\theta_o}{1-\sin^2\theta}} = \left[1 + \left\{1 - \tanh^2\left(\frac{2\pi h}{L}\right)\right\}\tan^2\theta_o\right]^{-1/4} \tag{3.14}$$

図 3.9 に波向き θ と一緒に K_r の変化を示してあるが，K_r は沖波の波向き θ_o が大きいほど，また水深が浅くなるほど小さくなることがわかる．また，つねに $K_r < 1$ なので，

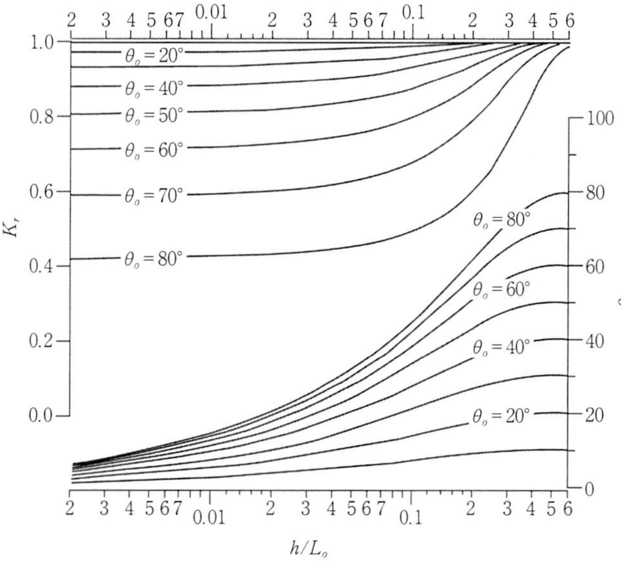

図 3.9 平行等深線を有する直線海岸での波向きと屈折係数

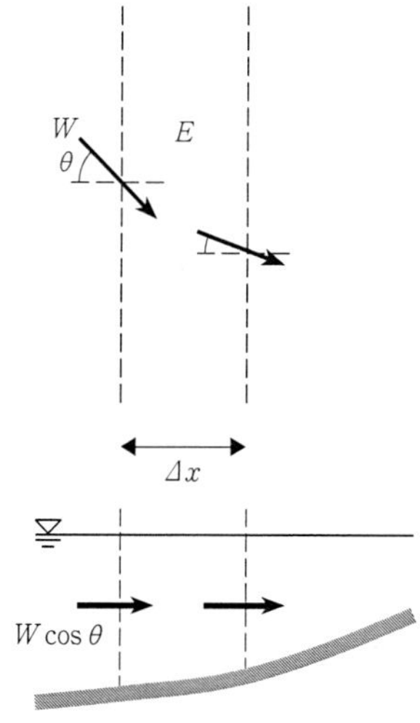

図 3.10 平行等深線を有する海岸での波エネルギーの保存

平行等深線の場合には，屈折の影響によって沖波よりも波高が小さくなる．式（3.13）より，任意水深における波高は，次式のように表される．

$$H=K_sK_rH_o \tag{3.15}$$

すなわち，浅水変形と屈折は分離して取り扱うことができて，それぞれの影響を表す係数で波高変化が表される．屈折の影響をあらかじめ考慮しておき，波の変形を1次元の問題に見立てるために，$H_o'=K_rH_o$ で与えられる沖波換算波高 H_o' が用いられることがある．これは，1次元の実験結果（砕波限界水深など）を屈折の生じる実際の海岸に適用する場合などに有効である．

3)　屈折による波高変化

これまでは，海岸線がまっすぐで，等深線が海岸線に平行な場合のみを取り扱ってきた．実際の海岸ではこのような状態はむしろまれで，海岸線には凹凸がある場合が多く，直線的な海岸でも海岸線に沿う方向にも水深が変化している場合が多い．任意海底地形に対する θ の変化を求める1つの有効な方法として，波向線法という方法がある．波向線とは，図3.7や図3.8に矢印で示したような波の進む向きを表す線のことであるが，波向線法は沖から海岸に向かって波の進む軌跡を追跡計算する方法である．この方法は，局所的にスネルの法則が成り立つとして，式（3.11）を用いて波向線を沖から順次計算する方法である．図3.11は波向線を模式的に描いた例であるが，海底地形の変化に対応して波の進む向きが視覚的にとらえられる点が特徴である．波高の計算には，やはりエネルギー保存式を用いる必要がある．図3.12に示すように，2本の波向線に囲まれた領域を考え，波向線方向に座標 s をとる．波向線に垂直な断面に囲まれた領域 Δs についてエネルギーの保存を考えれば，定常状態では，W_s を波向き線方向の輸送エネルギーとして，W_sb＝一定となる．ここで，b は波向き線間隔を表す．波エネルギーは波の進行方向にのみ輸送されると考えて $W_s=EC_g$ とおくと，これまでの考察より，屈折係数は沖での波向き線間隔を b_o として次式で与えられる．

$$K_r=\sqrt{\frac{b_o}{b}} \tag{3.16}$$

波向き線間隔 b をどのようにして求めるかについては，波向き線間隔に関する微分方程式を波向線の計算と同時に解いていく方法が提案されている[7]．式（3.16）からわかるように，波向線間隔が広がるように屈折する場合は K_r が小さくなり，波高が減少する．逆に，波向線が集中するような場合には波のエネルギーが集中して波高が高くなる．図3.11の例では，岬付近に波向線（波エネルギー）が集中し，湾状の部分では発散していることがわかる．

波向線法は，基本的に波向線上でしか屈折係数が計算できないが，実用上は格子点上など平面的に一様に計算結果が求められる方法のほうが，流れの計算や漂砂の計算などに発展させるうえで応用範囲が広い．そのため，最近では直交格子上で波向きと波高を計算する方法が用いられることが多い[8]．その際，波向きの計算にはスネルの法則の代わりに波数の非回転式が，波高の計算にはエネルギー保存式が用いられる．

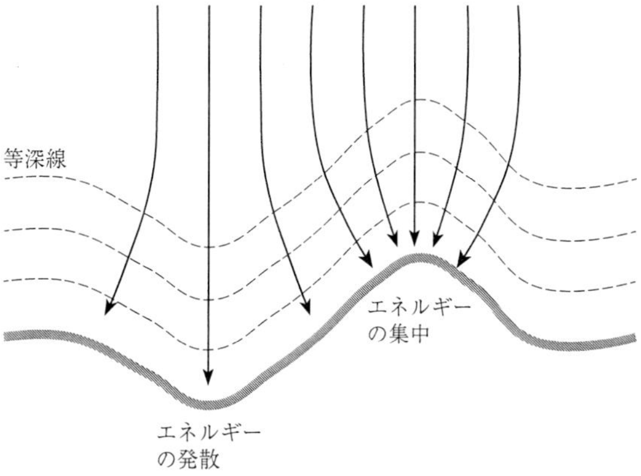

図 3.11 地形による波向線の変化と波エネルギーの集中・発散

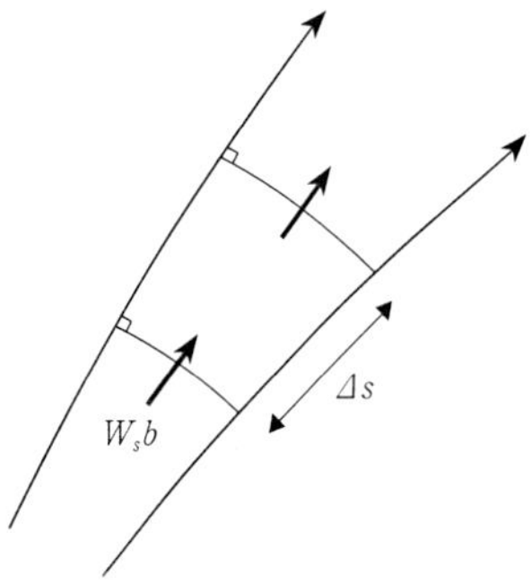

図 3.12 波向線間でのエネルギー輸送

なお屈折は，水深変化だけでなく流れが存在する場合など，波速が空間的に変化する場合には必ず生じることに注意しておこう．

3.4 波の回折

1) 回折現象

図 3.13 に示すように，直線的な防波堤に波が直角に入射している場合について考えよう．水深の変化がないとすると屈折は生じないから，波向線は直線になる．したがって，防波堤の背後には波がまったくないことになるが，実際には破線の矢印のように防波堤の背後にも波は伝搬する．このように，波向線の遮蔽領域（幾何学的に陰の部分）に波がまわり込む現象を回折（wave diffraction）という．遮音壁の背後でも音が聞こえたり，建物の背後でもテレビの電波が受信できるのは，この回折現象のためである．回折現象は波長が長いほど起こりやすいので，同じ電磁波でも光（波長 0.5 μm 程度）は建物によって陰ができるが，電波（波長数百 m 程度）は建物の背後まで容易に届くことができる．

図 3.13 の水の波にもどると，もし陰の部分に波が伝わらないとすれば，境界線の両側で波高（エネルギー）の不連続が生じることになる．回折現象は，このようなエネルギーの不連続あるいは空間的な不均一を平滑化するように波のエネルギーが輸送される現象であるととらえることができる．波を遮蔽するものは必ずしも直線的な防波堤である必要はなく，構造物や島によって遮蔽された領域に波がまわり込むのはこの回折の効果である．

2) 回折係数

回折現象を正確に表現するには，エネルギー保存式を用いるだけでは十分でなく，防波堤など回折を生じる境界上での境界条件を厳密に満たすような波の解を求める必要がある．詳細な解析[9]によれば，図 3.13 のような防波堤では，図中に示すように防波

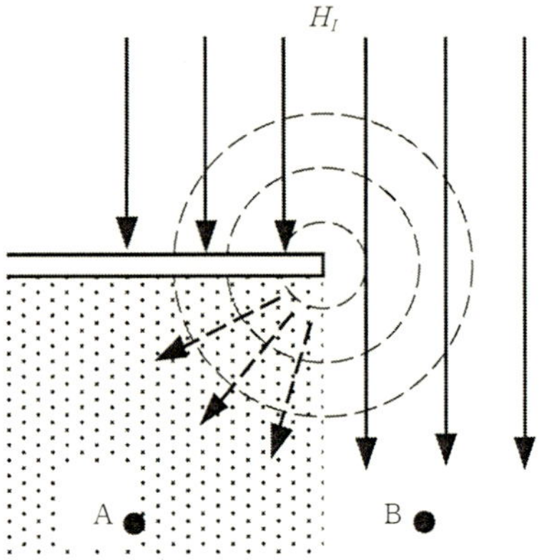

図 3.13　防波堤の陰の部分への波のまわり込み

堤先端から円筒状の波峰線（波向線に直交する）をもつ波が放射される．この波を回折散乱波とよぶ．実際の波の場は，波向線で表された進行波と防波堤での反射波（次節参照）にこの回折散乱波を重ね合わせることによって得られる．したがって，回折の影響は陰の部分だけでなく，それ以外の領域にも及ぶことに注意しなければならない．

回折散乱波の影響がどの程度あるかを示す指標が回折係数（diffraction coefficient）K_d である．図 3.13 の入射波の波高を H_I，陰の部分（A 点）の波高を H_A とすると，回折係数は次式で与えられる．

$$K_d = \frac{H_A}{H_I} \tag{3.17}$$

上に述べたように，陰の部分でなくても回折散乱波の影響が及ぶので，たとえば図の B 点での波高を H_B とすると，H_B/H_I もやはり回折係数とよばれることが多い．図 3.14 は，解析的に求めた回折係数をコンター図で示したものである．実際の港のように，複雑な防波堤配置に対しては，回折散乱波とその反射波を順次重ね合わせていく計算法[11] や，港湾境界全体の境界条件を一度に満たすような数値計算法[12] が用いられることが多い．

3)　屈折と回折

これまでの議論では，浅水変形（砕波を含む），屈折，回折をそれぞれ別々に取り扱ってきた．浅水変形と屈折はいずれも水深変化の影響によって波高や波向きが変化するもので，これらについては，式（3.15）に示したように，分離して取り扱うことが可能であった．では，回折は浅水変形や屈折と分離して取り扱うことができるのであろうか？　たとえば，島の背後に波がまわり込む場合について考えよう．島のまわりの水深変化が十分緩やかな場合（1 波長程度の距離を波が進んでもその波長はほとんど変化しない程度に）には，回折は考える必要がなく，屈折のみによって波高変化を求めることができる．一方，島のまわりの海岸が切り立った崖海岸で急に深くなっている場合には，屈折はほとんど生じず，回折が支配的になるであろう．この 2 つの中間的な状況では，屈折と回折が同時に生じ，波向線法や回折に関する解析解を用いる方

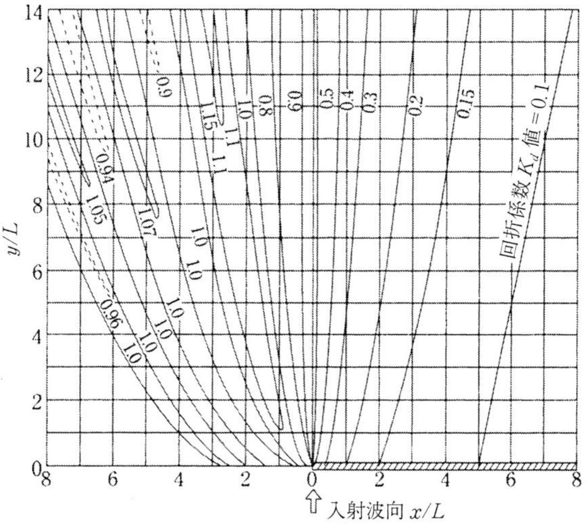

図 3.14 回折係数の例[10]（半無限防波堤）

法を個別に用いて波の変形を予測することが難しくなる．このような場合には，海底の境界条件を厳密に満足するように 3 次元のラプラス方程式（式（2.11））を解く必要があり，かなり解析が複雑になる．近似式として緩勾配方程式[13]という有効な方程式が提案され，近年はこれを発展させた数学モデルを数値的に解いて屈折（浅水変形も含む）と回折の影響を同時に考慮する方法が開発されている[8]．

3.5 波 の 反 射

1) 反 射 現 象

回折の説明に用いた図 3.13 にもどって考える．図において，防波堤にぶつかった波はどうなるであろうか．光や音の反射と同じように，防波堤によって跳ね返され，沖に向かって進むことは容易に想像できるであろう．波の反射とは，波の進行を妨げる境界において波の進行方向が変化する現象である．反射には，波のエネルギーのすべてが反射する完全反射と，エネルギーの一部のみが反射する部分反射がある．反射について詳細に調べるために，図 3.15 に示すような 1 次元的な反射を考えよう．$x=0$ に反射壁があるとし，x の正方向を入射波の進行方向にとると，入射波の波形 η_I は次式で与えられる．

$$\eta_I = \frac{H_I}{2}\cos(kx - \sigma t) \tag{3.18}$$

この波の $x=0$ での水平流速は，式（2.28）より，

$$u_I = \frac{\sigma H_I}{2}\frac{\cosh k(h+z)}{\cosh kh}\cos\sigma t$$

で与えられるが，反射壁上では水平流速はゼロでなければならないから（運動学的な条件），$x=0$ でつねに $u_R = -u_I$（u_R は反射波の流速）を満たすような波を考える必要

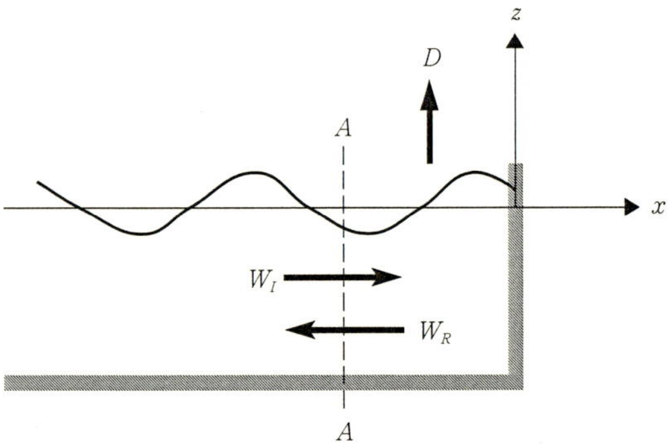

図 3.15 1次元的な波の反射

がある．これは，式(3.18)と同じ波高をもちxの負の方向に進む次の波である．ただし，$x=0$で入反射波の位相が一致している必要がある．すなわち，反射波は次式で与えられる．

$$\eta_R=\frac{H_I}{2}\cos(-kx-\sigma t) \tag{3.19}$$

式（3.18）と（3.19）を合成すると，入射波と反射の合成波として次式を得る．

$$\eta=\eta_I+\eta_R=H_I\cos kx\cos\sigma t \tag{3.20}$$

反射現象をエネルギー的に考察するために，図3.15の反射壁の前面に仮想的な断面Aを考え，この断面と反射壁で囲まれる領域についてエネルギーの保存を考えてみよう．領域内で単位時間あたりに消散するエネルギーをDとすると，反射壁を通してエネルギーの出入りはないので，次式が成立する．ただし，W_I, W_Rはそれぞれ入射波と反射波によって輸送されるエネルギーである．

$$W_I-W_R=D \tag{3.21}$$

ここで，反射波の波高をH_Rとして，入射波高と反射波高の比H_R/H_IとDとの関係を調べてみよう．

$$D=W_I-W_R=E_IC_g\left(1-\frac{E_R}{E_I}\right)=E_IC_g\left(1-\frac{H_R^2}{H_I^2}\right) \tag{3.22}$$

いま，入射波と反射波の波高比を反射率(reflection coefficient)と定義し，K_Rと表すと，反射率が次式で与えられる．

$$K_R=\frac{H_R}{H_I}=\sqrt{1-\frac{D}{EC_g}} \tag{3.23}$$

すなわち，エネルギーの消散を伴う反射においては，反射率は1より小さくなり，エネルギー消散率と入射波によって輸送されるエネルギーの比で反射率が決まることがわかる．$K_R=1$となる反射を完全反射，$K_R<1$となる反射を部分反射とよぶ．

2）反 射 率

図3.16に示すような斜面（傾きβ）による反射について考えよう．斜面上でエネルギーの消散がまったくなければ完全反射（$K_R=1$）に近くなるはずであるが，βが小さい場合には砕波が生じる．3.2節3）で述べたように，砕波が生じると大規模な

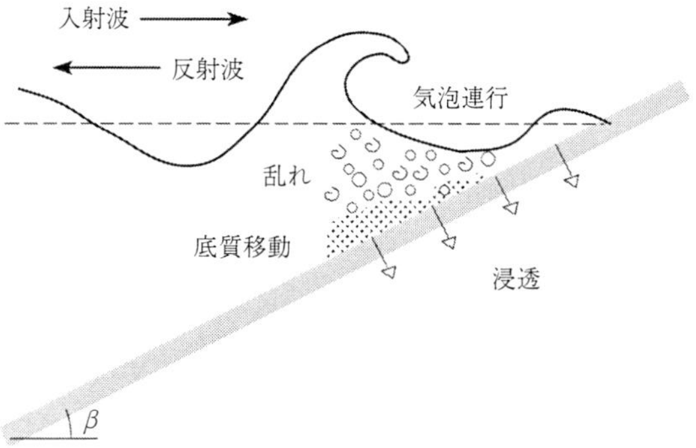

図 3.16 斜面での波の反射

エネルギー消散が生じるので，式（3.23）から反射率は小さくなる．また，実際の海岸では，海底での摩擦や砂層への水の浸透もエネルギー消散の一因である．また，海岸堤防斜面では，越波（wave overtopping）や堤防前面の消波ブロックなどによる乱れの発生に伴うエネルギー消散が考えられる．消波ブロックの斜面での反射率は0.3～0.5程度であるが，上述のように，反射率は波のエネルギーの消散率に関係しているので，消波ブロックなどの機能を議論するうえで重要な指標になることが多い．ただし，自然の砂浜海浜がもっとも消波効率が高い（反射率0.005～0.2程度）．

さらに，反射は必ずしも堤防のように水面上に突き出た構造物でなくとも，水深が急変する場所でも生じ得る．浅水変形や屈折では反射の影響を考えなかったが，これは海底の勾配が十分緩やかで，浅水変形や屈折に対して反射の影響は無視できる程度であるとの暗黙の仮定があったのである．海底勾配が急になれば，屈折と回折が同時に起こるように，反射も同時に生じる．

1次元的な重複波の波高分布については，2.7節ですでに述べたように，腹と節が1/4波長ごとに現れ，入射波の波高をH_I，反射率をK_Rとすると，腹で最大波高$H_{\max}$が，節で最小波高$H_{\min}$がそれぞれ現れ，これらはそれぞれ，$H_{\max}=(1+K_R)H_I$，$H_{\min}=(1-K_R)H_I$で与えられる．したがって，反射率は重複波の最大波高と最小波高を観測することにより，次式で求めることができる．この方法はヒーリーの方法とよばれ，規則波を用いた水理実験では簡便に反射率を求めることができるのでしばしば用いられる．

$$K_R=\frac{H_{\max}-H_{\min}}{H_{\max}+\mathrm{H}_{\min}} \tag{3.24}$$

防波堤や岸壁に波が斜め入射する場合については，反射壁を鏡面として斜めに交差する波の重複を考えればよい．ここで，反射率について注意しておかなければならないのは，反射率は波の諸元によって変化するだけでなく，波向きによっても変化することである．したがって，波向きと周波数の異なる波が数多く重なり合った不規則波を対象とする場合には，重複波浪場の予測は複雑になる．また，不規則波浪場の情報から反射率を求めるのは非常に難しいこともわかる[14]．

演習問題

3.1 平行等深線を有する海底勾配 1/30 の直線海岸に沖波の周期 $T=8$ s，波高 $H_o=2$ m の波が入射している．

沖での波向きが汀線と直角（$\theta=0°$）のとき，以下の諸量を求めよ．

(1) 沖波の波形勾配 H_o/L_o

(2) 水深 4 m 地点における波長 L，波数 k，波速 C

(3) 水深 4 m 地点における波高 H（線形理論および非線形理論）

(4) 砕波形式

沖での波向きが $\theta=30°$ のとき，以下の諸量を求めよ．

(5) 水深 4 m 地点での波向き θ および屈折係数 K_r

3.2 図に示すように，波長に比べて十分に長い防波堤に対して，周期 $T=8$ s の波が防波堤に直角に入射している．このとき，堤内の A 点で測定した波高は 1 m であった．A 点での波高を 0.5 m にするためには，防波堤を何 m 延長すればよいか．ただし，防波堤周辺の水深は 10 m で一定とする．

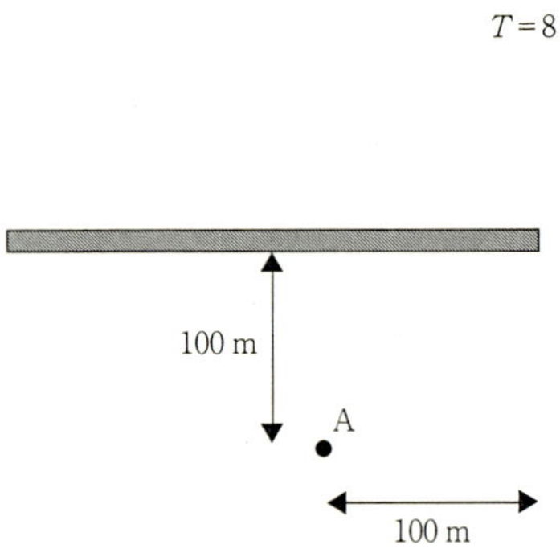

3.3 水深 8 m の位置に設置された低反射岸壁に波が直角に入射している．この岸壁前面の波高の分布を測定したところ，もっとも大きな波高が 2 m，もっとも小さな波高が 0.5 m であった．また，もっとも小さな波高は岸壁前面から 5 m 離れた位置で観測された．この岸壁の反射率と入射波の周期を求めよ．ただし，反射に伴う位相のずれはない（岸壁前面に重複波の腹が生じる）ものとする．

参考文献

1) 首藤伸夫：非線形長波の変形ー水路幅，水深の変化する場合ー，第 21 回海岸工学講演会論文集，pp. 57-63（1974）．

2) 磯部雅彦：波の変形，環境圏の新しい海岸工学（椹木　亨編著），pp. 14-31，フジテクノシステムズ（1999）．

3) H. Yamada：On the highest solitary waves, Rep. Res. Inst. Appl. Mech., Kyushu Univ., **5**, 53-67（1957）．

4) 合田良實：砕波指標の整理について，土木学会論文報告集，第 180 号（1970）．

5) W. R. Dally, R. G. Dean and R. A. Dalrymple：Wave height variation across beaches of arbitrary profile, J. of Geophysical Research, **90**, C6, 11917-11927（1985）．

6) A. J. Bowen, D. L. Inman and V. P. Simmons：Wave 'set-down' and wave set-up, J. of Geophysical Research, **73**, 2569-2577（1968）．

7) W. S. Wilson：A method for calculating and plotting surface wave rays, Tech. Memo 17, U.S. Army, Coastal Engineering Research Center (1966).

8) 土木学会海岸工学委員会：海岸波動 (1994).

9) W. G. Penny and A. T. Price：The diffraction theory of sea waves and the shelter afforded by breakwaters, Philos. Trans. Roy. Soc. A, **244** (882), 236-253 (1952).

10) 土木学会編：水理公式集 (1999).

11) 高山知司：波の回折と港内波高分布に関する研究，港湾技術研究所資料，No. 361 (1981).

12) J. J. Lee：Wave-induced oscillations in harbours of arbitrarygeometry, J. Fluid Mech., **45**, 275-394.

13) J. C. W. Berkhoff：Computation of combined refraction-diffraction, Proc. 13th Int. Conf. on Coastal Eng., 471-490 (1972).

14) 合田良實：港湾構造物の耐波設計，鹿島出版会 (1977).

15) M. S. Longuet-Higgins and R. W. Stewart：Radiation stress and mass transport in gravity waves, with application to surf beat, J. Fluid Mechanics, **13**, 481-504 (1962).

4　風波の基本特性と風波の推算法

■ 4.1　はじめに

我々が海岸や港で見る風波は，波高や周期が等しい正弦波や規則波ではなく，波高や周期が不規則に変化する波である（図 4.1 参照）．また，波の来襲方向も異なるので，波の峰が連続せず，途中で不連続になった切れ波がほとんどである．ここでは，まず，不規則な波形をもつ風波の取扱い方と風波のもつ基本的な性質を説明し，ついで，風波の推算法について述べる．

■ 4.2　風波の統計的性質

風波を取り扱う方法として，2 通りの方法がある．1 つは統計的に取り扱う方法，もう 1 つはエネルギースペクトルで取り扱う方法である．ここでは，まず不規則波の統計的性質を説明し，ついでエネルギースペクトル特性について言及する．

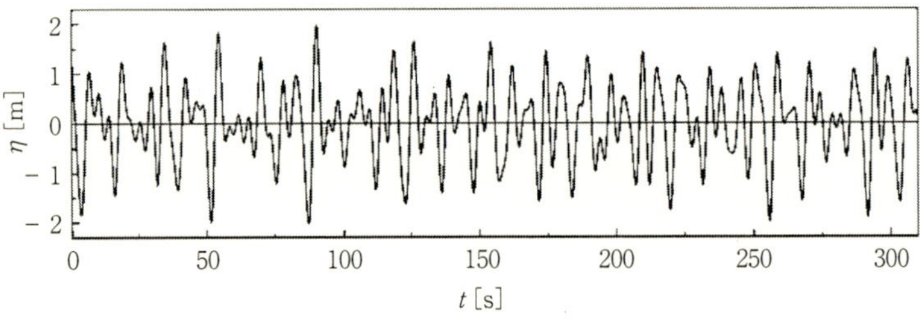

(a)　風波の観測波形

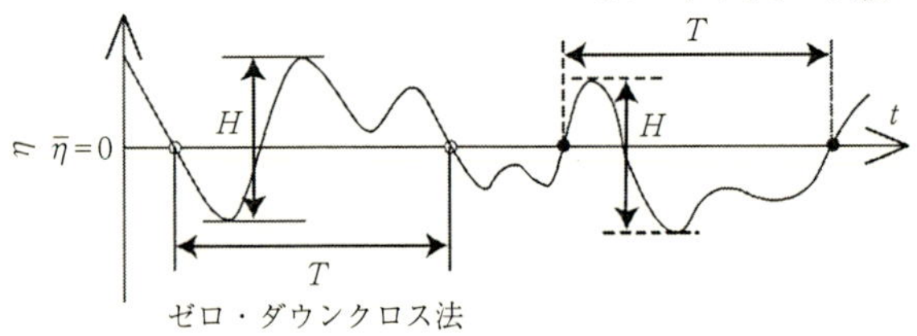

(b)　波の定義

図 4.1　風波の観測波形と波の定義

1)　波の定義と代表波

まず，不規則波の波高と周期を客観的に統一して定義しなければいけない．定義方法として，ゼロ・アップクロス法やゼロ・ダウンクロス法が現在おもに用いられる．ゼロ・アップクロス法は，図 4.1(b) に示すように，水位波形が上昇しながら平均水面を下から上に切る時刻（ゼロ・アップクロス点）からつぎにくるゼロ・アップクロス点までの時間差を波の周期 T，その間の最小水位と最大水位高さの差（鉛直距離）を波高 H と定義する方法である．一方，ゼロ・ダウンクロス法は，水位波形が下降しながら平均水面を上から下に切る時刻（ゼロ・ダウンクロス点という）を区切りとして，波を定義する方法である（図 4.1(b) 参照）．このように定義された波を，個々の波あるいは波別解析波という．また，不規則波を個々の波に分ける解析法を波別解析法という．

ゼロ・アップクロス法とゼロ・ダウンクロス法では，波のとらえ方が異なるが，不規則波の統計的な性質を論議する場合には，有意な差異は生じないと考えられる．しかし，浅海域での構造物への波の作用や砕波を考えると，“波谷からそれに続く波峰高”を波高とするほうが実現象とよく対応するので，最近，ゼロ・ダウンクロス法を使う頻度が増えている．

さて，不規則波の波群全体をどのように表現すればよいのであろうか．工学面では，不規則波の波群全体を“ある代表波”に置き換える方法を用いる場合が多い．これを代表波法という．代表波として，最高波，1/10 最大波，1/3 最大波や平均波がおもに使用され，工学的目的に応じて使い分けられる．

① 最高波（H_{max}, T_{max}）：波群中で，もっとも大きな波高 H_{max} をもつ波である．なお，周期 T_{max} は H_{max} に対応する波の周期である．

② 1/10 最大波（$H_{1/10}$, $T_{1/10}$）：波群中で，波高の大きいほうから数えて全体の 1/10 の数の波について，波高と周期を算術平均した値と等しい波高 $H_{1/10}$ と周期 $T_{1/10}$ をもつ波である．

③ 1/3 最大波（$H_{1/3}$, $T_{1/3}$）：波群中で，波高の大きいほうから数えて全体の 1/3 の数の波について，波高と周期を算術平均した値と等しい波高 $H_{1/3}$ と周期 $T_{1/3}$ をもつ波である．この 1/3 最大波を有義波という．

④ 平均波（$\bar{H}$, $\bar{T}$）：波群中の波すべての波高と周期を算術平均した値と等しい波高 $\bar{H}$ と周期 $\bar{T}$ をもつ波である．

この代表波のなかで，もっとも使用頻度が高いのが 1/3 最大波，すなわち有義波である．有義波の概念は，Svedrup と Munk[1] により提案されたものであり，有義波高は目視観測による波高にほぼ対応するといわれている．なお，後述の SMB 法はこの有義波を推算する方法である．

2)　波高の分布

Longuet-Higgins[2] は，波の周波数がごく狭い範囲に分布し（狭帯域という），その成分波の位相が不規則な場合，波高の分布は Rayleigh（レイリー）分布となることを理論的に導いた.

$$p(H)dH = \frac{\pi}{2}\frac{H}{\bar{H}^2}\exp\left[-\frac{\pi}{4}\left(\frac{H}{\bar{H}}\right)^2\right]dH \tag{4.1}$$

ここで，$p(H)$ は波高 H の確率密度関数，$\bar{H}$ は平均波高である.

図 4.2 に例示するように，実測値と理論値の対応はよいといわれるが，浅海域では，砕波などにより波高の分布はレイリー分布から外れる場合が多い.

式（4.1）より，代表波の平均波高 $\bar{H}$, 1/10 最大波高 $H_{1/10}$ と 1/3 最大波高 $H_{1/3}$ の関係が次式で与えられる.

$$H_{1/3} = 1.60\bar{H}, \quad \text{または } \bar{H} = 0.625H_{1/3}$$
$$H_{1/10} = 2.03\bar{H} = 1.27H_{1/3} \tag{4.2}$$

一方，最高波高 H_{max} は理論的に確定値として与えられないが，波が狭帯域スペクトルをもつ場合，Longuet-Higgins[2] によれば，有義波高や平均波高を使えば，最高波高 H_{max} が決定される．表 4.1 は，Longuet-Higgins により求められた $H_{max}/H_{1/3}$ の値を例示したものである．最高波高 H_{max} は，波の数 N が増えると大きくなり，$N=200$ で約 $1.64H_{1/3}$, $N=1000$ で約 $1.87H_{1/3}$ になる．なお，構造物の設計に際して H_{max} を使う場合，海岸港湾構造物の設計では，$H_{max}=(1.6\sim1.8)H_{1/3}$ を採用することが多い.

3）周期の分布

波の周期の理論分布式は提案されていない．この大きな理由は，波の周期は限定された狭い範囲に分布し，その分布状況が波の発達状態に応じて変化するためである.

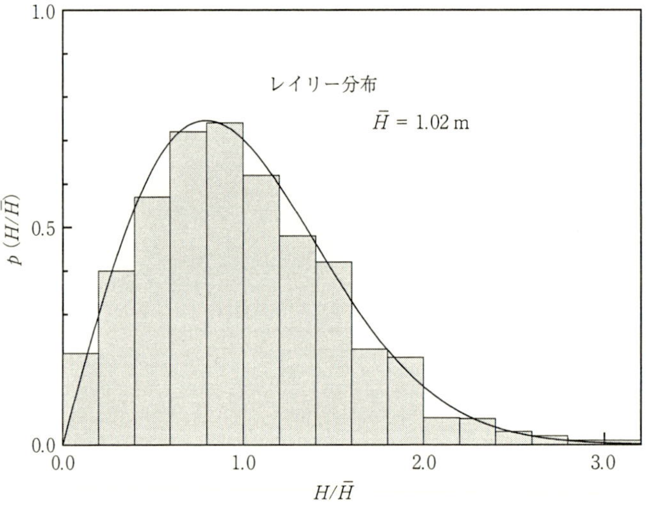

図 4.2　波高の分布

表 4.1　波の数 N と最高波高 H_{max} の関係[2]

N	50	100	200	500	1000	2000
$H_{max}/H_{1/3}$	1.419	1.534	1.641	1.772	1.866	1.956

なお, Bretschneider[3]は周期の自乗がレイリー分布で近似できることを指摘している. しかし, レイリー分布で近似できない場合が多い. 我が国では, 沿岸域における波の実測値を整理して得られた次式を使って代表周期の換算を行っている[4].

$$T_{\max} \cong T_{1/10} \cong T_{1/3} \cong 1.2\overline{T} \tag{4.3}$$

なお, 水位 η の分布については本書で取り扱わないが, 波高が小さく波の非線形性が含まれない場合, 水位 η は平均水位 $\overline{\eta}=0$ に対して Gauss (ガウス) 分布になることを付け加えておきたい.

4.3 風波のスペクトル性質

不規則波を表現するもう1つの方法として, エネルギースペクトル法がある. これは, 不規則な海の波の水位変動 η が, 波高 H, 周期 T, 波数 k および伝搬方向 θ が異なる正弦波が, 不規則な位相で重ね合わさったものと考え, それぞれの正弦波のエネルギーが, ① 周波数に対して, あるいは ② 波数に対して, または ③ 伝搬方向に対してどのように分布しているかを表現したものであり, それぞれ ① 周波数スペクトル, ② 波数スペクトルと ③ 方向スペクトルという.

1) 周波数スペクトル

i) 水面波形とスペクトル: 正弦波を重ね合わせていくと, 後掲するように (演習問題 4.1 参照), 合成された水面波形は正弦波とは異なった波形になり, 重ね合わさる波の数が多くなるにつれて, 実際の風波のような不規則な波形に近くなっていくと考えられる. このため, ある1地点で計測された水位変動 $\eta(t)$ は, 非常に多くの正弦波に分解できるはずである. すなわち,

$$\eta(t) = \sum_{i=1}^{\infty} \frac{1}{2} H_i \cos(2\pi f_i t + \varepsilon_i) \tag{4.4}$$

ここで, H_i は成分波の波高, f_i は成分波の周波数, ε_i は位相差である. いま, 周波数が f と $f+\Delta f$ のあいだの波すべてを取り出し, その成分波のエネルギーを $H_i^2/8$ で表し, 次式のように $E(f)$ を定義する.

$$\sum_{f}^{f+\Delta f} \frac{1}{8} H_i^2 = E(f)\Delta f \tag{4.5}$$

$E(f)$ が波の周波数 f によるエネルギー分布を与える関数で, 波のエネルギースペクトル密度という. また, ただ単に, エネルギースペクトルという場合もある. なお, 波高 H_i の代わりに振幅 $a_i(=H_i/2)$ を使う場合は, 式 (4.5) の左辺で, $H_i^2/8$ の代わりに $a_i^2/2$ を使用すればよい.

ii) 代表的な周波数スペクトル: 波のエネルギースペクトルの表示式は, これまで波浪観測値の解析や理論的な考察を加えて提案されてきたが, 表示形は基本的に次式に集約される.

$$E(f) = k_1 f^{-m} \exp(k_2 f^{-n}) \tag{4.6}$$

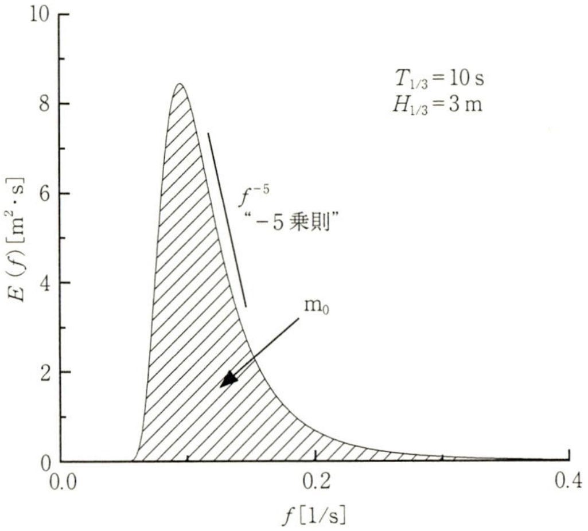

図 4.3　光易スペクトル（Bretschneider-光易スペクトル）の例示

ここで，k_1, k_2, m と n は係数であり，提案者によりその値は異なる．代表的なスペクトルとして，Pierson-Moskowitz スペクトル[5]，Bretschneider（ブレットシュナイダー）スペクトル[6]，光易スペクトル[7] など多くあるが，ここでは，光易スペクトルを紹介する．

$$E(f)=0.257H_{1/3}^2T_{1/3}^{-4}f^{-5}\exp\{-1.03(T_{1/3}f)^{-4}\} \tag{4.7}$$

なお，スペクトルの単位は［$\mathrm{m}^2\cdot\mathrm{s}$］である．この光易スペクトルをブレットシュナイダー-光易スペクトルともいう．これは，ブレットシュナイダー・スペクトル[6] を光易が 1/3 最大波の波高 $H_{1/3}$ と周期 $T_{1/3}$ を使って修正したことによる[7]．

iii）周波数スペクトルと代表波の関係：　これまで，2 つの取扱いを説明してきたが，取り扱っているのは 1 つの水位変動 η なので，両手法で得られる物理量には関連性があるはずである．

水位変動の自乗平均値 $\overline{\eta^2}$ は，式（4.4）より

$$\overline{\eta^2}=\lim_{t'\to\infty}\frac{1}{t'}\int_0^{t'}\eta^2dt=\sum_{n=1}^{\infty}\frac{1}{8}H_i^2 \tag{4.8}$$

式（4.5）を積分すると，

$$\sum_{f=0}^{\infty}\frac{1}{8}H_n^2=\int_0^{\infty}E(f)df=m_0 \tag{4.9}$$

式（4.8）と式（4.9）より，次式をうる．

$$m_0=\overline{\eta^2}=\int_0^{\infty}E(f)df \tag{4.10}$$

ここで，m_0 は周波数スペクトルの 0 次モーメントで，波の全エネルギーに比例した量である．なお，m_0 は長さの 2 乗の次元をもち，［m^2］などの単位で表す．また，波高がレイリー分布する場合（式（4.1）），m_0 は 1/3 最大波高 $H_{1/3}$ と次式で関係づけられる[8]．

$$H_{1/3}\cong 4.004\sqrt{m_0} \tag{4.11}$$

一方，ゼロ・アップクロス法で定義した波の平均周期 $\bar{T}$ は，統計理論により，次式

で与えられる[9]．

$$\bar{T}=\sqrt{\frac{m_0}{m_2}},\quad m_2=\int_0^{\infty}f^2E(f)df \tag{4.12}$$

ここで，m_2 は周波数スペクトルの2次モーメントである．

2)　波数スペクトルと方向スペクトル

既述したように，実際の海の波は切れ波である．この切れ波も進行方向が異なる多くの正弦波の集合とみなすことができる（演習問題4.1参照）．いま，水面波形 $\eta(x, y; t)$ が次式で与えられるものとする．

$$\eta(x, y; t)=\sum_{n=1}^{\infty}\frac{1}{2}H_n\cos[(k_n\cos\theta_n)x+(k_n\sin\theta_n)y-2\pi f_n t+\varepsilon_n] \tag{4.13}$$

波のエネルギーは周波数のみではなく波の進行方向に対しても分布するので，$k\sim k+\Delta k$, $\theta\sim\theta+\Delta\theta$ の範囲を考えて，この範囲の成分群のエネルギーを次式のように表現する．

$$\sum_{k}^{k+\Delta k}\sum_{\theta}^{\theta+\Delta\theta}\frac{1}{8}H_n^2=E(k, \theta)\Delta k\Delta\theta \tag{4.14}$$

上式で定義される $E(k, \theta)$ を方向スペクトル，あるいは2次元スペクトルという．また，伝搬角度 θ について積分した $E(k)$ を波数スペクトルという．

$$E(k)=\int_0^{2\pi}E(k, \theta)d\theta \tag{4.15}$$

波数 k は周波数 f に変換できるので，$E(f, \theta)$ を方向スペクトルということがある．この方向スペクトル $E(f, \theta)$ を，使用上の便宜を考えて，周波数スペクトル $E(f)$ を使用して，次式のように表すことが多い．

$$E(f, \theta)=E(f)\cdot G(f, \theta) \tag{4.16}$$

ただし，

$$\int_0^{2\pi}G(f, \theta)d\theta=1$$

この $G(f, \theta)$ を方向分布関数という．$G(f, \theta)$ として次式で与えられる光易型方向分布関数[10]がよく使用される．

$$G(f, \theta)=\left\{\int_{-\pi}^{\pi}\cos^{2S}\left(\frac{\theta}{2}\right)d\theta\right\}^{-1}\cos^{2S}\left(\frac{\theta}{2}\right) \tag{4.17}$$

ここで，S はエネルギーの方向集中度を示すパラメータであり，合田ら[11]は次式で与えている．

$$S=\begin{cases}S_{\max}\left(\dfrac{f}{f_p}\right)^{5} : f\leq f_p\\[2ex] S_{\max}\left(\dfrac{f}{f_p}\right)^{-2.5} : f>f_p\end{cases} \tag{4.18}$$

なお，f_p は周波数スペクトルのピーク周波数であり，$f_p=1/1.05T_{1/3}$ を満たす．$S_{\max}$ として，波の状況に応じて次式の値を採用する．

① 風波：$S_{max}=10$
② 減衰距離が短いうねり：$S_{max}=25$ (4.19)
③ 減衰距離が長いうねり：$S_{max}=75$

■ 4.4 風波の推定法

1) 風波の発生と発達

海面上を風が吹くと，どのような機構で波が発生し，発達するのであろうか．波の発生・発達機構についてはまだ不明なところがあるが，大略つぎのように理解されている．風速がある限界値を越してある時間以上風が吹くと，風に含まれる不規則な圧力変動（垂直応力）による共鳴干渉[12]で海面にさざ波が発生する．そして，その後，波は垂直応力以外にせん断応力によっても風からエネルギーを受け取るようになり，さらに風と波の相互作用により波は発達して波高と周期が大きくなる[13,14]．そして波が十分発達し，波頭部が白い泡を立てて砕けるようになると，波が風から受け取るエネルギーと波が砕波により失うエネルギーが等しくなる平衡状態になり，波の発達が止まる．この平衡状態では，周波数の大きな波の波高は周波数fの“−5乗”に比例するようになるといわれている[15]．

2) 吹送距離と吹送時間

上述のような機構で波が発生して発達するが，風が吹いている場を風域という．風速がある限界値を越して吹くと，風域全体の海面に波が発生し風下に向かって成長しながら進行し，やがて風下端から風域外にうねりとして伝搬する．風域のもっとも風上からもっとも風下までの距離を吹送距離，風が吹き続けている時間を吹送時間という．図 4.4 は，風上端から発生した波（波高 $H_{1/3}$）が風下に向かって増大する状況を

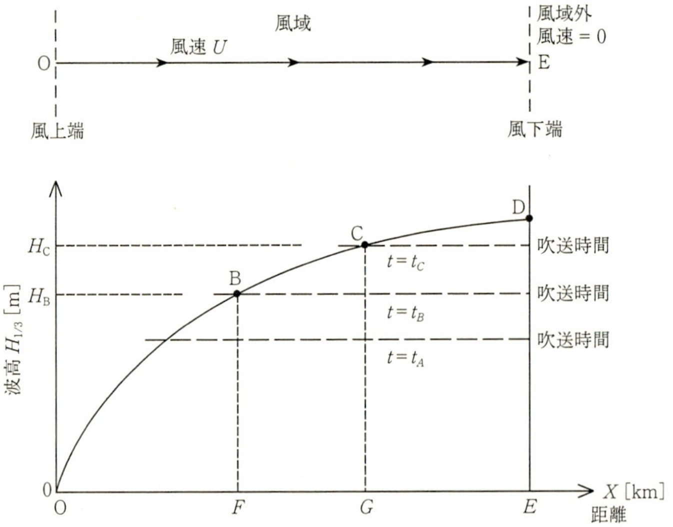

図 4.4 風域内における波の発達の模式図

模式的に示してある．F 地点に着目すると，時間の経過につれて波高が増大するが，$H_{1/3}=H_B$ に達すると，風がさらに吹き続けても波（波高 $H_{1/3}$）は増大しない．このときの吹送時間（$t=t_B$）はその地点で波（波高 $H_{1/3}$）を最大にするために必要な最小の吹送時間なので，これを最小吹送時間（$t_{\min}$）という．このように，最小吹送時間 $t_{\min}$ は，風域の風上端 $X=0$ を $t=0$ で発生した波が群速度 C_G で移動して（$dX/dt=C_G$），$X=F$ に達した時間なので，次式を積分して求めることができる．

$$t_{\min}=\int_0^F \frac{dX}{C_G} \tag{4.20}$$

逆に，ある吹送時間に対して波が最大限大きくなるために必要な吹送距離が存在する．これを最小吹送距離（$F_{\min}$）という．吹送時間 $t=t_C$ で発達できる限界の最大波高が H_C の場合は，$X=G$ が最小吹送距離 $F_{\min}$ である．

3) 深海域における風波の推算

風波の推算に必要な風の場は，天気図などを使用して推算される．風波の推算法には，代表波（有義波）を推算する代表波法（有義波法）とスペクトルを推算するスペクトル法があるが[16]，有義波法は取扱いが容易なので，風の場が単純な場合には実用的な推算法である．

ここでは，風域が移動しない場合の有義波を推算する SMB 法を紹介する．

SMB 法は Svedrup-Munk-Bretschneider の研究者 3 人の頭文字を 3 つ選んで並べたものであり，Svedrup-Munk の成果[1] を Bretschneider[17] が改良した方法である．その後，さらに実測値を加えて検討が加えられた．現在，精度の高い実測値を使って追加整理した Wilson[18] の提案式が使われている．

$$\frac{gH_{1/3}}{U^2}=0.30\left\{1-\frac{1}{[1+0.004(gF/U^2)^{1/2}]^2}\right\} \tag{4.21}$$

$$\frac{gT_{1/3}}{2\pi U}=1.37\left\{1-\frac{1}{[1+0.008(gF/U^2)^{1/3}]^5}\right\} \tag{4.22}$$

ここで，g は重力加速度，U は風速［m/s］であり，海面上 10 m 地点の風速を使用する．また，最小吹送時間 $t_{\min}$ は，式（4.20）を利用すると，次式で与えられる．

$$\frac{gt_{\min}}{U}=\int_0^{\frac{gF}{U^2}} \frac{d(gF/U^2)}{gT_{1/3}/2\pi U} \tag{4.23}$$

図 4.5 は，式（4.21）～（4.23）の関係を図示したもので[16]，有義波の波高と周期を有次元の値として求めることができる．なお，図中の破線は 1 波の波がもつ全エネルギーの保存（$H_2 T_2$＝一定）を示す．以下，図 4.5 の使い方について説明する．

① 風速が一定の場合：まず風域を決定し，吹送距離 F［km］，風域内の平均風速 U［m/s］と吹送時間 t［時間］を決める．既述したように，波の発達は吹送距離か吹送時間のどちらかで制限されるので，「U と F」と「U と t」の組合せに対して，それぞれ波高と周期を読み取り，2 つの組のうちで，小さいほうの値の組合せを採用する．

② 風速が変化する場合：最初の風で発達した波のエネルギーに，つぎの風によるエネルギーが与えられて新しい波になると考える．そして，風速変化時に波のエネル

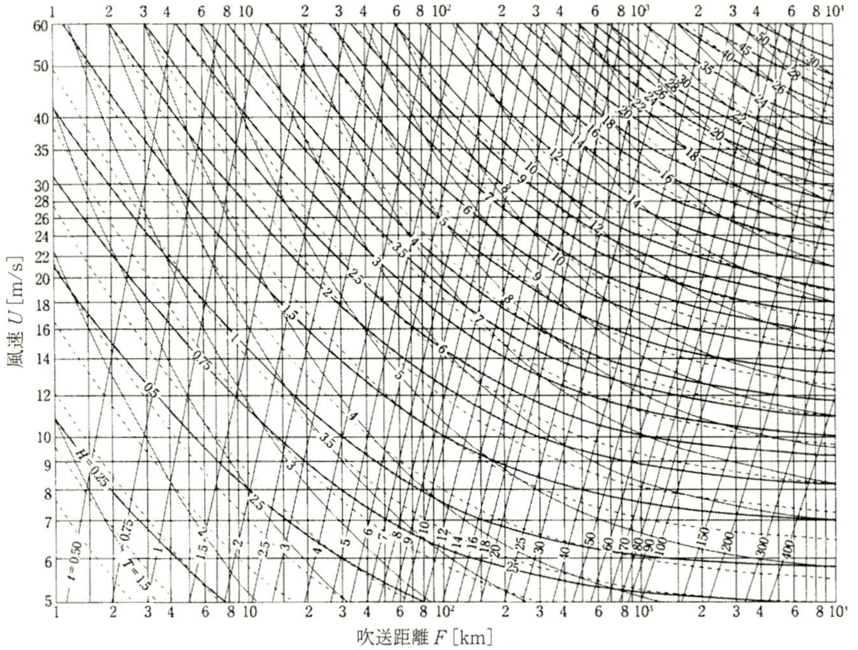

—— 波高 $H_{1/3}$ [m]　—— 周期 $T_{1/3}$ [s]　—— 最小吹送時間 t [h]　······ 等エネルギー線 $(H_{1/3}\cdot T_{1/3})^2=\mathrm{const.}$

図 4.5　深海域における風波の予知曲線（土木学会水理公式集平成 11 年度版による[16)]）

ギー逸散がなく，1 波の全エネルギー H^2T^2 が保存されるとして計算する．いま，風域が「風速 U_1 で吹送時間 t_1，吹送距離 F_1」から「風速 U_2 で吹送時間 t_2，吹送距離 F_2」に変わる場合を考えてみる．最初の風速 U_1 の条件に対して波を推算し，その推算点から図中の波線で示す等エネルギー線（$H^2T^2=\mathrm{const.}$）に沿って，風速 U_2 まで移動して，その点での吹送時間 t^* を読み取る．t^* は，最初から風速 U_2 の風が吹いたときに，同じエネルギーを波に与えるために必要な最小吹送時間である．そして，風速 U_2 の吹送時間 t_2 に t^* を加えた $t_2+t^*=(t_2)^*$ を求める．この $(t_2)^*$ を有効吹送時間という．つぎに，「U_2, F_2」と「U_2, $(t_2)^*$」の組合せに対して，それぞれ波高と周期を求めて，小さいほうの値の組合せを採用する．

なお，低気圧のように風域が移動し，風向や風速が時空間的に変化する場合の有義波を推算する方法として，Wilson法[19)] などがあることを付記しておく．

以上，深海域の有義波の推算について述べてきた．浅海域における有義波の推算法を本書では説明しないが，底面摩擦によるエネルギー逸散を考慮する推算法[20)] が比較的簡便である．また，最近大型電子計算機を使った数値計算により，エネルギー平衡方程式を使うスペクトル法でより精度高く風波を推算するようになってきた[16)]．

4)　風波の減衰

風域内で発生した風波は風域外に伝搬する．風域の外に出た風波は，風から波へのエネルギーの供給がなくなると同時に，空気抵抗，内部粘性，方向分散や速度分散などの作用により減衰し，波高が低減し周期が長くなっていく．このような波をうねりという．遙か洋上に台風があり，直接台風による風が吹かない地点に，遙か洋上から

補遺5　方向分散（directional spreading）と速度分散（velocity dispersion）

風波には，いろいろな周期といろいろな方向に進む成分波が含まれている．風波が風域を離れてから，成分波が各方向に分散して進行することにより，波高が減少する現象を方向分散（directional spreading）という．また，風波が風域から離れて進行するに連れて，波速の大きい周期に長い成分波が先に進み，波速の小さい周期の短い成分波が遅れて進むことにより起こる波の分散現象を速度分散（velocity dispersion）という．

来襲する波高が小さくて周期が長い波がこれにあたる．

うねりとして伝搬する過程では，逆風，内部粘性や波の相互作用により，おもに周期の短い成分波のエネルギーが失われる．うねりの波高 $H_{1/3}$ と周期 $T_{1/3}$，およびうねりの到達時間 t_D の算定に際しては，多くの観測値に理論的な考察を加えて提案されたブレットシュナイダーの式[21]を使用して算定することができる．

$$\frac{(H_{1/3})_D}{(H_{1/3})_F}=\left(\frac{0.4F_{\min}}{0.4F_{\min}+D}\right)^{1/2} \tag{4.24}$$

$$\frac{(T_{1/3})_D}{(T_{1/3})_F}=\left(2-\frac{(H_{1/3})_D}{(H_{1/3})_F}\right)^{1/2} \tag{4.25}$$

$$t_D=\frac{4\pi D}{g(T_{1/3})_D} \tag{4.26}$$

ここで，下付 F は風下端での値，下付 D はうねりの到達地点での値，$F_{\min}$ は最小吹送距離，D はうねりの伝達距離である．なお，式（4.24）には方向分散のみ考慮されているが，式（4.25）については，理論的根拠はない．

演習問題

4.1　周期の異なる3つの正弦波が重ね合わさると，合成波 η は，式（4.13）を利用して，次式で与えられる．以下の設問に答えなさい．

$$\eta(x,\ y\ ;\ t)=\sum_{n=1}^{3}\frac{1}{2}H_n\cos[(k_n\cos\theta_n)x+(k_n\sin\theta_n)y-2\pi f_n(t+\varepsilon_n)]$$

(1)　成分波の条件が，$H_1=0.8$ m，$H_2=2.0$ m，$H_3=2.0$ m；$f_1=1/5\ \mathrm{s}^{-1}$，$f_2=1/6\ \mathrm{s}^{-1}$，$f_3=1/9\ \mathrm{s}^{-1}$；$\theta_1=\theta_2=\theta_3=0$；$\varepsilon_1=\varepsilon_2=\varepsilon_3=0$ の場合の波形を図示しなさい．

(2)　$\theta_1=0$，$\theta_2=\pi/16$，$\theta_3=-\pi/16$ で，H_n, k_n, f_n と ε_n は（1）と同じ値である場合の波形を図示しなさい．

4.2　風速 $U=18$ m/s，吹送距離 $F=200$ km，吹送時間 $t=6$ hr の風域で発生する有義波の波高 $H_{1/3}$ と

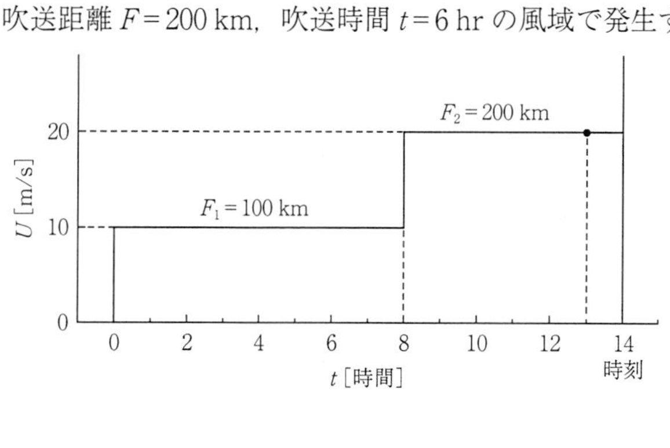

して推定される最適な値を選びなさい．

① 約 1 m，② 約 2 m，③ 約 3 m，④ 約 4 m，⑤ 約 5 m

4.3 吹送距離 $F_1=100$ km の風域に風速 $U_1=10$ m/s の風が時刻 0 時から午前 8 時まで吹き続け，午前 8 時から急に風速が $U_2=20$ m/s になり午後 2 時まで吹き続けた．そのときの吹送距離は $F_2=200$ km であった．午後 1 時の有義波の周期 $T_{1/3}$ として推測される最適な値を選びなさい．

① 約 5.8 s，② 約 6.8 s，③ 約 8.3 s，④ 約 9.6 s，⑤ 約 10.4 s

4.4 観測地点から 500 km 離れた風域内で，風速 $U=18$ m/s の風により，$H_{1/3}\cong 2.5$ m の波が発生しているものとする．この波が観測地点にうねりとして伝搬する．観測地点に到達するうねりの波高と周期の推定値の組み合わせ（約 H[m]，約 T[s]）として，もっとも適切なものを選びなさい．

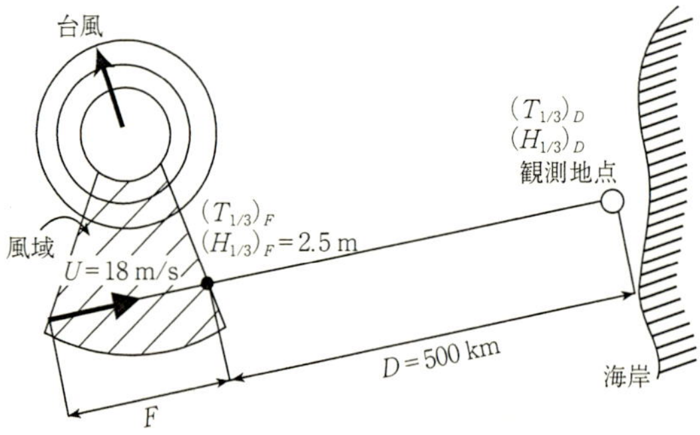

① (0.2 m，5 s)，② (0.5 m，8 s)，③ (1 m，10 s)，④ (1.5 m，12 s)，⑤ (1.5 m，14 s)

参考文献

1) H. U. Svedrup and W. H. Munk：Wind, sea and swell, theory of relations for forecasting, U. S. Navy Hydrographic Office, Pub., No. 601 (1947).

2) M.S. Longuet-Higgins：On the Statistical Distribution of the Heights of Sea Waves, J. Marine Res., **11** (3) (1952).

3) C. L. Bretschneider：Wave valiability and wave spectra for wind-generated gravity waves, Tech. Memo., No. 118, Beach Erosion Board (1959).

4) 合田良實：2 訂版　海岸・港湾，321 p.，彰国社 (1998).

5) W. G. Pierson and L. Moskowitz：A proposed spectral form for fully developed wind seas based on the similarity theory of S. A. Kitaigordskii, J. Geophy. Res., **69** (24)，5181-5190 (1964).

6) C. L. Bretschneider：Significant waves and wave spectrum, Fundamentals in Ocean Engineering-Part 7, Ocean Industry, Feb., pp. 40-46 (1968).

7) 光易　恒：風波のスペクトルの発達 (2) －有限な吹送距離における風波のスペクトル形について－，第 17 回海岸工学講演会講演集，pp. 1-7 (1970).

8) 合田良實：港湾構造物の耐波設計―波浪工学への序説―（第 6 刷），237 p.，鹿島出版会 (1984).

9) 合田良實，永井康平：波浪の統計的性質に関する調査・解析，港湾技術報告，**13** (1)，3-37 (1974).

10) H. Mitsuyasu, et al.：Observation of the directional spectrum of ocean waves using a cloverleaf buoy, J. Phys. Oceano., **5**, 750-760 (1975).

11) 合田良實，鈴木康正：光易型方向スペクトルによる不規則波の屈折・回折計算，港湾技術資料，No. 230, 45 p. (1975).

12) O. M. Phillips : On the generation of waves by turbulent wind, J. Fluid Mech., **2**, 417-445 (1957).

13) J. M. Miles : On the generation of surface waves by shear flow, J.Fluid Mech., **3** (2), 185-204 (1957).

14) J. M. Miles : On the generation of surface waves by turbulent shear flow, J. Fluid Mech., **7** (3), 469-478 (1960).

15) O. M. Phillips : The equilibrium range in the spectrum of wind-generated waves, J. Fluid Mech., **4**, 426-434 (1958).

16) 土木学会水理委員会：水理公式集［平成11年度版］，土木学会，pp. 449-456, 713 p. (1999).

17) C. L. Bretschneider : The generation and decay of wind waves in deep water, Trans. AGU, **33** (3), 381-389 (1952).

18) B. W. Wilson : Numerical prediction of ocean waves in the North Atlantic for December, 1959, Deut. Hydrogr. Zeit. Jahrgang 18, Heft 3, pp. 114-130 (1965).

19) B. W. Wilson : Graphical approach to the forecasting of waves in moving fetches, U.S.Army Corps of Engineers, Beach Erosion Board, Tech. Memo. No. 73 (1955).

20) C. L. Bretschneider : Generation of wind waves over a shallow bottom, U.S. Army Corps of Engineers, Beach Erosion Board, Tech. Memo. No. 51 (1954).

21) C. L. Bretschenider : Decay of wind generated waves to ocean swell by significant wave method, Fundamentals of Ocean Engineering, Part 8, Ocean Industry, pp. 36-39 (1958).

5　高潮，津波と長周期波

■ 5.1　長周期波の理論

ここでは比較的周期の長い波，すなわち波長の長い波について述べる．長周期波とは，一般に周期が30秒より長い波のことをいい，代表的なものとして，津波や高潮，その他副振動などの周期の長い波が取り扱われる．津波や高潮は世界各地に甚大な災害を及ぼしており，防災上の観点から非常に重要な波である．また，副振動や長周期波などは停泊中の船舶を動揺させ，港湾荷役における障害や係留索の切断などの問題を起こしている．

まず，微小振幅長波の理論について述べる．図5.1に長波の概略図を示す．長波の支配方程式は以下のように表される．

$$\frac{\partial u}{\partial t}+u\frac{\partial u}{\partial x}+v\frac{\partial u}{\partial z}=-\frac{1}{\rho}\frac{\partial p}{\partial x} \tag{5.1}$$

$$\frac{\partial v}{\partial t}+u\frac{\partial v}{\partial x}+v\frac{\partial v}{\partial z}=-g-\frac{1}{\rho}\frac{\partial p}{\partial z} \tag{5.2}$$

ここで，微小振幅波なので鉛直流速 v を無視し，また $u\partial v/\partial x$, $v\partial v/\partial z$ を小さいとして無視すると，式（5.2）は

$$\frac{\partial p}{\partial z}=-\rho g \tag{5.3}$$

となる．式(5.3)は水圧の静水圧分布を示している．いま，水表面 $y=\eta$ で $p=0$ とすれば，$p=\rho g(\eta-z)$ であるから，式（5.1）は

$$\frac{\partial u}{\partial t}=-g\frac{\partial \eta}{\partial x} \tag{5.4}$$

となる．η は x, t のみの関数であるから，水平流速 u もまた x, t のみの関数となり

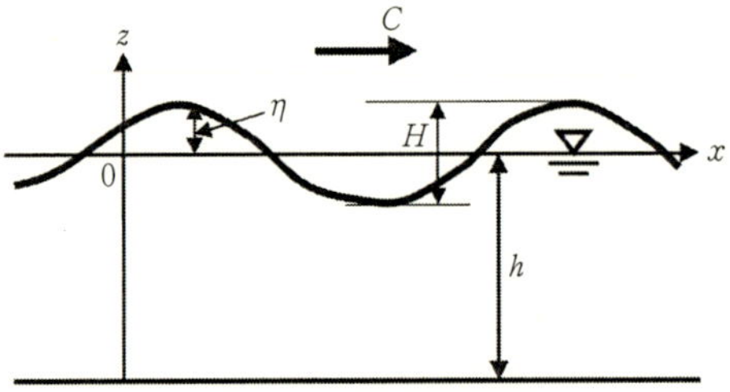

図 5.1　長波の概略図

水深 y に無関係となる．すなわち，長周期波の特徴として，運動は水深方向に一様である．これに連続条件式（5.5）を加えたものが，微小振幅長波の基礎方程式となる．

$$\frac{\partial \eta}{\partial t}+h\frac{\partial u}{\partial x}=0 \tag{5.5}$$

有限振幅長波の場合は支配方程式の非線形項を考慮して，運動方程式（5.4）および連続条件式（5.5）は，

$$\frac{\partial u}{\partial t}+u\frac{\partial u}{\partial x}+g\frac{\partial \eta}{\partial x}=0 \tag{5.6}$$

$$\frac{\partial \eta}{\partial t}+u\frac{\partial \eta}{\partial x}+u\frac{\partial h}{\partial x}+(\eta+h)\frac{\partial u}{\partial x}=0 \tag{5.7}$$

となる．

■ 5.2 高　　潮

我が国の高潮（storm surge）は台風によって起こされるものが多い．台風とは熱帯の海上で発生した低気圧のうちで，最大風速が 17 m/s 以上のものを示す．北米大陸のハリケーン，およびインド洋のサイクロンも基本的には同じ熱帯低気圧である．日本列島は地理的に台風の進路コースにあたっており，毎年数個の台風が来襲する．最近 30 年間の平均をとると，年間 27 個の台風が太平洋上に発生し，我が国周辺に 10 個程度接近して，そのうち 3 個程度が上陸している．表 5.1 は，1930 年以降の我

表 5.1　台風による災害（理科年表より作成）

名　前	来襲年/月	死者・行方不明	おもな被害
室戸台風	1934/9	3036 人	西日本
枕崎台風	1945/9	3756	九州
キャサリン台風	1947/9	1930	関東・東北
ジェーン台風	1950/9	508	近畿
洞爺丸台風	1954/9	1761	北海道
狩野川台風	1958/9	1269	伊豆半島
伊勢湾台風	1959/9	5098	中部
第 2 室戸台風	1961/9	202	近畿
9019 号台風	1990/9	40	全国
9119 号台風	1991/9	62	全国
9313 号台風	1993/8	48	西日本
9918 号台風	1999/9	36	西日本

typhoon：東経 180 度より西の北太平洋上にある熱帯低気圧で，風速が 17 m/s 以上のものをいう．

hurricane：東経 180 度より東のものをハリケーンと呼ぶ．ただし，風速 33 m/s 以上のものをいう．

cyclone：熱帯低気圧の総称を“tropical cyclone”とよび，そのなかで大西洋，および東太平洋のものを“hurricane”，西太平洋のものを“typhoon”，インド洋のものを“cyclone”とよぶことがある．

が国に大きな災害をもたらした台風である．死者・行方不明者の数では1959年に名古屋地方を襲った伊勢湾台風の被害がもっとも大きく，5098人もの犠牲者をだしている．この伊勢湾台風で，もっとも被害を大きくした原因は波高3mを超える高潮であった．

1）高潮の現象

高潮は，台風や低気圧による強風によって海水面が異常に上昇する現象である．海面の上下運動は，一般的には潮汐による天文潮が主であるが，台風中心付近の気圧降下による吸い上げ，強風による吹き寄せなどによって水位が変化し，これに天文潮が重なり合って海面水位を大きく上昇させるものである．このように，風や気圧変化によって生じる水位変化を気象潮とよんでいる．図5.2に示すのは，内湾における高潮の一般的な形態である．台風が遙か外洋にあるときから前駆波（forerunner）として若干の水位上昇がみられ，台風の接近に伴って急激な水位上昇が起こる．台風通過後は揺れ戻し（resurgence）で大きな水位の振動が起こる．水位の急激な低下も船舶にとっては注意を要する現象である．

図5.3に示すのは，伊勢湾台風による名古屋港の海面水位の変化，気圧の変化，および当日の推算潮位である[1]．台風中心が近づくにつれて気圧が急激に降下し，海面の水位が1.0mから3.89mへと急上昇していることがわかる．図5.4は伊勢湾台風の進路図と，もっとも名古屋に接近した時刻（1959年9月26日，21時）の気圧分布図を示したものである．中心気圧は958hPaであり，超大型の台風であったことがわかる．

高潮は図5.4に示すような気圧分布から生じる気圧降下による海面の吸い上げ，気圧分布傾度から生じる風の接線応力による吹き寄せが大きな外力となる．台風による高潮の水位上昇の目安として，つぎの経験式が従来から気象庁において用いられてきた．

$$h = a(1010 - P) + bW_{max}^2 \cos\theta + c \tag{5.8}$$

ここで，hは高潮の最大偏差［cm］，Pは現地の最低気圧［hPa］，W_{max}は最大風速［m/s］，θは最大風速の主方向（高潮の偏差を最大にする方向）とのなす角度，a，b，

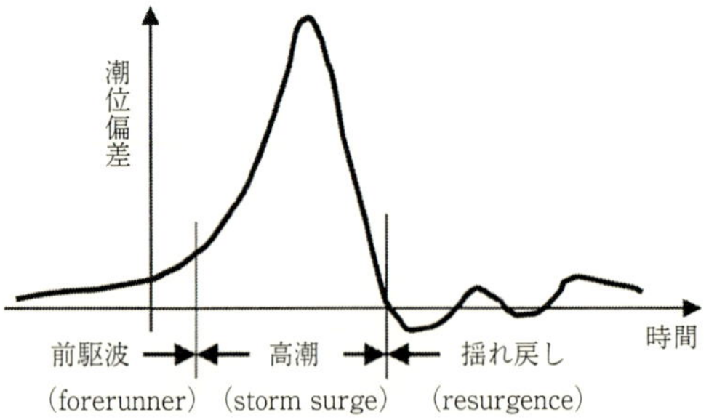

図5.2　高潮の一般的な形態

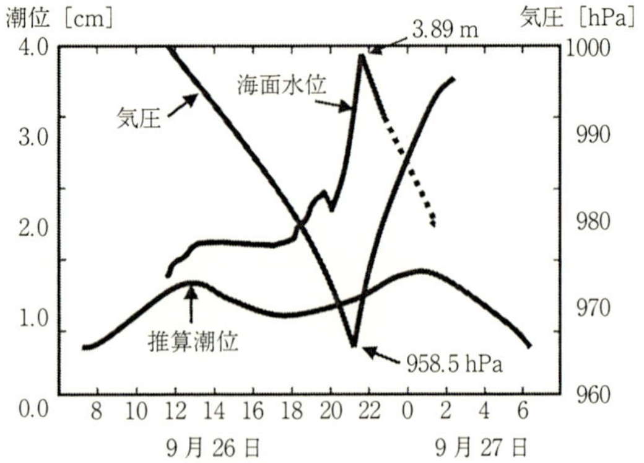

図5.3　伊勢湾台風時の名古屋港の気圧，海面水位，および推算潮位[1]

c は経験定数である．表 5.2 にその値を示す[3]．式（5.8）の算定式は過去の実測値に基づいて求められた値であり，非常に簡単に高潮を予測する方法として用いられてきた．しかしながらこの式は，数少ないデータを用いての経験式であるので，その値はあくまでも目安にすぎない．また，表 5.2 の数値もデータが増えるに従って修正されている（たとえば，1972 年の潮位表の値と 2001 年の潮位表の値では，数値が異なっている測点が少なくない）．

最近は，高潮の水位上昇の要因として，前述の気圧降下による吸い上げと風の接線応力による吹き寄せのほかに，波による平均水面の上昇（wave setup）を考慮する必要性が指摘されている[4]．

i)　台風の気圧分布：　図 5.4 の伊勢湾台風の気圧分布をみてもわかるように，台風のように中心気圧が極端に低いような低気圧の気圧分布は同心円で近似できる．台

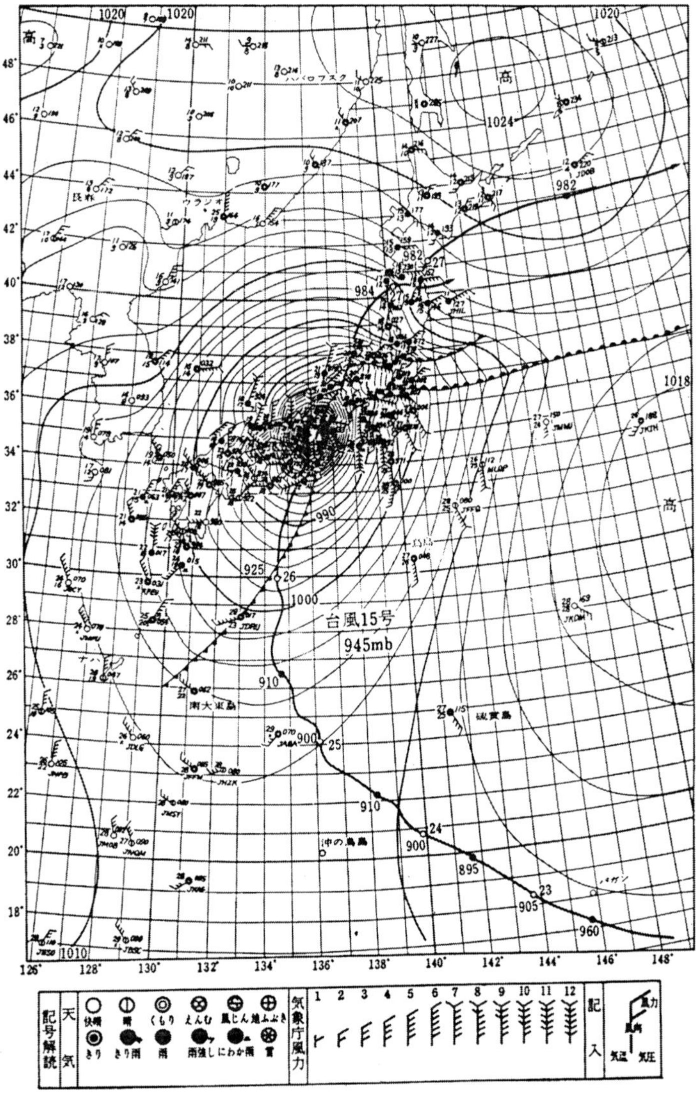

図 5.4　伊勢湾台風の進路図と気圧分布（1959 年 9 月 26 日 21 時）[2]

表 5.2　高潮の経験定数（式 (5.8) 中の a，b と c の値）[3)]

地　点	a	b	c	主方向	資料数
稚内	0.516	0.149	0.0	WNW	38
函館	1.262	0.023	0.0	S	35
宮古	1.193	0.012	0.0	NNW	6
銚子	0.622	0.056	0.0	SSW	6
東京	2.332	0.112	0.0	S 29° W	22
清水港	1.350	0.016	0.0	ENE	36
名古屋	2.961	0.119	0.0	S 33° E	29
串本	1.490	0.036	0.0	S	10
和歌山	2.606	0.003	0.0	SSW	12
大阪	2.167	0.181	0.0	S 6.3° E	28
宇野	4.109	−0.167	0.0	ESE	8
呉	3.730	0.026	0.0	E	4
高松	3.184	0.000	0.0	SE	9
松山	4.303	−0.082	0.0	SSE	7
高知	2.385	0.033	0.0	SSE	8
鹿児島	1.234	0.056	0.0	SSE	9
那覇	1.117	0.015	0.0	N 9° E	19
下関	1.231	0.033	0.0	ESE	10
浜田	1.17	0.021	−12.9	NNW	6
宮津	1.43	−0.014	−4.8	NE	14

風の気圧分布式としては，従来から藤田の式や Myers（マイヤーズ）の式が用いられている．藤田の式は，古くから気象庁が用いていた式である．しかしながら，最近の台風モデルでは，式（5.9）のマイヤーズの式が一般的に用いられている．

$$P=P_C+(P_\infty-P_C)\exp\left\{-\frac{R_{max}}{r}\right\}\qquad（マイヤーズの式）\qquad(5.9)$$

ここに，P はある地点の気圧［hPa］，P_∞ は台風の外側の海面気圧［hPa］，P_C は台風中心の海面気圧［hPa］，R_{max} は台風中心から最大風速となる地点までの距離［km］，r はある地点の台風中心からの距離［km］，である．なお，波の推算における台風モデルにおいても式（5.9）が広く用いられており，高潮と波の推算における台風モデルの整合性から考えても式 (5.9) を用いるのが適当であろう．なお，R_{max} の大きさは，ある時刻の気圧とその地点の台風中心からの距離との片対数グラフによる相関から最小自乗法により時刻ごとに求められる．

ii）　風速分布の算定

高潮による水位上昇を精度よく推定するためには，風の推定を精度よく行うことが重要である．ここではまず，地表面の摩擦などを無視した大気境界層の風の推算法について述べる．風は空気の流れであるので，一般の流体と同様に圧力の高いほうから低いほうに流れる．この風を起こす力が気圧の水平分布，すなわち気圧傾度である．風を起こす外力が気圧傾度だけであるならば，風は等圧線に直角方向に吹く．しかし，地球の自転の影響で，風の方向は北半球では右（南半球では左）に偏向する力がはたらく．この効果はコリオリ力とよばれるもので，気圧傾度力とつり合う．この結果，風は等圧線と平行な方向に吹くことなる．

等圧線が直線上で，気圧傾度とコリオリ力がつり合って吹く風を地衡風とよぶ．その速度は，

$$V_{gs}=\frac{1}{f}\frac{\partial P}{\rho_a \partial r} \tag{5.10}$$

で与えられる．ここに，V_{gs} は地衡風速，f はコリオリ係数（$=2\Omega\sin\varphi$），Ω は地球の自転角速度（$=7.27\times10^{-5}/s$），ϕ は緯度，P は気圧，ρ_a は空気の密度である．

つぎに，等圧線が曲がっている場合について考える．等圧線が曲がると風も曲がるので，遠心力がはたらく．図 5.5 のように等圧線が閉じている場合の力のつり合いを考えると，気圧傾度力，遠心力およびコリオリ力によって，次式のようになる．この風を傾度風とよぶ．

$$fV_{gr}+\frac{V_{gr}{}^2}{r}=\frac{1}{\rho_a}\frac{\partial P}{\partial r} \tag{5.11}$$

ここに，V_{gr} は傾度風速，r は等圧線の曲率半径である．式（5.11）の傾度風速に 2 次方程式の根の公式をあてはめると，

$$V_{gr}=-\frac{fr}{2}+\sqrt{\left(\frac{fr}{2}\right)^2+\frac{r}{\rho_a}\frac{\partial P}{\partial r}} \tag{5.12}$$

が得られる．なお，図 5.5 における力のつり合いは，大気境界層での低気圧（L）における気圧傾度力，遠心力およびコリオリ力のバランスである．

高潮や波浪の推算に用いられる風は，海上 10 m の風である．海上 10 m の風は，海面または地表面の摩擦の影響を受けて風速は弱くなり，風向も曲げられて等圧線とある角度をなす．この結果，低気圧の場合北半球では，風は低気圧中心のまわりを反時計まわりに吹き込み，この風向と等圧線の接線とのなす角が α となる．また，風速の大きさも摩擦により減少するので，逓減係数 C_1 をかけて次式となる．

$$U_1=C_1V_{gr}=C_1F(r) \tag{5.13}$$

台風が静止している場合には，式（5.9）の気圧分布を式（5.12），(5.13）に代入した場合，台風の眼を中心とした点対称の風速分布となる．これを中心対称風とよぶ．しかし，実際の台風の場合，台風の進路方向の右側（東側）で風速が大きく，左側（西側）で小さい非対称の風速分布となっていることがよく知られている．これは，風速

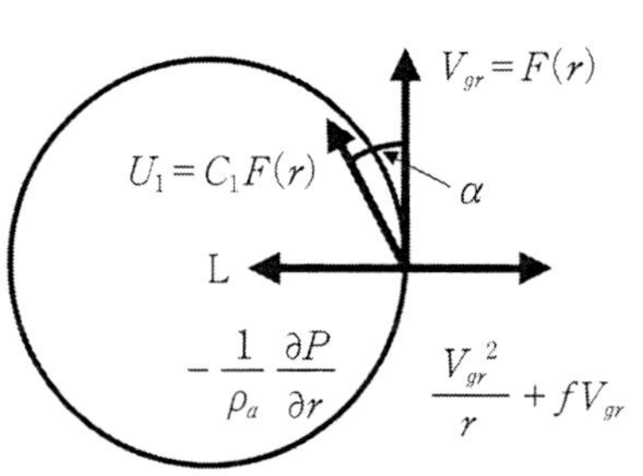

図 5.5　傾度風 V_{gr} と中心対称風 U_1

分布が台風の進行方向や進行速度に影響されるためである．台風は図 5.6 に示すような進行経路が一般的であり，日本列島周辺では時速数十 km の速度で北東から北北東方向に進む場合が多い．このために，台風の右側では台風の移動方向と中心対称風の風向が同じ向きであるために風が強まり，逆に台風の左側では風が弱められる．このような理由から，台風の右側の海域を危険半円，左側の海域を可航半円とよばれることがある．

台風の移動によって生じる風を場の風とよぶ．場の風は，台風の移動速度と中心対称風に比例し，かつ台風の移動方向に平行に吹くと仮定して，

$$U_2 = C_2 \frac{U_1}{C_1 F(r_{\max})} V_T \tag{5.14}$$

で表される．ここで，C_1，C_2 は換算係数，V_T は台風の進行速度，U_2 は場の風の風速である．

台風モデルによる推算風は，傾度風（式（5.13））と場の風（式（5.14））のベクトル合成となる．図 5.7 にその模式図を示す．以上述べた台風モデルによる風の推算は，台風の気圧分布が同心円で近似できる範囲では，比較的精度よく近似できることが現地観測データからも検証されており，高潮や波の推算における風速分布の推算法として広く用いられている．

台風の中心部では，上述の台風モデルが適用可能であるが，台風中心から離れた地点あるいは通常の低気圧のような場合は，同心円による気圧分布の仮定に合わない場合が多い．その場合は，各格子点情報として得られる気圧を式（5.12）に代入して求める方法がとられる．これを傾度風モデルという．また，台風中心近傍の風は台風モデルを使い，離れた地点での風は気圧の格子点情報からの傾度風モデルを用いるハイブリッド風推算モデルなどがある．

2)　高潮の数値計算

高潮による水位上昇量の概算は，気圧偏差と風速・風向から式（5.8）を用いて可能である．しかし，複雑な地形やその他の条件を考慮した場合には，数値計算による

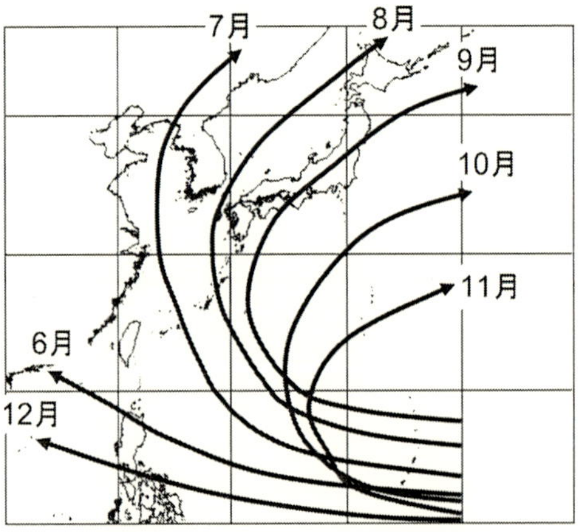

図 5.6　台風の一般的な進行経路

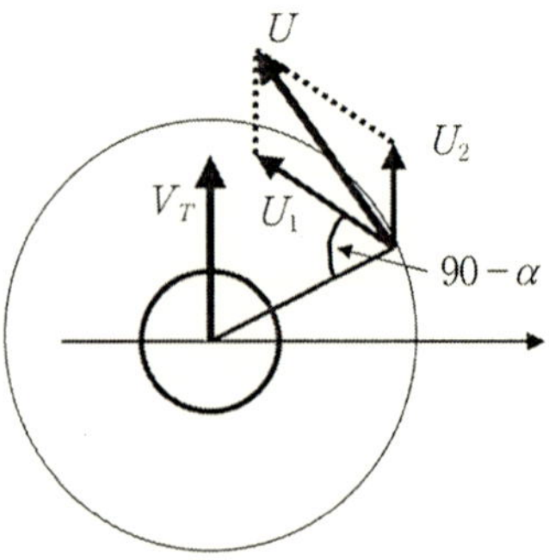

図 5.7　場の風 U_2 と傾度風 U_1 の合成風 U

推算法がよく用いられる．高潮の計算法は，海域の流れの計算法に水位上昇を引き起こす要因としての気圧偏差による力および風が海面にはたらく接線応力を考慮したものであり，基本的には同じ手法である．

高潮の基礎方程式は，水深方向に積分された水平2次元の関係式として，以下のように示される．なお，座標系は図5.1に示したとおりである．

連続の式，

$$\frac{\partial \zeta}{\partial t}+\frac{\partial(uh)}{\partial x}+\frac{\partial(vh)}{\partial y}=0 \tag{5.15}$$

x 方向，y 方向の運動方程式，

$$\frac{\partial u}{\partial t}+u\frac{\partial u}{\partial x}+v\frac{\partial u}{\partial y}=fv-g\frac{\partial \zeta}{\partial x}-\frac{gh}{\rho_0}\frac{\partial \rho}{\partial x}-\frac{1}{\rho_0}\frac{\partial P_a}{\partial x}+A_h\left(\frac{\partial^2 u}{\partial x^2}+\frac{\partial^2 u}{\partial y^2}\right)+\frac{{\tau_x}^S-{\tau_x}^b}{\rho(\zeta+h)}-\frac{1}{\rho_0}\left(\frac{\partial S_{xx}}{\partial x}+\frac{\partial S_{xy}}{\partial y}\right) \tag{5.16}$$

$$\frac{\partial v}{\partial t}+u\frac{\partial v}{\partial x}+v\frac{\partial v}{\partial y}=-fu-g\frac{\partial \zeta}{\partial y}-\frac{gh}{\rho_0}\frac{\partial \rho}{\partial y}-\frac{1}{\rho_0}\frac{\partial P_a}{\partial y}+A_h\left(\frac{\partial^2 v}{\partial x^2}+\frac{\partial^2 v}{\partial y^2}\right)+\frac{{\tau_y}^S-{\tau_y}^b}{\rho(\zeta+h)}-\frac{1}{\rho_0}\left(\frac{\partial S_{xy}}{\partial x}+\frac{\partial S_{yy}}{\partial y}\right) \tag{5.17}$$

ここに，u, v は x 方向，y 方向の平均流速，h は水深，ζ は水位，ρ は海水の密度，ρ_0 は海水の平均密度，P_a は大気圧，f はコリオリ係数，τ^S は海面せん断応力，τ^b は海底摩擦応力，A_h は水平混合係数，S_{xx}, S_{xy}, S_{yy} はラディエーション応力である．

大気圧 P_a に関してはマイヤーズの式（5.9），また風速分布は式（5.13），(5.14）より求めることができる．風による海面せん断応力および流れによる海底摩擦応力は，

$${\tau_x}^S=\rho_a C_D W_x\sqrt{{W_x}^2+{W_y}^2} \tag{5.18}$$

$${\tau_x}^b=\rho {\gamma_b}^2 u\sqrt{u^2+v^2} \tag{5.19}$$

で表される．ここで，ρ_a は空気の密度，ρ は海水の密度，W_x, W_y は x 方向，y 方向の風速，C_D は海面の抵抗係数，${\gamma_b}^2$ は海底摩擦係数である．ここで，海面抵抗係数 C_D は風速の関数として，たとえば

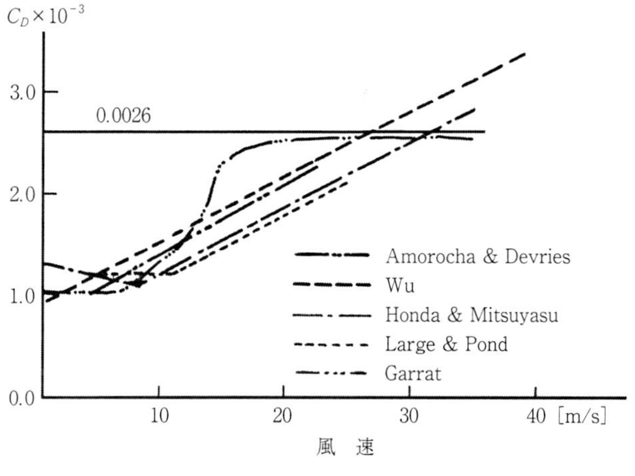

図5.8　海面抵抗係数 C_D と風速 W との関係

$$C_D = (0.8 + 0.065 \times W_{10}) \times 10^{-3} \qquad W_{10} > 6[\mathrm{m/s}]$$
$$C_D = 1.2 \times 10^{-3} \qquad \mathrm{W}_{10} < 6[\mathrm{m/s}] \tag{5.20}$$

が提案されている．海面抵抗係数と風速との関係はいくつかの研究例があって，図5.8に示されるような結果が得られている[5]．海底摩擦係数に関しては，一般的にはManning（マニング）の粗度係数が用いられ，

$$\gamma_b{}^2 = \frac{gn^2}{(\zeta + h)^{1/3}} \tag{5.21}$$

で与えられる．ここで，nはマニングの粗度係数である．

高潮の数値計算は，護岸の設計条件の外力を求める方法として数多く実施されている．一般的には，各海域において過去最大級と考えられる伊勢湾台風規模の台風がその海域の危険なコースを通過した場合を想定しても大丈夫のような設計を行っている．柴木[4]は，従来の高潮の数値計算法に加えて，波のラディエーションストレスの効果，および密度の鉛直分布を考慮した数値計算法を提案している．その結果，外海に面していて再現の難しいとされていた，高知県を襲った7010号台風の精度よい再現に成功している．

5.3 津　　波

津波（tsunami）は，地震による海底の隆起・陥没，あるいは海底火山の爆発，海岸部の地すべりなどのよって引き起こされる数分から数十分の周期の波のことをいう．そのなかでは，海底地震によるものがもっとも多い．地震の多い我が国は，有史以来数多くの津波災害を被っている．表5.3に示すのは，近年における大きな津波とその津波による被害者の数を示したものである．1896年の明治三陸地震による津波は2万人以上の死者・行方不明者をだし，最大の被害を及ぼしている．また，1960年のチリ地震津波は，地球の反対側で起こった地震による津波が約17000 kmを伝搬してきたもので，北海道から九州・沖縄にいたる我が国の太平洋沿岸全域に被害を及ぼした．我が国は世界でも有数の津波被災国であり，tsunamiという言葉は世界でも

表5.3　過去に被害の大きかった地震と津波の最大波高

発生年	地震名	地震規模[M]	最大波高[m]	死者・行方不明者数
1854	安政南海地震	8.4	20	3000
1896	明治三陸地震	7.6	38.2	22000
1933	三陸地震	8.5	28.7	3064
1944	東南海地震	8.3	9.0	1223
1946	南海地震	8.1	6.5	1432
1960	チリ地震	8.5	8.1	142
1983	日本海中部地震	7.7	13.0	104
1993	北海道南西沖地震	7.8	31.7	203
2004	スマトラ沖地震	9.0	49.0	22万

通用する学術用語となっている．

1)　津波の現象

津波は海底地震などによる海底面の隆起・沈降に伴う海面の変化が波となって周辺に伝搬するものである．そのために，津波の大きさは地震の大きさと密接に関係がある．しかしながら，震源のあまり深い地震は海底地盤の変動にあまり大きな影響を与えないので，大きな津波は発生しない．一般的に，マグニチュード 6.5 以上で震源の深さが海底から 80 km までの深さで起きた地震の場合に津波が発生するといわれている．

津波の波源域は，地震による海底の地盤変動域であり，海底面の鉛直変位は地震の断層モデルによって推定されている．断層モデルの概念図を図 5.9 に示す．長さ L，幅 W の長方形の断層面（北緯 N，東経 E，深さ d，傾斜角 δ，断面の走向 ϕ，滑り量 U）だけお互いにずれるものと考える．この海底地盤のずれによる鉛直変位が，海面の鉛直変位となって津波を発生させるものと考えられている．

図 5.10 は，日本海中部地震のときに発生した江差港での津波の記録である．日本海中部地震は 1983 年 5 月 26 日正午頃，秋田県の能代沖西方約 100 km を震源とした地震で，震源の深さ約 14 km，マグニチュード 7.7 の大地震であった．図 5.10 の潮位記録によると，北海道の江差港には津波は地震発生後わずか 20 分で到達している．当時，津波の知識に乏しかった山間の村の小学生児童の遠足で，海岸での昼食時に津波が襲い幼い命が失われた．地震，即津波という意識の重要性を痛感させた事故として記憶に残されている．

津波の現象は自由波の伝搬として表され，その周期が数分～数十分と長いことから，静水圧近似の長波と考えることができる．長波の波速は $\sqrt{gh}$ で与えられる．たとえば，17000 km 離れたチリ地震津波の場合，太平洋の平均水深を 4300 m とすると波速は 205 m/s（時速 740 km）となり，23 時間，約 1 日で日本に到達することになる．

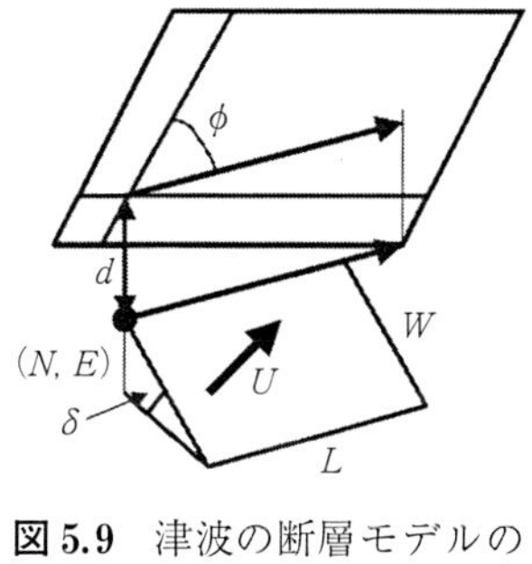

図 5.9　津波の断層モデルの概念図

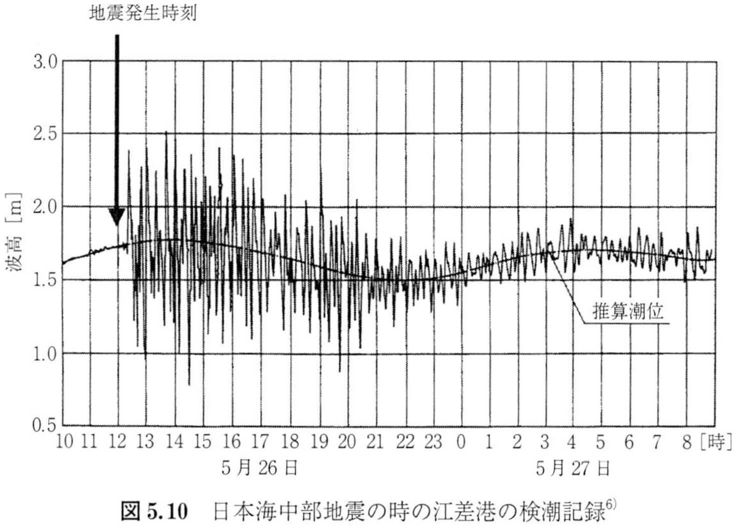

図 5.10　日本海中部地震の時の江差港の検潮記録[6)]

津波の基本方程式は，潮流や高潮と同じで，水深方向に平均化された連続式と運動方程式で表される．津波の発生・伝搬に関しては，古くから多くの研究例がある．計算機の発達以前は，もっぱら理論的な解析が行われた．しかし最近では，津波の波源として図 5.9 に示した断層モデルによる海底地殻変動の鉛直成分を海面変化の初期値とする数値計算による方法が一般的である．

防災上の観点から，津波計算も数多く実施されている．最近の計算機の発展，計算方法の進歩から，地震発生後，短期間で津波の数値計算結果がインターネットなどで配信されている．また昨今では，地震の周期性の観点から空白域となっている南海道地震や東海地震による津波の被害想定を数値計算などを用いて実施されており，かなりの被害が出ることを警告し，津波に対する防護対策の必要性を説いている．

2)　津波の変形

津波は長波として波速 $\sqrt{gh}$ で伝わるので，水深に応じて屈折しながら海洋を伝搬していく．そのために，水深分布によって波が屈折し，エネルギーの収束，発散が生じる．図 5.11 はチリ地震津波の伝搬図である[7)]．この図から，チリ沖で発生した津波は屈折しながら日本に伝搬した様子がわかる．津波の全エネルギーの約 10%が日本に伝搬したといわれている．

津波は波長が長く，また波形勾配も非常に小さいことから反射しやすく，エネルギーの逸散も小さい．このため，津波が屈折しながら伝搬する波高の変化は，湾の幅や水深が緩やかに変化する場合は

$$\frac{H_2}{H_0} = \left(\frac{h_0}{h_2}\right)^{1/4} \left(\frac{b_1}{b_2}\right)^{1/2} \tag{5.22}$$

で表すことができる．ここで，H_0，h_0 は初期の波高，初期水深，b_1 は湾口幅，H_2，h_2，b_2 は湾奥での波高，水深，湾幅である．この関係式を Green（グリーン）の法則とよぶ．この法則から，湾口に比べて湾奥部の水深が浅くなり，かつ湾幅が狭くなると

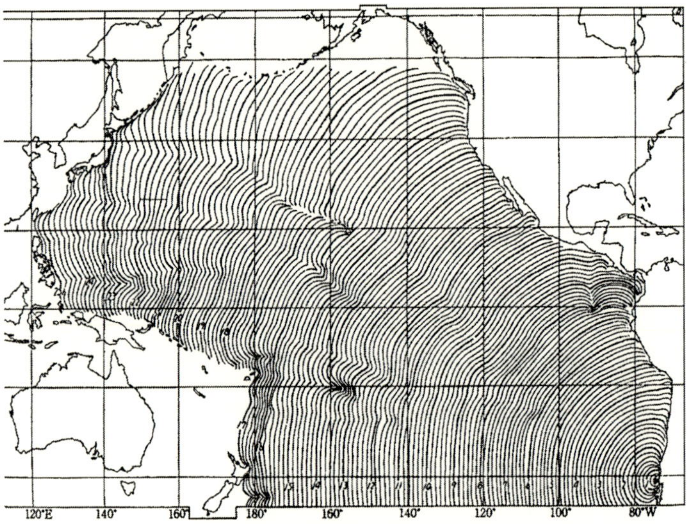

図 5.11　チリ地震津波の伝搬図[7)]

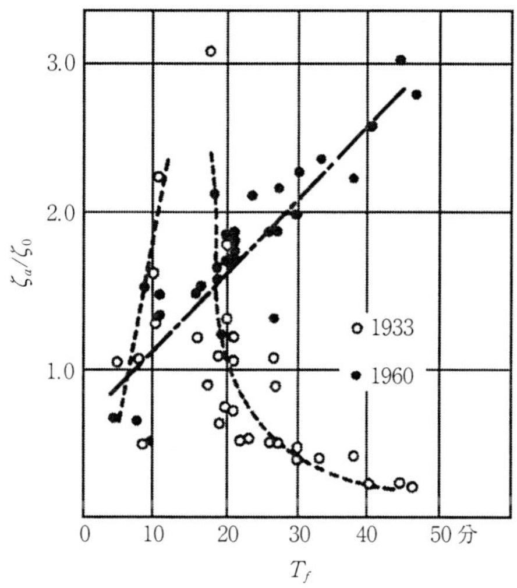

図 5.12　湾の固有周期と湾奥の波高増幅比（三陸海岸）[8)]

増幅されることがわかる．ただし，グリーンの法則は微小振幅波の理論をもとに導いたもので，陸棚の反射や海底の摩擦などの影響を考慮していないので，津波の波高は実際にはもう少し小さくなる．

なお,津波の周期と湾の固有周期が近いと共振現象により波高がかなり増幅される．三陸沿岸で 10 m を超す津波が各地で記録されるのは，V 字型湾の副振動の発達によるものである．V 字型湾の固有周期は

$$T_0=\frac{4l}{\sqrt{gh}} \tag{5.23}$$

ここに，l は湾の長さ（軸線に沿っての距離），h は平均水深である．

図 5.12 は，湾の固有周期と津波の高さとの関係を三陸沿岸の各湾の湾口と湾奥での最大波高の比で示したものである[8)]．1933 年の三陸津波の周期は 10～15 分であったために，その周辺の固有周期をもった湾で大きく増幅している．これに対し，チリ地震津波の周期は 60 分以上であったために，固有周期の大きな湾での湾奥での津波の波高が大きくなったことを示している．ちなみに，チリ地震津波で大きな被害を受けた大船渡湾の固有周期を求めると，$l=11$ km，$h=25$ m を代入すると約 47 分となる．

津波の変形においてもう 1 つ大事な現象に陸上への打ち上げがある．津波による人的被害や家屋の流出は，この津波の陸上への打上げ，および打ち上がった津波の引き波によって引き起こされる．どの高さまで打ち上がるかに関しては，まだ明確にはよくわかっていない．

なお，津波調査においては，痕跡などによって陸上での最高水位を求めることが多いので，陸上への打上げ形式にかかわらず最高水位をもって津波の高さとしている．

■ 5.4　副振動と湾水振動

潮位観測において得られる潮位曲線には，潮汐のほかに数分から数十分の振動が重なっていることがよくある．この現象は潮汐に対する2次振動で，副振動あるいはセイシュ（seiche）とよばれる．副振動は津波や高潮のときも現れる．

図5.13に示すのは，長崎港における副振動の記録の1例である[9]．長崎港の副振動は古くからアビキとよばれており，船舶の動揺や係留索の切断などの問題が数多く発生してきた．この記録によると最大波高2.78 m，周期30〜40分の副振動が発生していることがわかる．1979年3月のアビキにより，港内にいた3人が波にのまれ，そのうち1人が死亡するという事故が発生している．

港内の副振動は，外洋からさまざまな周期の波がやってきて港内の固有周期に共振して引き起こすものと考えられている．その周期は，湾や港の固有周期の1〜2倍の周期帯に集中している．

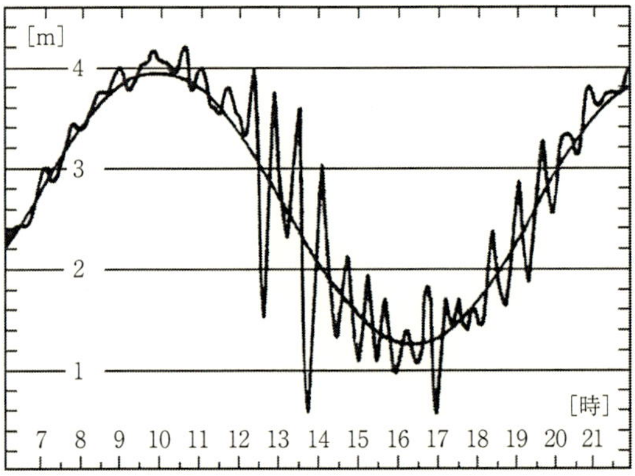

図5.13　長崎港において記録された副振動
（1979年3月31日）

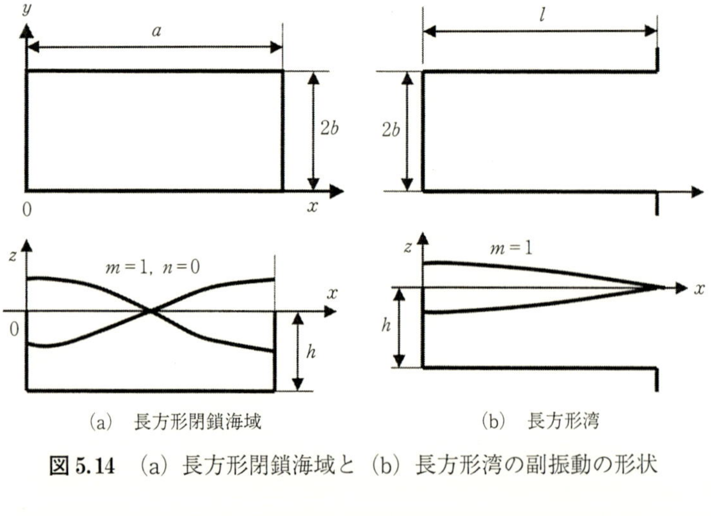

図5.14　(a) 長方形閉鎖海域と (b) 長方形湾の副振動の形状

運輸省第四港湾建設局の長崎港での観測によると，長崎港奥の丸尾で周期 37 分と 22 分の副振動が卓越していたという報告がある[10]．この周期は，37 分が港内の丸尾と港口の伊王島を両端とする振動系の第 1 モードに，また 22 分が丸尾と湾口部の深堀を両端とする振動系の第 1 モードに相当する．

つぎに，湾や港の共振現象について述べる．図 5.14(a)，(b) に代表的な湾，港の形状を示す．副振動の周期は (a) 長方形閉塞海域（水深 h, 長さ a, 幅 $2b$）の場合は，

$$T=\frac{2}{\sqrt{gh}}\left\{\left(\frac{m}{a}\right)^2+\left(\frac{n}{2b}\right)^2\right\}^{-1/2} \tag{5.22}$$

で与えられる．ここに，m は長さ方向の節線の数（$m=0, 1, 2$），n は幅方向の節線の数（$n=0, 1, 2$）である．また，外海に開いた（b）長方形湾の場合は

$$T=\frac{4l}{(2m-1)\sqrt{gh}} \tag{5.23}$$

となる．

防波堤は波の侵入を防ぐ目的で建設される構造物である．しかし，防波堤の配置によっては，港口部を狭めれば狭めるほど港内の波高が増大するという現象がある．この現象を Miles と Munk はハーバーパラドックス（港の矛盾）とよんでいる[11]．この原因は，港内の共振周期と波の振動周期との関連で説明できる．このような港内の固有周期による共振現象については，港の設計時によく検討する必要がある．

■ 5.5 長 周 期 波

外海が静かな海にみえるときでも，港内の船舶が大きく動揺していることがよくある．これは，長周期波の影響であるといわれている．長周期波とは，周期が 30 秒より長い波と定義している．

周期が数秒～十秒程度の風波は防波堤や消波ブロックにより，その波高を減衰させることは容易に可能であるが，周期 30 秒以上の長周期波の場合は反射率が大きくて，港内においてもなかなか減衰しない．このため，港は一見して静穏にみえるときでも，長周期波は港内に容易に侵入して停泊している船舶を大きく動揺させ，荷役作業に大きな障害となるとともに船舶の岸壁への衝突，係留索の切断などの問題が各地の港で頻発している．

このような副振動を起こす原因は，台風や低気圧などに伴う前線の微気圧変動と考えられているが，まだ理論的な発生原因の解明にはいたっていない．日本海側の福井県敦賀港の観測によると，東シナ海で発生した低気圧が発達しながら日本を横断に太平洋に抜ける場合に，大きな副振動がみられると報告されている．

理論的な発生要因は十分には解明されていないが，実際の港湾では長周期波の被害が頻発しているところから，実用的な予測式が提案されている．これは，低気圧の通過が原因と考えられることから，風波の有義波高 $H_{1/3}$ と有義波周期 $T_{1/3}$ を用いて，

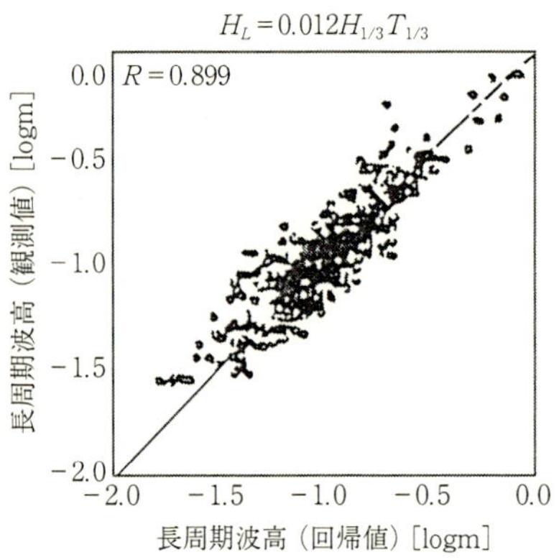

図 5.15　長周期波高の予測値と実測値との比較[12)]

長周期波の波高 H_L の予測式として

$$H_L = 0.012H_{1/3} \cdot T_{1/3} \tag{5.24}$$

を提案している．図 5.15 に示すのは渥美ら[12)] が式（5.24）を用いて予測した結果と長周期波高の実測値との比較である．

長周期波に対する対策は，①波浪制御構造物による対策，②係留系による対策，③波浪予測による対策，の 3 つの方策が考えられる[13)]．これらの対策を，対策費用と稼働率の向上との兼ね合いをもって，適切に選定する必要がある．

波浪制御構造物による対策は，防波堤の延伸によって長周期波の進入を防ぐ方法と，反射波を低減させる消波構造物の建設がある．ただし，長周期波の場合，通常の消波構造物では反射波は低減できないので，自然海浜や干潟，勾配の緩やかな人工ビーチなどによる消波が望まれる．

係留系による対策は，長周期動揺の 1 つであるサージングを低減させることを目的とする．サージングを低減するためには，長周期波の卓越周期 T_{LW} と係留系の固有周期 T_S を一致させないことが重要である．長周期波の卓越周期は長周期波の波浪観測によって求めることができる．また，係留系の固有周期は

$$T_s = 2\pi\sqrt{\frac{M_v}{K}} \tag{5.25}$$

で与えられる．ここに，M_V はサージング方向の仮想質量，K はサージング方向の剛性ばね定数である．

つぎに，波浪予測による対策である．式（5.24）によって，風波のデータから経験的に長周期波の波高を推定することは可能である．この変換式を用いて鹿島港では，沖合の波浪予測データから長周期波の予測システムの試験運用を実施している．長周期波の予測が精度よく可能になれば，船舶の係留や港湾荷役への被害が大きく減少することが期待される．

演習問題

次の 5.1～5.3 の文章が正しくなるように，それぞれの選択肢 ①～⑤ から選んで（　）を埋めよ．

5.1　津波の伝搬

津波は（ア　　　）であるから波速は（イ　　　）で求めることができる．南米のチリで地震が発生し，17000 km 離れた我が国に津波が到達した．太平洋の平均水深を 4000 m とした場合，津波は（ウ　　　）後に我が国に到達した．

① ア）微小振幅波，イ）$\sqrt{gh}/V$，ウ）198 分

② ア）長波，イ）$\sqrt{gh}$，ウ）1.5 時間

③ ア）長波，イ）$\sqrt{gh}$，ウ）23.9 時間

④ ア）深海波，イ）$\sqrt{gh}$，ウ）5 分

⑤ ア）長波，イ）$\dfrac{g}{2\pi}T$，ウ）50.5 分

5.2　津波波高の増幅

いま，水深 4000 m で発生した波高 1 m の津波が来襲し，湾口幅 500 m，湾奥の幅 200 m，水深 20 m の湾奥部では津波の高さは（　　　）に増幅する．

① 3.5 m，② 5.1 m，③ 5.9 m，④ 1.6 m，⑤ 8.4 m

5.3　湾の固有振動周期

湾の長さ 2 km, 幅 500 m, 平均水深 20 m の長方形湾がある．湾口部は開いており, 外海に通じている．この長方形湾の自由振動の固有周期（$m=1$）を求めよ．

① 9 分 31 秒，② 35.2 秒，③ 12 時間 25 分，④ 5 分 25 秒，⑤ 1.25 分

参考文献

1）気象庁：気象庁技術報告，第 7 号，伊勢湾台風潮差報告（1961）.
2）和達清夫編：津波・高潮・海洋災害，防災科学技術シリーズ 2，pp. 209，共立出版（1970）.
3）平成 13 年度潮位表，日本気象協会（2001）.
4）たとえば，柴木秀之：波浪・高潮・津波の数値計算と沿岸防災支援システムへの応用に関する研究，東京大学学位論文，pp. 5.1–5.32（2004）.
5）光易　恒：海面に及ぼす風の応力，1983 年度水工学に関する夏期研修会，土木学会水理委員会，pp. B-1-1～B-1-17（1983）.
6）谷本勝利，他：1983 年日本海中部地震津波の実態と二・三の考察，港湾技研資料，No. 470，299 p.（1983）.
7）中村公平・渡辺偉夫：チリ津波合同調査班，1960 年 5 月 24 日チリ地震津波に関する論文および報告，丸善（1961）.
8）渡辺偉夫：日本被害津波総覧，東京大学出版会（1985）.
9）西部海難防止協会：津波（長崎アビキ）対策調査報告書（1982）.
10）運輸省第四港湾建設局下関調査設計事務所：長崎潮位観測記録整理解析調査報告書（1983）.
11）A. T. Ippen and Y. Goda：Wave induced oscillations in harbors, MIT Tech. Report, No. 59（1963）.
12）渥美洋一，他：長周期波の港内侵入過程の現地観測と長周期波高の統計的予測，海岸工学論文集，44 巻，pp. 221–225（1997）.
13）沿岸開発技術研究センター：港内長周期波影響評価マニュアル，沿岸開発技術ライブラリー No. 21（2004）.

6 沿岸海域の流れ

■ 6.1 はじめに

海域の環境を支配する要因のなかでもっとも重要なものとして海水の流れがある．流れは，魚の餌や栄養塩，汚染物質などを輸送・拡散するとともに，卵稚子などの輸送など，生物の生育にとってさまざまなかつ重要なはたらきをする．海水の流れとしては，海洋の海流，潮の干満による潮流，沿岸域の波による海浜流，海水の密度差による密度流および風の表面接線応力による吹送流などがある．

■ 6.2 潮汐振動

1) 潮汐振動[1)]

岸に立って海をみていると，1日2回の満潮と干潮を規則正しく繰り返していることがわかる．この現象を潮汐とよぶ．海面がもっとも高い状態を満潮（または高潮），もっとも低い状態を干潮（または低潮）とよんでいる．海面水位を上下させる力は月や太陽，地球の天体運動に基づく天文潮と，台風による高潮などの気象的要因によって起こされる気象潮がある．ここで述べる潮汐振動は，天文潮のことである．

潮汐は，月や太陽による万有引力と地球の天体運動に基づく遠心力との差によって生じる起潮力に起因する．図6.1は起潮力の生成原理を示したものである．まず，月と地球の2つの系の天体運動で説明する．地球は月の万有引力によって引かれるとともに，月と地球の共通重心のまわりを公転している．この公転運動に伴う遠心力と月による万有引力とは，地球全体に作用する力で考えるとつり合っていて，お互いに離れることもなく，また衝突することもなく円に近い楕円運動をしている．図6.1に示すように，この公転運動に伴う遠心力は地球上どの点でも等しい力が作用している．しかし，月による万有引力の力は地球上の場所によって若干異なっていて，月に近い点では大きく，遠い点では小さくなる．

地球上の質量1の物体にはたらく月（質量 M）の万有引力 f は，

$$f=G\frac{M}{L^2} \tag{6.1}$$

で表される．ここで，L は地球上の物体と月までの距離，G は万有引力係数，である．

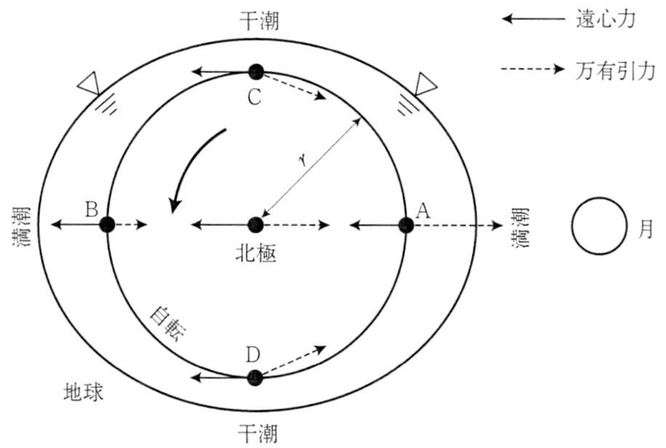

図 6.1　起潮力の原理

また，月と地球の共通重心のまわりを公転する物体（質量 1）にはたらく遠心力 C は，

$$C=\frac{V^2}{R'}=f_0 \tag{6.2}$$

で表される．ここで，V は地球の公転速度，R' は地球の公転半径である．いま，地球全体にはたらく遠心力と月の万有引力がつり合っていることから，地球の中心点での物体にはたらく遠心力と万有引力は等しくなり，

$$C=f_0=G\frac{M}{L_M{}^2} \tag{6.3}$$

となる．ここで，f_0 は地球の中心にはたらく月の万有引力，L_M は地球中心から月までの距離である．遠心力は地球上どの点においても同じ力であるが，万有引力は月と物体との距離によって変化する．たとえば，図 6.1 の A 点では，月の重心までの距離は地球の中心より地球の半径 r だけ近くなるので，物体にはたらく万有引力は

$$f_A=G\frac{M}{(L_M-r)^2} \tag{6.4}$$

で表され，遠心力 $C(=f_0)$ より若干大きくなる．また，B 点では遠くなるので，

$$f_B=G\frac{M}{(L_M+r)^2} \tag{6.5}$$

となり，万有引力は遠心力より若干小さくなる．また，C 点，D 点では遠心力は共通軸に平行に作用するのに対し，万有引力は月の重心，すなわち若干内側を向く．したがって，C 点，D 点での合力は地球の中心方向になる．この遠心力と万有引力との差が起潮力となって潮汐を発生させる外力となる．たとえば，A 点，B 点での起潮力は

$$F_A=f_A-C=G\left\{\frac{M}{(L_M-r)^2}-\frac{M}{L_M{}^2}\right\}\cong 2G\frac{M\cdot r}{L_M{}^3} \tag{6.6}$$

$$F_B=f_B-C=G\left\{\frac{M}{(L_M+r)^2}-\frac{M}{L_M{}^2}\right\}\cong -2G\frac{M\cdot r}{L_M{}^3} \tag{6.7}$$

となる．重力加速度 g（地球表面での物体にはたらく地球による万有引力）は，

$$g=G\frac{m}{r^2} \tag{6.8}$$

表 6.1 月・太陽・地球の規模と起潮力（月の起潮力との比）

	質量［g］	地球との距離［km］（地球は半径）	起潮力/月の起潮力
地球	5.977×10^{27}	6370	*
月	7.355×10^{25}	3.844×10^{5}	1.00
太陽	1.991×10^{33}	1.496×10^{8}	0.46
火星	6.395×10^{26}	7.771×10^{7}	1.05×10^{-6}

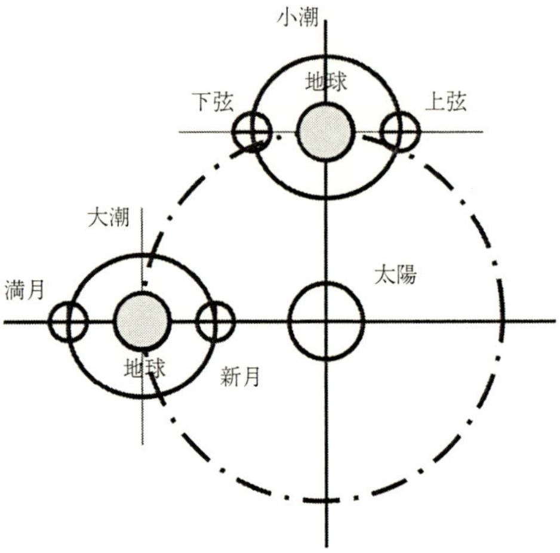

図 6.2 月齢と大潮と小潮の関係

で表される．ここで，m は地球の質量，r は地球の半径である．これを式（6.6）に代入し，さらに表 6.1 の数値を代入すると，

$$F_A=2g\left(\frac{r}{L_M}\right)^3\left(\frac{M}{m}\right)=1.12\times10^{-7}g \tag{6.9}$$

となる．図 6.1 からわかるように，A 点で月向きの力がはたらいて満潮，B 点で月と反対側の力がはたらいて満潮，C 点と D 点では地球の中心方向の力がはたらいて干潮となる．地球は 1 日 1 回転の自転を行うので，1 日に 2 回の満潮と干潮がある．このように,起潮力と海水面とのつり合いから生じる潮汐を平衡潮汐という．実際には，地形的な要因や海底摩擦などの影響を受けて，満潮・干潮の大きさの変化や時間遅れが生じる．

満潮と干潮を 1 日に 2 回繰り返すのを 1 日 2 回潮（semi-diurnal tide），1 日 1 回ずつの場合を 1 日 1 回潮（diurnal tide）という．また，1 日 2 回潮においてそれぞれの満潮と干潮の高さが違う場合を日潮不等（diurnal inequality）とよぶ．日潮不等は，地球の自転軸と公転運動の回転軸がずれから起潮力が回転軸に対して非対称となることが原因で起こる．したがって，赤道付近では日潮不等は生じない．

このような現象は，地球と太陽との天体運動によっても生じている．太陽による起潮力の大きさは，式（6.9）に表 6.1 の太陽の数値を代入すると，月の起潮力の 0.46 倍の大きさとなる．なお，その他の天体の起潮力は，火星の場合が月の起潮力の 1.05 $\times10^{-6}$ 倍と小さいことからもわかるように無視できる．

月，太陽と地球との天体運動によって潮汐は発生する．潮差は月齢によって変化する．図 6.2 に示すように，地球と月・太陽が一直線状に並ぶ場合（満月や新月の頃），おのおのの起潮力は重なり合って潮差が大きくなる．この頃の潮汐を大潮（spring tide）とよぶ．また，地球からみて月と太陽の位置が直角方向にある場合（上弦，下弦の月の頃），お互いの起潮力は打ち消しあって潮差は小さくなる．この頃の潮汐を小潮（neap tide）とよぶ．

2) 潮汐の分潮と主要四分潮

図 6.3 に，東京湾横浜港での潮位記録の 1 例を示す．この記録から，約 15 日周期で大潮と小潮を規則正しく繰り返していることがわかる．このように，規則的に運動をしているので，月と太陽の天体運動に基づく天文潮はいくつかの正弦波の和として考えることができる．そのおのおのの成分を分潮とよび，潮位の変化 $\eta(t)$ は次式のように表される．

$$\eta(t) = \eta_0 + \sum_{i=1}^{N} f_i H_i \cos(\omega_i t + V_{0i} + u_i - \kappa_i) \tag{6.10}$$

ここに，η_0 は平均潮位，H_i は分潮 i の振幅，ω_i は分潮 i の角速度，κ_i は分潮 i の遅角，f_i は分潮 i の振幅に関する因数，$V_{0i} + u_i$ は分潮 i の位相に関する因数である．表 6.2 に潮汐の主要な分潮と，そのなかでとくに大きな主要四分潮の名称，角速度，周期などを示す．主要四分潮とは，半日周潮の M_2 分潮と S_2 分潮，および日周潮の K_1 分潮と O_1 分潮のことで，工学的にはこの四分潮で大略の潮位変動を知ることができる．

図 6.3 の記録から，各分潮の正弦波に分解することを調和分解（harmonic analysis）という．調和分解によって各分潮の調和定数（振幅 H_i と遅角 κ_i）を求める．調和分解の方法は古くから，Darwin（ダーウィン）法や TI 法などを用いて手計算によって行われてきたが，計算機の発達以後は最小自乗法による計算法がもっとも一般的である[2)]．潮汐の調和分解は，一般的には 1 年間の毎時のデータを使って 60 分潮の調和定数の算定が行われている．しかし，既設の潮位観測点でのデータがなく急遽

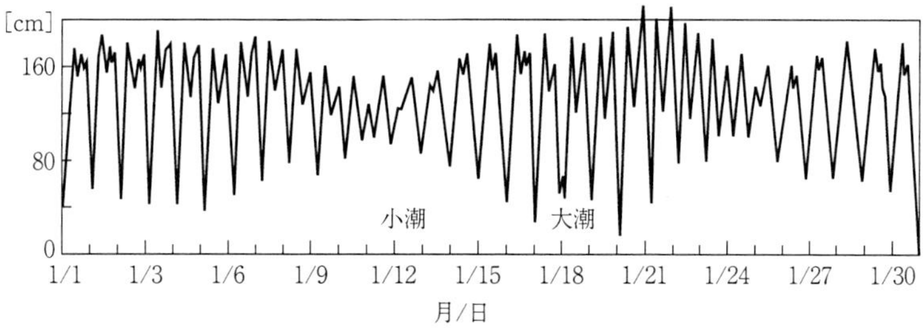

図 6.3 横浜港の潮位記録

表 6.2 主要な分潮と主要四分潮（◎印）

記 号	分潮の名前	角速度 [度/時]	周 期 [時間]	起潮力の大きさ（相対値）	主要四分潮
M_2	主太陰半日周潮	28.9841	12.25	0.4544	◎
N_2	主太陰長円潮	28.4397	12.39	0.0880	−
S_2	主太陽半日周潮	30.0000	12.00	0.2120	◎
K_2	日月合成半日周潮	30.0821	11.58	0.0576	−
O_1	主太陰日周潮	13.9430	25.49	0.1886	◎
P_1	主太陽日周潮	14.9589	24.04	0.0880	−
K_1	日月合成日周潮	15.0411	23.56	0.2655	◎
M_f	太陰半月周潮	1.0980	13.66 日	0.0783	−
S_a	1 年周期	0.0411	365 日	*	*

S_a 潮は天文潮ではなく，気象潮である．気圧と水温の年変動による．

観測を行う場合，あるいは後で述べる潮流の調和分解の場合は，短期間でのデータによる調和分解にならざるを得ない．その場合でも，主要四分潮の調和定数を精度よく分離するためには，15 日間あるいは 1 カ月間の連続観測が望ましい．これは，M_2 潮と S_2 潮の相合周期（うねりの周期＝14.764 日），K_1 潮と O_1 潮の相合周期（＝13.661 日）から，これらの分潮を精度よく分解するためには，最低 15 日間のデータが必要となるからである．

$$\text{相合周期}\ (M_2,\ S_2)=\frac{360°}{(\omega_{S2}-\omega_{M2})}=\frac{360°}{(30.000-28.984)°/\text{時}}=14.764\text{日} \tag{6.11}$$

表 6.3 に我が国の代表的な地点での主要四分潮の調和定数の振幅を示す[3]．潮差（tidal range）としては，有明海がもっとも大きく，つぎに瀬戸内海が大きい．太平

表 6.3 我が国沿岸の潮汐の調和定数値（主要四分潮）

地　点	海　域	M_2 潮	S_2 潮	K_1 潮	O_1 潮
釧路	北海道東岸	28.5	12.7	24.8	17.6
青森	本州北岸	20.0	8.7	5.6	3.7
宮古	本州東岸	30.4	13.8	23.8	19.5
東京芝浦	東京湾	50.9	24.7	25.8	20.0
名古屋	本州南岸	65.4	30.9	24.2	18.4
大阪	大阪湾	30.9	17.2	26.2	19.8
広島	瀬戸内海	102.0	41.9	31.2	22.5
高知	四国南岸	49.2	21.8	21.6	15.6
門司	関門海峡	71.8	32.0	17.2	14.3
油津	豊後水道	52.7	23.0	25.0	19.5
鹿児島	九州南岸	77.6	33.5	24.5	19.2
三池	有明海	155.4	68.1	29.0	22.0
博多	九州北岸	53.9	25.6	14.9	13.8
萩	日本海西部	16.3	8.3	9.8	10.9
新潟	日本海中部	5.9	2.2	5.3	5.4
秋田	本州北西岸	5.5	2.1	5.5	5.5
小樽	北海道西岸	4.4	2.1	4.7	4.6

［単位：cm］

表 6.4 世界の潮汐の大潮差

地　点	海　域	大潮差［m］
東京	東京湾	1.48
三池	有明海	4.56
新潟	日本海	0.14
仁川	韓国西海岸	8.1
Burntcoat	カナダ東岸	13.6
Beachley	イングランド西岸	13.1
Sunrise	アラスカ南岸	12.0
Coy Inlet	マゼラン海峡	9.8
Marraca Is.	ブラジル北東岸	9.1

洋側では一般的に南が大きく，北で小さい値となっている．日本海側の潮汐は非常に小さい．

表 6.4 に示すのは，世界の潮汐の大潮差（大潮時の潮差の平均値）である．我が国最大の三池港で 4.56 m であるのに対し，韓国西海岸の仁川（8.1 m），カナダ東部の Burntcoat（13.6 m）など，干満差の非常に大きな場所もある．

3) 潮位の基準面

海面の高さや海の深さを測る場合，ある基準面からの距離として測定される．我が国では，潮位表，潮汐表，海図のいずれの基準面もインド大低潮面を用い，これを基本水準面（D.L. または C.D.L）としている．港湾や海岸の工事においても，原則的にはこの基本水準面を高さや深さの基準面として用いている．

基本水準面は，平均水面から主要四分潮 M_2, S_2, K_1, O_1 分潮の振幅の和だけ下方にとった面として定義される．

$$z_0 = \bar{z} - (H_m + H_s + H' + H'_0) \tag{6.12}$$

ここに，z_0 は基本水準面，$\bar{z}$ は平均海面，H_m, H_s, H', H'_0 はそれぞれ主要四分潮 M_2, S_2, K_1, O_1 分潮の振幅である．

平均海面（mean sea level）は，起潮力がはたらかないときの海面であるが，恒常的なものではなく場所的・時間的に変化する．とくに平均海面は，夏季（8 月，9 月）に高く，冬季（2 月，3 月）に低い 1 年周期の変動を示している．この原因は，我が国の場合，夏季は冬季に比べて海水温が上昇し海水密度が減少すること，および大気圧が低くなることがおもな要因である．表 6.2 の S_a 潮は，この平均海面の年変化を示したものである．図 6.4 は，日本列島各地の月平均海面水位から求めた平均海面の季節変動の大きさである[4)]．十数 cm から 40 cm 程度の変動がある．西日本で大きく，北日本で小さい結果となっている．

なお，陸上の高さの基準面としては，東京湾平均海面（T.P.）が用いられている．これは，東京湾霊岸島で測定された明治 6～12（1873～1879）年の平均海面の値で，この高さを水準原点にしたものである．したがって，東京湾平均海面（T.P.）と現在の東京湾における平均海面の高さとは同じものではない．

図 6.5 は，各種の平均的な高潮面・低潮面の関係を示したものである．これらの値が，数年間の現地観測結果の平均値として算出され，潮位表や海図，港湾の工事用図面などに用いられている．

① 朔望平均満潮面，朔望平均干潮面：朔（新月）および望（満月）の日から 5 日以内に観測された各月の最高満潮面，最低干潮面を 1 年以上にわたって平均した海面の高さ．

② 大潮平均高潮面，大潮平均低潮面：大潮における満潮あるいは干潮の潮位を長期間にわたって平均した海面の高さ．調和定数が求められているときは，平均海面から M_2 潮，S_2 潮の振幅の和だけ上方にとったもの，および下方にとったものの海面の高さ．また，基本水準面から大潮平均高潮面までの高さを大潮昇（升）という．

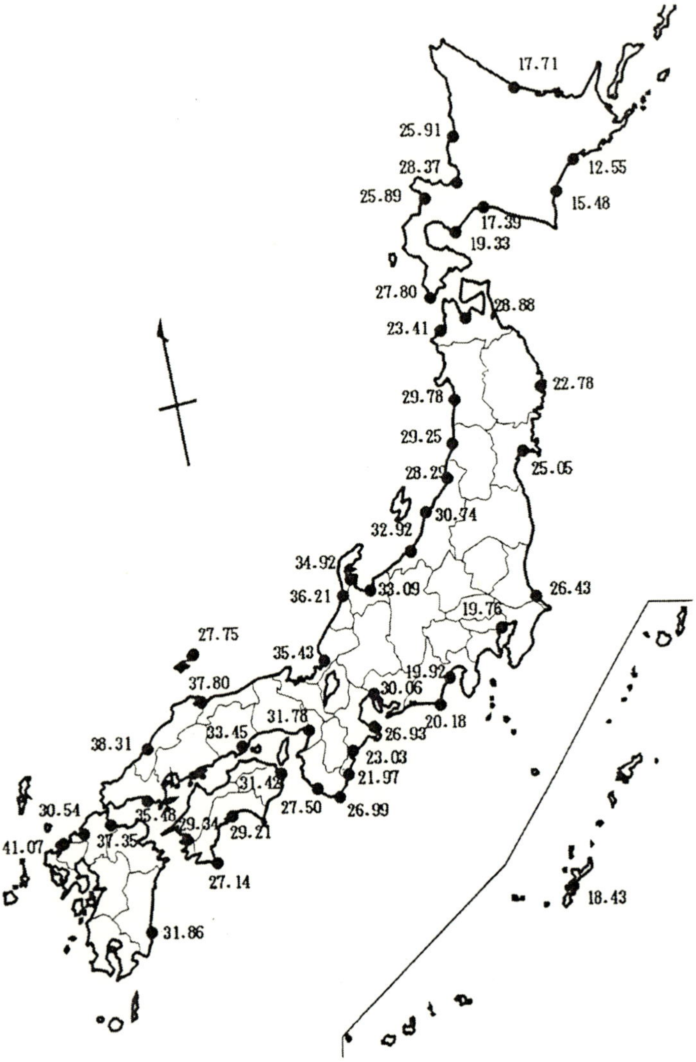

図 6.4　月平均潮位の季節変動（月平均潮位の最大値－最小値［cm］）

図 6.5　各種平均高潮面－低潮面の関係

③ 小潮平均高潮面，小潮平均低潮面：小潮における満潮あるいは干潮の潮位を長期間にわたって平均した海面の高さ．調和定数が求められているときは，平均海面か

ら M_2 潮，S_2 潮の振幅の差だけ上方にとったもの，および下方にとったものの海面の高さ．また，基本水準面から小潮平均高潮面までの高さを小潮昇（升）という．

4) 海面上昇と異常潮位

地球環境問題において，温室効果ガス濃度の増加による地球温暖化，それに伴う海面上昇が地球規模での環境問題として危惧されている．前節で述べたように，平均海面は海水温の上昇により海水は膨張して，その高さを上昇させる．また，グリーンランドやシベリアの氷河・氷床の融解も海面を上昇させる．IPCC（気候変動に関する政府間パネル）[5] によると，2100 年までには 49 cm の水位上昇が予測されて，陸地の高度が低い島嶼部では国土の大部分が水没するという大きな影響が懸念されている．また海面上昇は，海岸線の後退や塩水の内陸部への進入などの影響も危惧されている．

海面水位の上昇には，異常潮位による場合もある．異常潮位とは，天文潮による海面の昇降や高潮・津波のように原因が明らかな場合を除いた水位の異常な変化と定義している．異常潮位の原因は，台風などの低気圧の通過や黒潮などの海流の流路の変動などが考えられているが，いまだ明らかではない．異常潮位による海面の上昇は数週間から数カ月に及ぶこともあり，夏期から秋期の平均海面の高いときに発生すると，各地で浸水被害が発生する．また，これらに高潮や津波が重なると，大災害につながる可能性もある．

■ 6.3 沿岸海域の流れ

海の流れには，海洋を流れる黒潮などの海流，潮の干満に伴う潮流，波の作用によって起こる海浜流および沿岸流，風の作用による吹送流，海水の密度差によって起こされる密度流などがある．

1) 海　　流

図 6.6 は，世界の海洋の海流（ocean current）を示したものである[6]．このなかで，我が国周辺を流れる海流として，暖流としての黒潮と対馬海流，寒流としての親潮が重要なものとなっている．これらの流れは沿岸域には直接影響は少ないものと思われる．しかし，黒潮の蛇行などが東京湾や瀬戸内海の環境に影響を及ぼすという研究例もある．海流の生成要因としては，風の力，すなわち吹送流であるといわれている．

2) 潮　　流

沿岸域の流れでもっとも重要な流れは潮流（tidal current）である．前節で述べた潮汐振動に基づく水粒子の水平運動が潮流である．したがって，天体運動に基づく潮汐運動が規則的であったと同様に潮流運動も規則的である．しかしながら，吹送流や密度流が海面水位にそれほど大きな影響を及ぼさないのに比べ，流れには比較的大きな影響を与えるので，沿岸域の流れは潮汐現象ほど規則的な現象ではない．

沿岸域，とくに湾口部が狭い閉鎖性海域においては，潮流が卓越した流れとなる．図 6.7 に示すのは，大阪湾で測定された潮位変動と潮流のベクトル図である．潮位が

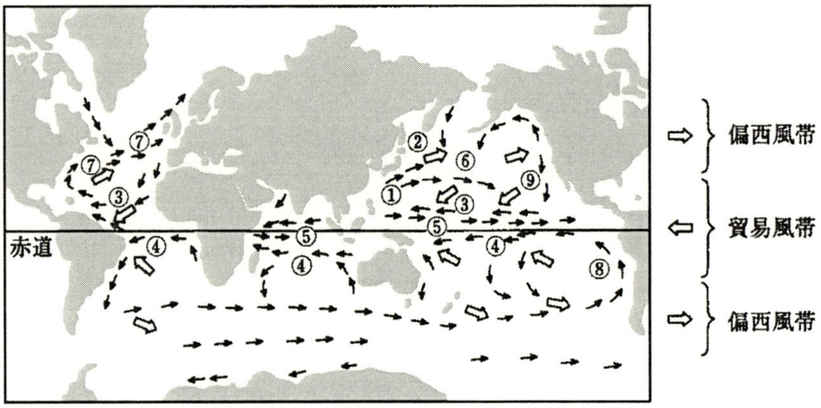

①黒潮，②親潮，③北赤道海流，④南赤道海流，⑤赤道反流，
⑥西風波流，⑦メキシコ湾流，⑧ペルー海流，⑨カリフォルニア海流

図 6.6　世界の海流と大気の流れ（→：海流，⇨：大気の流れ）

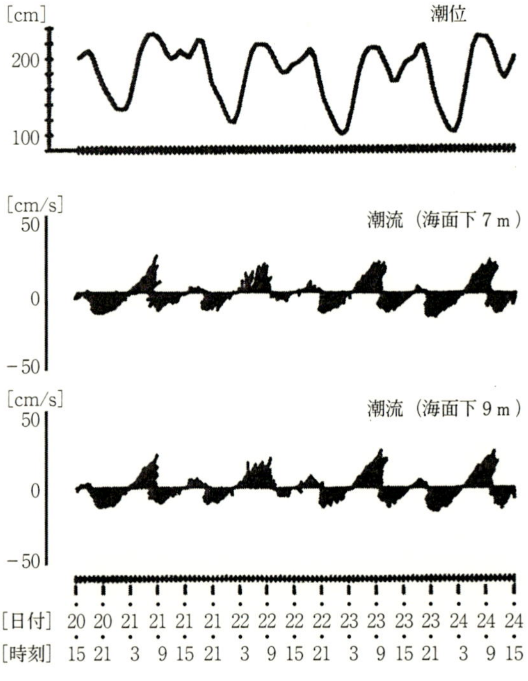

図 6.7　大阪湾泉南沖で測定された潮位と潮流
（上：潮位，中：潮流，下：潮流）

下がるときに南西流，上がるときに北西流となっており，潮位変動に即して規則的に流れていることがわかる．

潮流についても潮汐と同様，調和分解が可能である．調和分解の方法は潮汐の場合とまったく同様であるが，潮流の場合は流速と流向の 2 変数をもったベクトルであるので，一般的には東西方向と南北方向の 2 成分に分けて調和分解は実施される．潮流の調和分解も主要四分潮を精度よく分離するためには，15 日間の連続データが必要であり，潮流観測は 15 昼夜連続観測が一般的である．

しかし，流速計を海中に係留するのはそう簡単なことではなく，1 昼夜（25 時間）観測によって，日周潮成分，半日周潮成分，1/4 日周潮成分および恒流成分に分離する方法もよく用いられる．図 6.8 は，大阪湾で測定された潮流から潮流楕円を描いたものである．左が日周潮成分（M1）と恒流成分，中が半日周潮成分（M2），右が

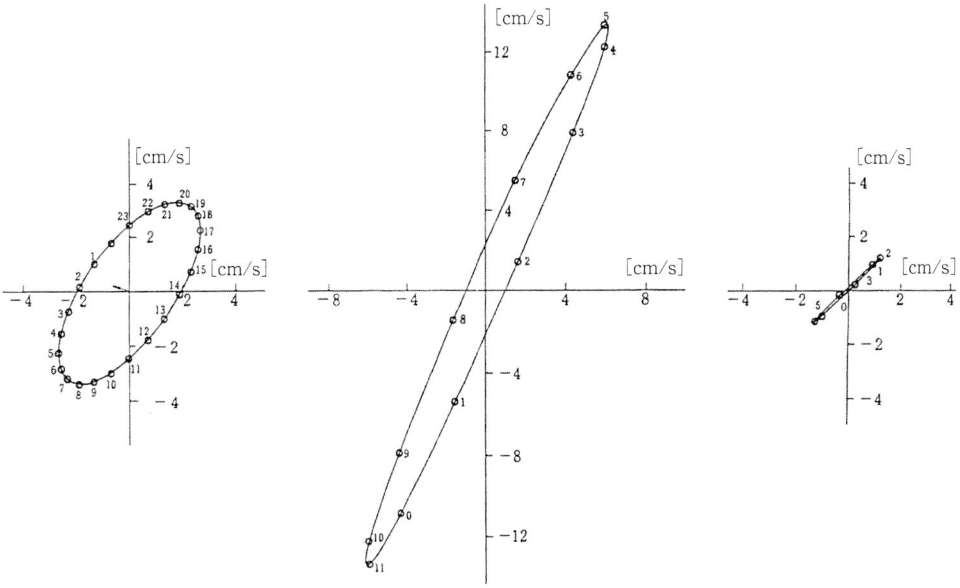

図 6.8　潮流楕円（左：日周潮，中：半日周潮，右：1/4 日周潮）

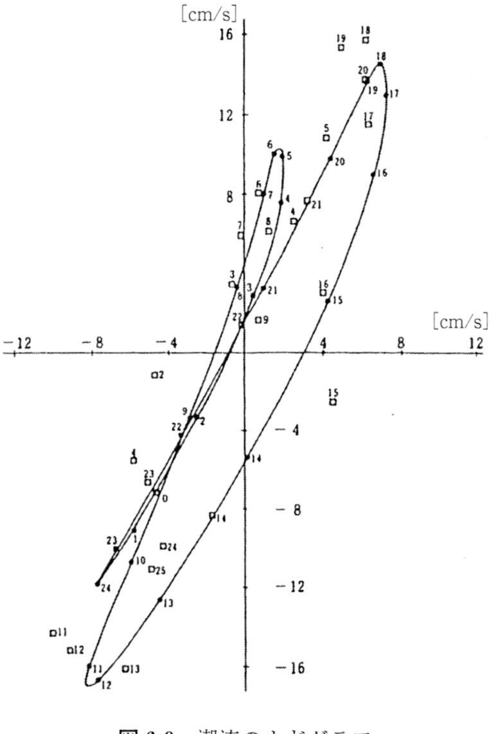

図 6.9　潮流のホドグラフ
•：調和定数の合成値，□：実測値．

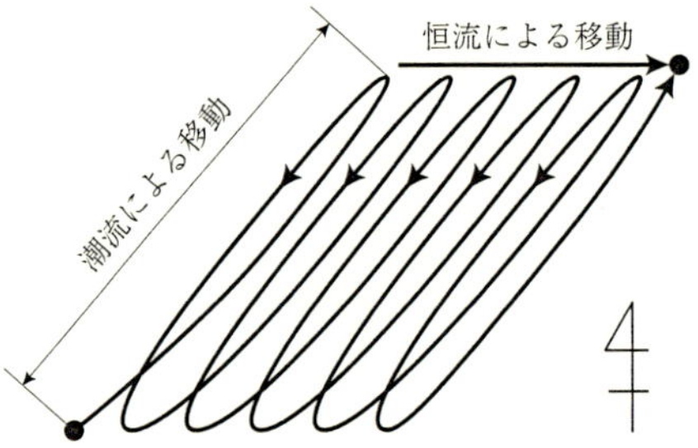

図 6.10　潮流（往復流）による移動と恒流による移動

1/4 日周潮成分（M4）である．これらの結果を合成したものが図 6.9 の潮流ホドグラフである．図中の□印は観測結果である．

潮流は，調和分解によって北方成分，東方成分の流速の正弦運動（往復流）に分離される．これらの正弦運動では，水粒子は 1 周期後には元の場所にもどる性質をもっているが, 実際には元の場所にもどらないで 1 方向に少しずつずれていく．図 6.10 に，潮流（往復流）と恒流による物質の移動の概念的な図を示す．このような移動は，潮流の調和分解における定数項，すなわち平均流の存在による．恒流とは変化しない流れという意味であるが，実際には時間的にかなり変化する流れである．

恒流の成因は，潮流の非線形性に基づく潮汐残差流，風による吹送流，密度差に起因する密度流などがある．たとえば，大阪湾では時計まわりの循環流が存在するが，これは西の明石海峡と南の友が島水道からの強い流れによって半島背後に潮汐残差流が形成され，それに基づく恒流である．一方東京湾では，富津岬の背後に潮汐残差流は形成されるが，全体的には季節風による吹送流，河川からの淡水流入による密度流のほうが大きいと考えられている．

恒流は，海水に含まれている物質を少しずつ一方向に移動させるので，汚染物質の移動・拡散のパターンに大きく寄与する流れである．環境アセスメントにおける潮流シミュレーションでは，この恒流の再現が重要なファクターとなる．

3)　海浜流系統

海岸に近い沿岸域では，波の作用による海浜流が存在する．海浜流は波の運動に伴う流れである．第 2 章において，波による質量輸送は述べた．また，波動に伴って発生する応力（radiation stress）についても第 3 章で述べた．このような波による質量輸送, および波による応力によって流れが発生する．これが海浜流の発生要因である．

海浜流の基礎方程式は，通常の連続式と運動方程式を鉛直方向に積分し，かつ波の周期に対して時間平均することによって得られる．

$$\frac{\partial \bar{\eta}}{\partial t}+\frac{\partial}{\partial x}U(h+\bar{\eta})+\frac{\partial}{\partial y}V(h+\bar{\eta})=0 \qquad (6.13)$$

$$\frac{\partial U}{\partial t}+U\frac{\partial U}{\partial x}+V\frac{\partial U}{\partial y}=-g\frac{\partial \bar{\eta}}{\partial x}-\frac{1}{\rho(h+\bar{\eta})}\left(\frac{\partial S_{xx}}{\partial x}+\frac{\partial S_{xy}}{\partial y}+\tau_x\right)+k_{xx}\frac{\partial^2 U}{\partial x^2}+k_{xy}\frac{\partial^2 U}{\partial y^2} \qquad (6.14)$$

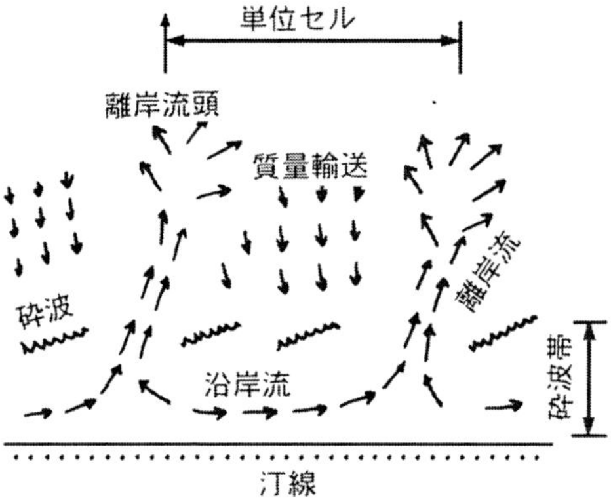

図 6.11 海浜流系流

$$\frac{\partial V}{\partial t}+U\frac{\partial V}{\partial x}+V\frac{\partial V}{\partial y}=-g\frac{\partial\bar{\eta}}{\partial y}-\frac{1}{\rho(h+\bar{\eta})}\left(\frac{\partial S_{yx}}{\partial x}+\frac{\partial S_{yy}}{\partial y}+\tau_y\right)+k_{yx}\frac{\partial^2 V}{\partial x^2}+k_{yy}\frac{\partial^2 V}{\partial y^2} \tag{6.15}$$

ここで，U，Vは断面平均，時間平均された岸沖方向（x）と沿岸方向（y）の流速，$\bar{\eta}$は平均水位，S_{xx}，S_{xy}，S_{yx}，S_{yy}はラディエーション応力，k_{xx}，k_{xy}，k_{yx}，k_{yy}は水平混合係数，τ_x，τ_yは底面せん断力である．

図 6.11 は海浜流のパターン，すなわち海浜流系統（nearshore current system）を示す．海浜流系統とは，沿岸に波が進入してくる場合に，砕波帯外の平均海面の低下，砕波帯内の平均海面の上昇，それに伴う沿岸流の発生とある間隔での離岸流の発生が 1 つの単位セルとなって構成していることからそのようによばれる．

4) 沿岸流と離岸流

海浜流系統のうち，岸に平行に流れる流れを沿岸流（longshore current）とよぶ．いま，平行な等深線をもつ直線海岸に波が直角に入射する場合を考える．座標系は図 6.12 に示す．ここで，αは波の入射角であり，まず$\alpha=0$について考える．定常状態では式（6.13）および式（6.14）は，

$$U(h+\bar{\eta})=\text{const.} \tag{6.16}$$

$$0=-g\frac{\partial\bar{\eta}}{\partial x}-\frac{1}{\rho(h+\bar{\eta})}\left(\frac{\partial S_{xx}}{\partial x}\right) \tag{6.17}$$

となる．式（6.17）は，ラディエーション応力と水面勾配のつり合いを示したものである．この関係式から，岸沖方向に波高が一様でないならば，水面勾配が生じることを意味している．とくに，砕波によって急激な波高減衰が起こると平均水位の上昇が起こる．

つぎに，平行な等深線をもつ直線海岸に波が斜めに入射する場合（$\alpha\neq 0$）を考える．定常状態を考えると，式（6.16）と式（6.17）は同じであるが，y 方向の運動方程式は，

$$0=-\frac{1}{\rho(h+\bar{\eta})}\left(\frac{\partial S_{yx}}{\partial x}+\tau_y\right)+k_{yx}\frac{\partial^2 V}{\partial x^2} \tag{6.18}$$

となる．砕波帯内の波高，ラディエーション応力，底面摩擦項などを Longuet-Higgins[7] に倣って書くと，沿岸方向の流速 Vは，

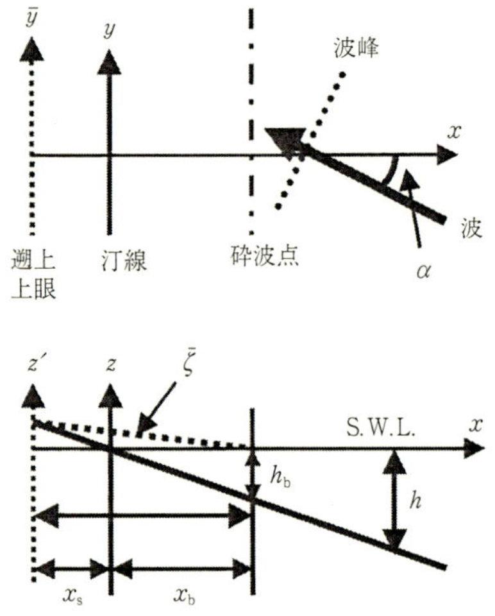

図 6.12 沿岸流の座標系

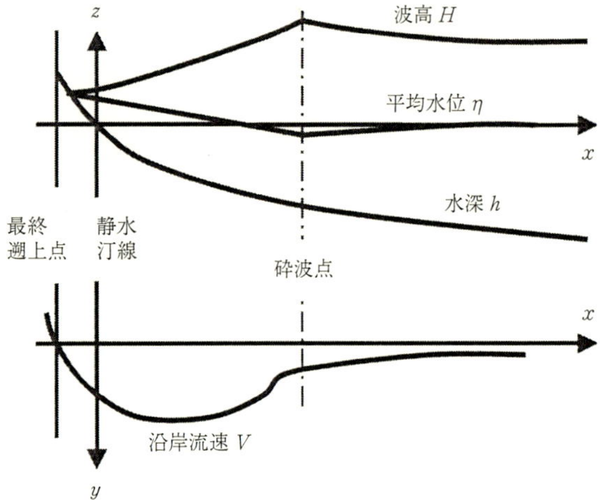

図 6.13 砕波帯近傍の沿岸流速の分布と平均水位

$$V = \frac{5\gamma}{4f_w} g(h+\bar{\eta})\tan\theta \frac{\sin\alpha}{C} \tag{6.19}$$

で表される．図 6.13 は，沿岸流速の分布，平均水位の変動を模式的に示したものである．砕波帯内に，波向きの方向に沿った沿岸流があることが示されている．

沿岸流速は汀線方向に一様であると仮定しているが，実際には砕波波高は汀線方向に一様でなく，したがって沿岸流速も汀線方向に変化する．このため，砕波帯内に輸送された海水はある位置から砕波帯を横切って図 6.11 に示すように沖に流出する．これを離岸流（rip current）とよんでいる．離岸流の流速は速く，ときには 2.0 m/s を超える流れとなることもある．海水浴における水難事故の原因の 1 つである．海水浴客が離岸流によって沖に流されそうになった場合，岸と平行に泳ぎ離岸流から外に出ることがすすめられている．

離岸流の発生メカニズムは，地形的な要因が指摘されている．沿岸域の波高分布が推定できれば，その結果から海浜流の基礎式（6.16）～式（6.18）を用いて計算可能である．

実際に，海岸は直線上ではなく，波も一様には入射しない．防波堤や離岸堤などの海岸構造物があると波の場も大きく変化し，それに伴って大きな海浜流が発生する．たとえば，離岸堤の背後では波は回折・屈折変形することによって，平面的な波高分布が生じる．この波高分布から生じるラディエーション応力により海浜流が発生する．離岸堤背後に形成されるトンボロは，このような海浜流による循環流がおもな原因である．

5) 密　度　流

密度流とは，海水の密度差に起因する流れである．海水の密度は，水温と塩分の関数として与えられる．とくに，河口に近い海域は河川から密度の軽い淡水が流出するので，平面的な密度差の分布が生じて密度流が発生する．

密度流に関しては，河口部における問題がある．河川部において，海域の潮汐の影響を受ける領域を感潮河川域とよぶ．淡水と海水の混合の強さから，図 6.14 に示すように（a）弱混合，（b）緩混合および（c）強混合の 3 種類に分類されている．弱混合型の場合は海水が上流深くまで侵入し，塩水楔とよばれる現象を呈す．

緩混合の場合には，上層の軽い流体が沖向きに流れ，下層の重い流体が河川上流に向かって流れる．これらの流体は鉛直混合しながら，鉛直・水平方向の密度勾配が生じ，その結果スケールの大きな鉛直循環流が発生する．

このような現象は，湾規模の大阪湾や伊勢湾においても発生する．これをエスチュアリー循環とよんでいる．とくに，湾奥部に強い成層状態が形成されると上層において高気圧性渦に基づく流れ，すなわち時計まわりの循環流が発生する．このような循環流は，汚染物質の輸送や海水交換に大きな影響を与える．

また，河口部においては，淡水と海水が混合するために，密度流的な流れへの影響ばかりでなく，淡水中に浮遊していた土砂粒子が海水に遭遇することによってフロック化し，沈降速度が大きくなって河口部に堆積するという現象がある．この現象をフロッキュレーションとよんでいる．この現象は，第 10 章で述べる航路埋没およびシルテーションの問題と密接に関係する．

これまでは，密度差の要因として河川からの淡水流入のみを考慮していたが，海水の密度を規定するものとしては，水温も重要な要素である．夏季には表層が暖められて軽くなり，強い温度躍層が形成される．温度躍層が形成された場合，上下層の水塊は密度的に安定になり，鉛直混合は極端に小さくなる．そのために，上層で生産あるいは供給された酸素が下層に輸送されなくなり，貧酸素水塊の形成の原因となる．夏季の貧酸素水塊の形成には，この温度躍層の効果が大きい．密度差と鉛直混合の関係は，Richardson（リチャードソン）数の関数として次式のように与えられる．たとえ

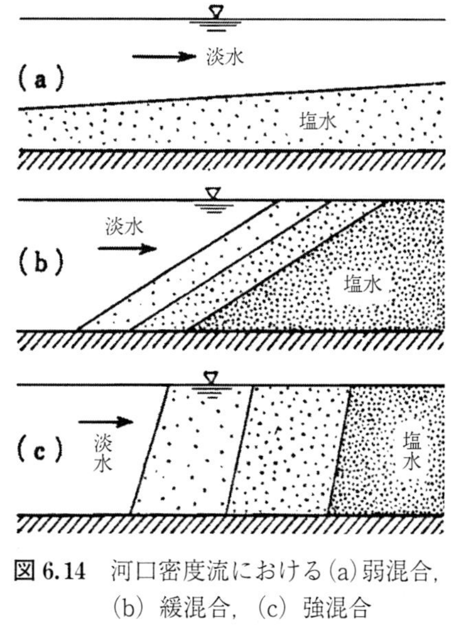

図 6.14 河口密度流における（a）弱混合，（b）緩混合，（c）強混合

ば，Munk と Anderson[8] は鉛直渦動粘性係数 N_z および鉛直拡散係数 K_z を，

$$N_z = N_0(1+10R_i)^{-1/2} \tag{6.20}$$

$$K_z = K_0(1+3.3R_i)^{-3/2} \tag{6.21}$$

のように与えている．ここで，N_0, K_0 は成層がないときの値である．なお，リチャードソン数とは，密度の鉛直勾配と乱れのエネルギーから定義される境界層流れの不安定性を示す無次元量で，

$$R_i = \frac{-g\dfrac{\partial\rho}{\partial z}}{\rho\left(\dfrac{\partial u}{\partial z}\right)^2} \tag{6.22}$$

で定義される．R_i が大きいと安定で，小さいと不安定になる．

6）吹　送　流

吹送流とは風の作用による流れである．海面上を吹く風は，海面上に接線応力がはたらいて海水の運動を起こさせる．これが吹送流である．

吹送流の研究としては，Ekman（エクマン）のものが有名である．エクマンの理論によると，海水にはたらく力は海面での風の応力と，その運動に基づくコリオリ力，および粘性力である．コリオリ力は運動の方向とは直角方向にはたらくので，水の流れは風の方向とは異なり，45° 傾いた方向に流れる．また，水深方向には流速が徐々に遅くなるにつれて，その方向も変化する．これをエクマンらせんとよんでいる（図 6.15 参照）．なお，エクマンの理論は水深無限大のスケールの大きい海洋での理論で，沿岸域では異なった現象となる．

沿岸域では空間スケールも時間スケールも小さいので，吹送流は表層ではほぼ風の方向に流れる．風の力は海面にはたらくので，表層では風下方向に流れるが，中層・底層ではほとんど影響を受けない．一般に，吹送流の大きさは風速の 2 ～ 3% 程度といわれている．風の力は，主として表層の流れに影響を及ぼすわけであるが，この流れが湾内の平均的な流れ，すなわち残差流に大きな影響を及ぼすことが知られている．たとえば，図 6.16，図 6.17 に示すように，東京湾では夏季に反時計まわりの循環流が，

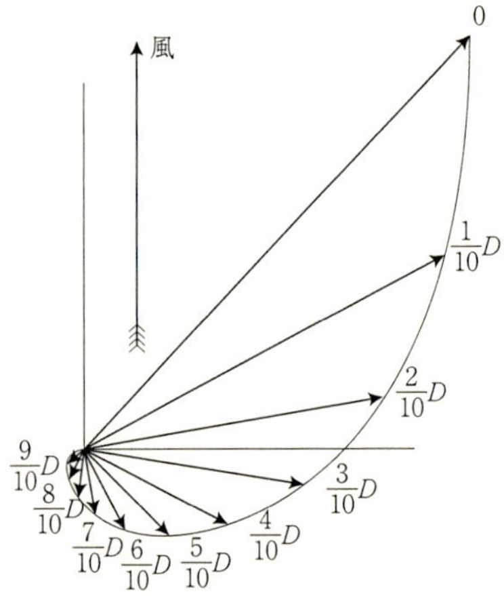

図 6.15　エクマンらせん流（D：摩擦深度）

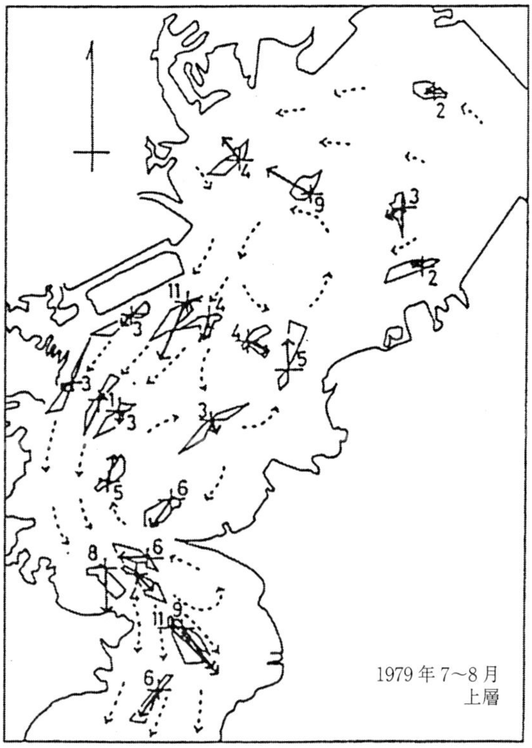

図 6.16　東京湾の夏季の平均流パターン

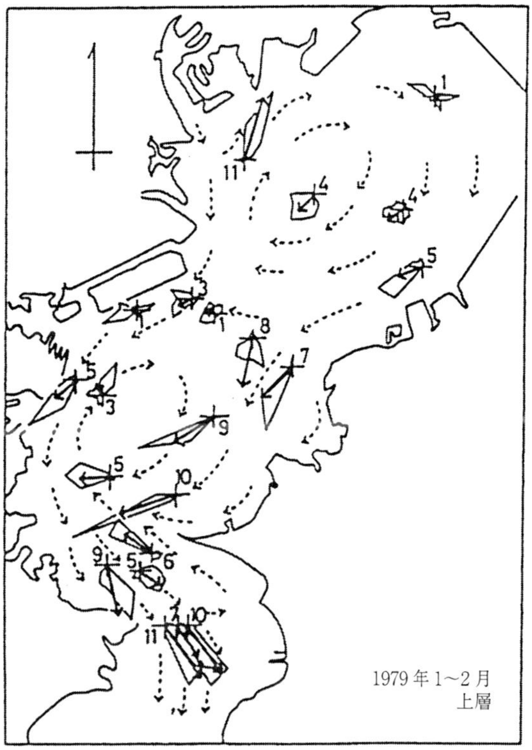

図 6.17　東京湾の冬季の平均流パターン

また冬季に時計まわりの循環流が観測されるが，この原因は季節風による吹送流の影響であると説明されている．

また吹送流は，青潮の発生要因の１つともいわれている．夏季の東京湾奥で底層部に貧酸素水塊が形成されているときに北風が吹くと，表層では吹送流によって南に向かう流れとなり，底層ではそれを補う流れとなって湧昇する．この湧昇流に乗って貧酸素水塊が上昇すると青潮となる．この青潮は，水産業に多大の被害を与えることから，海域環境を考えるうえでの重要な要素の１つである．

演習問題

6.1　ア～オに入る言葉の組み合わせとして正しいものを①～⑤から選べ．

潮汐は月や太陽の（ア　　　）と地球の公転による（イ　　　）との差に起因する起潮力によって起こされる．太陽の起潮力は月の起潮力の約（ウ　　　）の大きさである．潮の干満は 15 日周期で大潮と小潮を繰り返している．月と太陽の起潮力が正に重なる（エ　　　）と（オ　　　）の時に大潮となる．

① ア）万有引力，イ）コリオリ力，ウ）2.2 倍，エ）上弦の月，オ）下弦の月
② ア）万有引力，イ）遠心力，ウ）2.2 倍，エ）上弦の月，オ）下弦の月
③ ア）万有引力，イ）遠心力，ウ）2.2 倍，エ）満月，オ）新月
④ ア）万有引力，イ）遠心力，ウ）0.46 倍，エ）上弦の月，オ）下弦の月

⑤ア）万有引力，イ）遠心力，ウ）0.46 倍，エ）満月，オ）新月

6.2 表 6.3 に我が国沿岸の潮汐の調和定数を示している．いま，東京芝浦の過去 5 年間の平均水位を 166.6 cm（観測基準面上）とした場合，基本水準面の大きさ（観測基準面上）を求めよ．

参考文献

1）中野猿人：潮汐学，復刻版，生産技術センター（1975）.

2）村上和男：最小自乗法による潮汐・潮流の調和分解とその精度，港湾技研資料，No. 369，38 p（1981）.

3）海上保安庁：日本沿岸潮汐調和定数表，書誌第 742 号，267 p（1992）.

4）村上和男，山田邦明：我が国沿岸の潮位と平均海面の変動の解析，港研報告，**31**（3），37–70（1992）.

5）IPCC Second Assessment Report：Climate Change 1995（1995）.

6）有田正光，他：水圏の環境，p. 277，東京電機大学出版局（1998）.

7）M. S. Longuet-Higgins：Longshore currents generated by obliquely incident waves, 1 and 2, Jour. Geophys. Res., **75**（33），6778–6789，6790–6801（1970）.

8）W. H. Munk and E. R. Anderson：Notes on a theory of thermocline, Jour. Marine Res. **7**（3），276–295（1948）.

7 底質移動と海岸地形

7.1 はじめに

砂礫海浜では，波や流れから受ける力の作用が大きくなると，砂礫の移動が始まる．この砂や礫のような底質が移動する現象，あるいは移動する底質そのものを漂砂という．漂砂は海浜変形，とくに海岸侵食を考えるうえで非常に重要な現象であるが，それ以外にも河口閉塞や港口閉塞，あるいは港湾埋没のように，利用・防災面でも深刻な問題を生じさせる．最近では，人工干潟のように，生態系に配慮した事業も行われるようになってきており，漂砂は生態系など環境面で果たす役割も大きい．本章では，波や流れによる底質の移動やそれに伴う海岸地形の変形について述べる．

7.2 海浜形状

われわれが目にする海浜は安定しているようにみえても，それをつくっている底質は波や流れの作用を受けて移動を繰り返している．この底質の動き（漂砂）は，岸と平行に動く沿岸漂砂と波の入射方向に動く岸沖漂砂の2つに分類される．日本の海岸の多くは，河川からの流下土砂によって形成されている．河川からの流下土砂が波の作用によって沿岸方向に運ばれて海岸に漂砂として供給されるとともに，沖への流出などがあり，これらがバランスして動的に安定な海浜を形成してきた．しかし，河川環境の変化や海岸構造物の設置による漂砂環境の変化は動的平衡を崩し，その結果日本の多くの海浜は侵食傾向にある．海岸侵食対策を考えるうえで，海浜の成り立ちを理解しておくことはきわめて重要である．

1) 平面形状

波が浅海域に入射すると，海底地形の影響を受け，屈折，浅水変形や砕波のような変形を受ける．また，構造物や島，岬などがあると，その背後への回折が生じる．このような波の変形の程度は空間的に一様ではないので，底質に作用する外力も場所によって異なることになる．それによって，さまざまな平面的な海浜形状がつくられる．図7.1は，代表的な海浜地形を図示したものである．沿岸漂砂が卓越する海岸で，地形が内陸方向に急激に変化すると，波の回折が生じて底質の輸送力が低下するため，そこには堆砂が生じ，それが発達すると砂嘴（さし）とよばれる地形が形成される．また，河

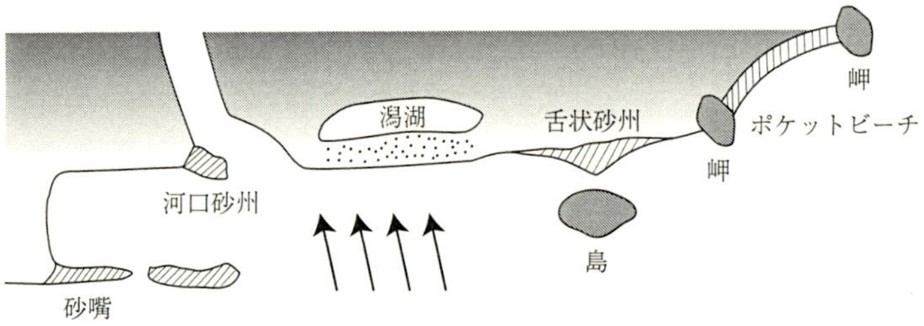

図 7.1　代表的な海浜地形

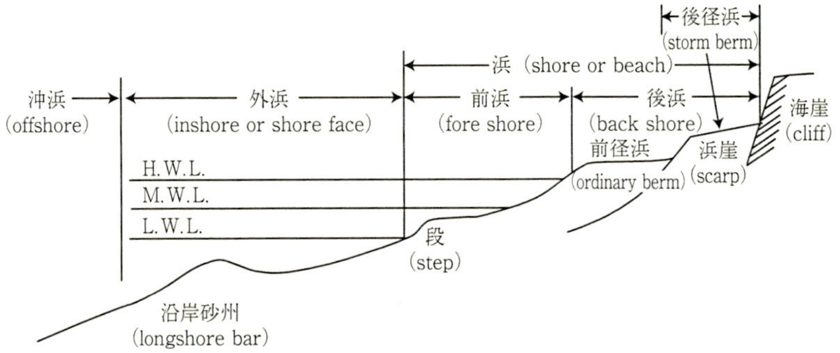

図 7.2　海浜断面地形の例

口では河口砂州とよばれる地形が発達する．河口砂州が発達すると，河口閉塞の問題を引き起こすこともある．河口付近で蛇行した河川の一部が取り残されると潟湖とよばれる地形が形成される．陸に近い島の背後では，島の両側から回折してきた波が重合し，堆砂を生じさせる．そして，舌状砂州を形成する．さらに発達すると，トンボロが形成される．トンボロができて陸とつながった島を陸繋島という．また，岬と岬のあいだに形成される弧状の海浜をポケットビーチという．ポケットビーチは比較的安定した海浜であり，人工海浜をつくる場合，ポケットビーチとなるようにつくられることが多い．

2)　断 面 形 状

一様な勾配の砂浜に規則波を入射し続けると，やがてある断面の定常的な地形が形成される．これを平衡断面という．平衡断面でも局所的には底質は移動しているので，やはり動的な平衡状態が形成されていることになる．図 7.2 は，典型的な海浜断面地形を示したものである．実際の海岸では，絶えず入射波が変化するため，平衡断面は形成されることはないが，それでも海浜断面地形は平衡断面に近づくように変形していると考えることができ，季節的によく似た地形が繰り返し形成されることが多い．この平衡断面は，いくつかに分類することができる．分類の仕方にはいくつかあるが，侵食と堆積に着目すると，以下のように分類できる（図 7.3 参照）．

I 型（侵食型）：汀線が後退し，沖に砂が堆積するタイプ．

II 型（中間型）：汀線より岸側に砂が堆積し，沖の方でも堆積するが，そのあいだで侵食するタイプ．このタイプはさらに沿岸砂州が形成される II-1 型と形成されない II-2 型に細分される．

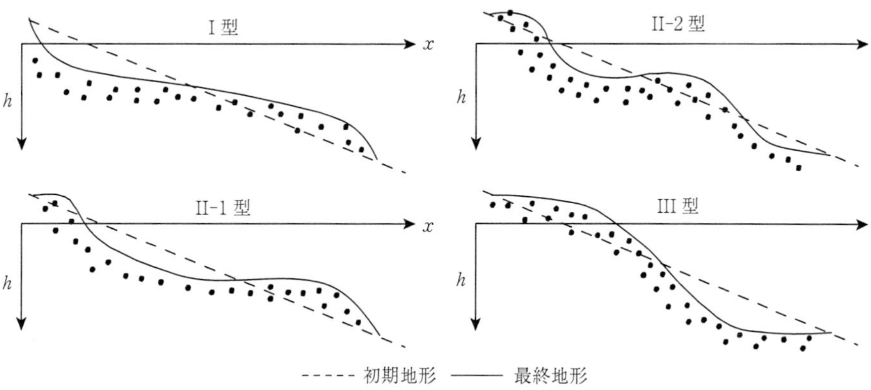

図 7.3　海浜断面地形の分類

III 型（堆積型）：汀線が前進し，沖に砂が堆積しないタイプ．

一般に，暴浪時には海浜は侵食されるが，侵食された砂が一時的に堆積するのが沿岸砂州と考えてもよい．常時の波浪にもどったとき，沿岸砂州に貯まった砂が海浜に運ばれて元の形状にもどるので，沿岸砂州ができる海岸は海岸侵食に対しては比較的安定な状態にあると考えることができる．したがって，沿岸砂州（バー）は海浜侵食面で重要な地形であるといえる．そこで，前述の I 型～III 型とは異なり，沿岸砂州の有無に着目した以下のような海岸断面の分類もされている．

暴風海浜：沿岸砂州がある海浜断面で，バー型海浜，あるいは冬型海浜ともよばれる．

正常海浜：沿岸砂州がない海浜断面で，ステップ型海浜，あるいは夏型海浜ともよばれる．

このような海浜断面は入射波の条件，底質の粒径や密度，海浜の初期勾配などによって変化し，堀川ら[1)] は

$$\frac{H_0}{L_0}=C(\tan\beta)^{-0.27}\left(\frac{d}{L_0}\right)^{0.67} \tag{7.1}$$

と表したときの C の値で分類できることを示している．ここに，H_0 は沖波波高，L_0 は沖波波長，d は底質の粒径，β は海浜勾配である．

7.3　漂　　砂

1)　底質の移動形式

底質の運動は，外力である水粒子の運動の大きさにより複雑に変化する．図 7.4 に概略を示すように，水深が深いと海底面上での水粒子の運動は小さいが，浅くなってくるに従い水粒子の運動は徐々に大きくなり，やがて底質が動き始める．底質が動き始める比較的水深の深いところでは，底質は海底面上を転がるように往復運動をする．このような移動形態を掃流移動（あるいは掃流漂砂）という．水深が少し浅くなり，底質の動きが少し活発になると，砂漣（ripple）とよばれる波状の地形を形成するようになる．砂漣ができると砂漣上で底質が飛び上がる浮遊が始まる．波により底質が

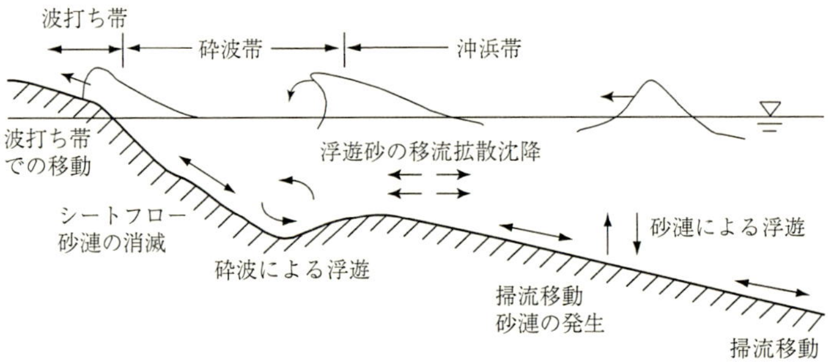

図 7.4　海底の砂の動き

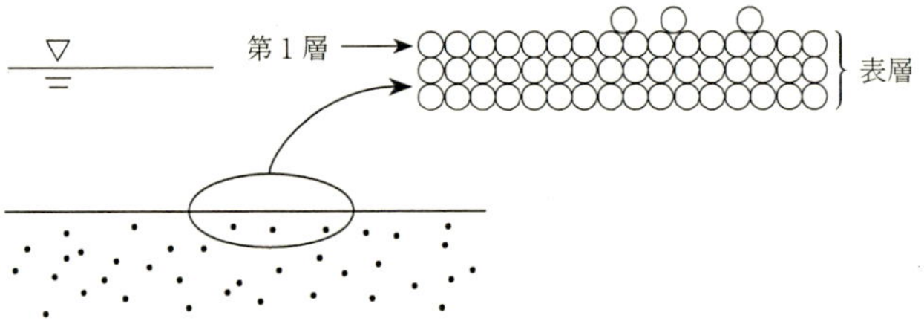

図 7.5　表層部の底質

舞い上げられ，その状態で移動する現象を浮遊移動(あるいは浮遊漂砂)という．また，底質が飛び跳ねながら移動する躍動漂砂も生じる．さらに，水深が浅くなると波が砕波する．砕波すると，非常に強い流れが底面にまで達し，その流れによって砂が舞い上げられ，浮遊漂砂が活発になる．砕波地点から少し浅いところでは，砕波帯のような強い浮遊は生じないが，底面上の流れは大きいので，底面の表層全体が波によって往復運動をするようなシートフローとよばれる漂砂が生じる．さらに波の打上げ帯では波の打上げに伴って底質が往復運動をするが，このとき，沿岸方向の流れの効果も加わり，往復運動しながらも沿岸方向に少しずつ移動する鋸歯状運動を行う．このように，水深により底質の動きが異なるので，海浜断面は複雑な形状となる．

2)　移動限界水深

底質が動き始める限界を移動限界という．移動限界を知ることは，漂砂が発生する範囲を知ることであり，構造物などによる漂砂への影響を明らかにするうえできわめて重要である．移動限界は，底質の移動の程度により以下の 4 つに分類される（図 7.5)．

① 初期移動限界：海底表面の突出した粒子のいくつかが移動を開始する限界.

② 全面移動限界：海底の表層の第 1 層の粒子がほぼすべて移動する限界.

③ 表層移動限界：表層の砂が波の方向に集団で掃流される限界.

④ 完全移動限界：水深変化が明瞭に現れるほど顕著な底質移動が生じる限界.

底質の移動限界は，波による外力と底質の自重による抵抗力のバランスで決まる．外力として流速の 2 乗に比例する抗力を，抵抗力として底質の水中重量による重力を考え，微小振幅波理論による海底面での流速振幅を代入して整理すると，移動限界水深 h_i は次式の形で表すことができる．

$$\left(\frac{H_0'}{L_0}\right)=\alpha\left(\frac{d}{L_0}\right)^n\left(\sinh\frac{2\pi h_i}{L}\right)\left(\frac{H_0'}{H}\right) \tag{7.2}$$

ここに，H_0' は相当沖波波高，H と L は水深 h_i における波高と波長，α と n は実験や現地観測などによって決められる値であるが，佐藤と田中[2]は現地観測結果に基づいて $n=1/3$, α は表層移動限界に対して 1.35，完全移動限界に対して 2.4 を提案しており，これらの値が比較的広く使用されている．

7.4 漂　砂　量

1) 掃流漂砂

掃流状態の漂砂量について，Madsen と Grant は，一方向流れの掃流漂砂量式と既往の実験データから振動流の半周期間の無次元漂砂量 $\overline{\phi}$ を次式のように提案した[3]．

$$\overline{\phi}=12.5\,\phi_m{}^3 \tag{7.3}$$

ここに，$\overline{\phi}$ は半周期間の無次元漂砂量（$\overline{q_s}/(w_s d)$），ϕ_m は底面せん断力の振幅に対する Sheilds（シールズ）数（$\tau_{bm}/(\rho_s-\rho)gd$）である．なお，$\overline{q_s}$ は半周期間の漂砂量，w_s は沈降速度，ρ_s は底質の密度，ρ は水の密度である．一般に，シールズ数は，底質の移動しやすさを表す無次元数で，底質に作用する外力と底質の重量による抵抗力の比として，次式で定義される．

$$\phi_s=\frac{u_*{}^2}{(\rho_s/\rho-1)gd} \tag{7.4}$$

ここに，ϕ_s はシールズ数，u_*は摩擦速度（$=\sqrt{\tau/\rho}$，τ はせん断力）である．

2) 浮遊漂砂

浮遊砂量については，浮遊砂の濃度を連続式に代入して解く方法が使われる．x 方向に単位時間に単位面積を通って輸送される浮遊砂量 q_x は次式で表される．

$$d_x=uc^*-\varepsilon_x\frac{\partial c^*}{\partial x} \tag{7.5}$$

ここに，ε_x は x 方向の拡散係数，c^* は浮遊砂濃度，u は x 方向のある時間内の平均流速で，乱れ成分を除いた流速である．式（7.5）の第 1 項はこの平均流速によって輸送される浮遊砂量，第 2 項は乱れ成分によって輸送される浮遊砂量である．y 方向，z 方向に輸送される浮遊砂量も同様に表される．

いま，各辺が dx, dy, dz の微小な 6 面体要素の浮遊砂量の流出入を考える．x 方向の流出入による浮遊砂の増加量は次式で表される．

$$q_x dydz-\left(q_x+\frac{\partial q_x}{\partial x}dx\right)dydz=-\frac{\partial q_x}{\partial x}dxdydz=-\frac{\partial}{\partial x}\left(uc^*-\varepsilon_x\frac{\partial c^*}{\partial x}\right)dxdydz \tag{7.6}$$

y 方向と z 方向にも同様の式が導かれる．ただし，z 方向流速には砂の沈降速度を考えた流速 $\tilde{w}(=w-w_s)$ を使用する．そして，各方向の流出入の総和は，微小要素内の単位時間あたりの浮遊砂量の増分に等しいので，$dV=dxdydz$ と置くと次式を得る．

$$\frac{\partial c^*}{\partial t}dV=\left\{-\frac{\partial}{\partial x}\left(uc^*-\varepsilon_x\frac{\partial c^*}{\partial x}\right)-\frac{\partial}{\partial y}\left(vc^*-\varepsilon_y\frac{\partial c^*}{\partial y}\right)-\frac{\partial}{\partial z}\left(\tilde{w}c^*-\varepsilon_z\frac{\partial c^*}{\partial z}\right)\right\}dV \tag{7.7}$$

上式を整理すると，次式のように書ける．

$$\frac{\partial c^*}{\partial t}+\frac{\partial(uc^*)}{\partial x}+\frac{\partial(vc^*)}{\partial y}+\frac{\partial(wc^*)}{\partial z}$$
$$=\frac{\partial}{\partial x}\left(\varepsilon_x\frac{\partial c^*}{\partial x}\right)+\frac{\partial}{\partial y}\left(\varepsilon_y\frac{\partial c^*}{\partial y}\right)+\frac{\partial}{\partial z}\left(\varepsilon_z\frac{\partial c^*}{\partial z}\right)+\frac{\partial(w_s c^*)}{\partial z} \tag{7.8}$$

ここで，定常状態を考え，波1周期の平均をとる．さらに x 方向と y 方向の浮遊砂濃度の変化は z 方向の変化に比べて小さいと考えられる．また，砂の沈降速度 w_s と拡散係数 ε_z も一定であると仮定すると，式（7.8）から波1周期で平均された浮遊砂濃度 $\overline{c^*}$ に対する微分方程式が以下のように書ける．

$$\varepsilon_z\frac{d^2\overline{c^*}}{dz^2}+w_s\frac{d\overline{c^*}}{dz}=0 \tag{7.9}$$

式（7.9）は，適当な境界条件を与えることにより解くことができる．いま，底面から十分離れた地点（$z\to\infty$）で $\overline{c^*}=0$，$z=a$ で $\overline{c^*}=c_a$ とすると，式（7.9）の解は以下のようになる．

$$\overline{c^*}=c_a\exp\left\{-w_s\frac{z-a}{\varepsilon_z}\right\} \tag{7.10}$$

しかしながら，現地観測結果からは必ずしも上式とあった浮遊砂の鉛直分布は得られておらず，拡散係数の鉛直分布などを考える必要がある．

3)　漂砂量の算定

漂砂量の算定は，沿岸漂砂，岸沖漂砂のそれぞれに対して検討されてきている．基本的な考え方として，波のエネルギーと漂砂量を関連づけるパワーモデルと漂砂濃度の輸送量を積分して求める質量輸送モデルがあるが，一般的にはパワーモデルが使われることが多い．ここでは，パワーモデルに基づく漂砂量の算定方法について説明する．

i)　沿岸漂砂量の算定：　Bagnold[4] は，底質の前進・後退の運動と波のエネルギー消費が関連しており，波の運動だけでは底質の真の移動がなくても，そこに u_θ とい

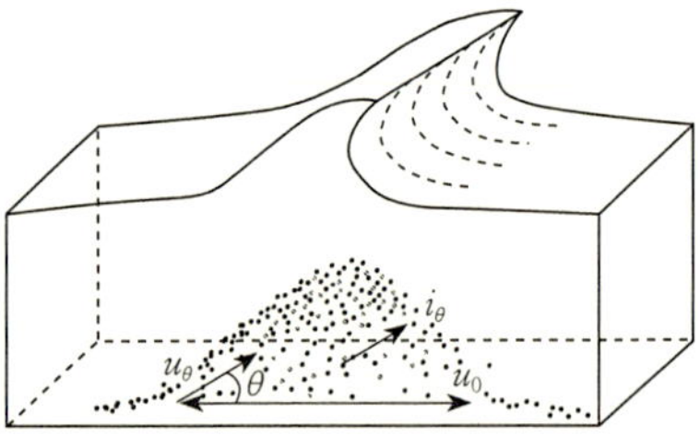

図 7.6　パワーモデルの概念

う平均的な流れがあると，その方向に底質が移動すると考えた（図 7.6 参照）．この場合，u_θ は底質を移動させるのに必要なせん断力がなくても波によってすでに底質は動いているため，漂砂量 i_θ は生じると考えている．そして，この i_θ は次式で与えられるとした．

$$i_\theta = KW\frac{u_\theta}{u} \tag{7.11}$$

ここに，i_θ は一方向流 u_θ によって一方向流の方向に単位幅あたり単位時間に移動する漂砂量（重量表示），u は波の運動による水粒子速度，K は無次元係数，W は波から与えられるパワーで，次式で与えられる．

$$W = \frac{1}{4}\rho g\frac{dH}{dx}HCn \tag{7.12}$$

ここに，C は波速，n は群速度と波速の比である．

Inman と Bagnold[5] は，砕波のエネルギーフラックスの一部が漂砂移動に費やされると考え，このモデルをもとに重量表示された沿岸漂砂量式を導いた．

$$I_y = 0.28(ECn)_b\cos\alpha_b\frac{\bar{v}}{u_{bm}} \tag{7.13}$$

ここに，I_y は砕波帯全域の沿岸漂砂量，E は波のエネルギー，α_b は砕波角，$\bar{v}$ は平均沿岸方向流速，u_{bm} は砕波点での最大水粒子速度で，$\bar{v}$ に Longuet-Higgins の沿岸流公式の値，u_{bm} に孤立波理論による値を使用し，以下の式を提案している．

$$I_y = 0.55\frac{\tan\beta}{c_f}(ECn)_b\cos\alpha_b\sin\alpha_b \tag{7.14}$$

ここに，$\tan\beta$ は海底勾配，c_f は摩擦係数である．ここで，重量表示の漂砂量 I_y は次式を使って体積表示の漂砂量 Q_y に置き換えることができる．

$$Q_y = \frac{I_y}{\varepsilon(\rho_s-\rho)g} \tag{7.15}$$

ただし，ε は空隙率である．さらに，$\tan\beta/c_f$ が一定であるとすると，式（7.15）より日本で比較的広く使用されている Savage（サベージ）型の式が導かれる．

$$Q_y = \gamma\widetilde{E},\quad \widetilde{E} = (ECn)_b\cos\alpha_b\sin\alpha_b \tag{7.16}$$

ここに，γ は海岸固有の定数である．

また，小笹と Brampton[6] は，沿岸漂砂量が沿岸方向の砕波波高の変化量にも依存するとして，その効果も含めた式を提案している．

$$Q_y = \frac{(ECn)_b}{(1-\varepsilon)(\rho_s-\rho)g}\left(K_1\cos\alpha_b\sin\alpha_b - \frac{K_2}{\tan\beta}\cos\alpha_b\frac{\partial H_b}{\partial y}\right) \tag{7.17}$$

ここに，K_1 と K_2 は係数である．

ii）岸沖漂砂量の算定： Madsen と Grant が提案した式（7.5）は，岸沖漂砂の平均的な漂砂量式である．また，渡辺らはパワーモデルに基づいて，以下の式を提案している．

$$\phi = 7(\psi_m - \psi_c)\psi_m^{1/2} \tag{7.18}$$

ここに，$\phi = q_{\text{net}}/w_s d$, ψ_c は移動限界に対するシールズ数，q_{net} は正味の漂砂量で岸向

きが正である.

最近では，砂礫混合粒径からなる海浜での分級に着目した研究も行われるようになってきている．そして，粒径分布に着目した漂砂量式も提案されてきており[7]，漂砂量とそれによる海浜地形変化の予測精度も向上しつつある.

■ 7.5 底泥とシルト

波による底質の輸送は，供給源から離れるに伴って粒径の大きいものが沈降するため粒径は小さくなる．したがって，河口や漂砂源から遠く離れた海域の底質の粒径は非常に小さく，底泥やシルトとなる傾向がある．港湾では，船舶の航行を維持するために航路の維持浚渫が行われることが多いが，シルトのような細粒分は容易に巻き上げられて浮遊し，移動・堆積することになる．このような現象はシルテーションとよばれ，港湾の維持面で問題となることも多い.

漂砂とシルテーションの差は凝集性にある．すなわち，シルトや粘土などの微細粒子は海水との混合によって凝集し，沈降特性が大きく変化するところにある．これは，微細粒子が負に帯電しているため，海水中の Na^+，K^+，Mg^+ などの陽イオンによって電気的に中和され凝縮しやすくなることによる．いったん堆積すると，脱水作用によって底質となり，さらに圧密作用により徐々に強度が増す．この性質により，個々の粒子として取り扱われる漂砂と異なることになる．シルテーションとして問題になるのは，海水中を浮遊していたものが沈降して海底近くに緩く堆積した浮泥状態のもので，これらが波や潮流などによる流れによって巻き上げられ，再度沈降して浮泥状態を形成する.

底泥移動限界は，底泥の運動の発生限界として考えられている．すなわち，局所的な底面せん断力 $\tau_{\max}$ が底泥の降伏値 τ_y を超えたとき（$\tau_{\max}/\tau_y > 1$）とされている．ただし，底面せん断力の評価にはさまざまな提案がなされている．清水ら[8]は，せん断力として底泥層表面最大せん断力 τ_{sc} を用いて底泥が巻き上げられる限界を次式で表している.

$$\frac{\tau_{sc}}{\tau_y} = 1.25 \tag{7.19}$$

一方，巻き上げられた底泥はフラックスとして波動場に供給され，それが浮遊することになる．巻き上げフラックス P_m は次式で提案されている.

$$P_m = \alpha\left(\frac{\tau}{\tau_c} - 1\right)^{\beta} \tag{7.20}$$

ここに，α と β は定数，τ はせん断力，τ_c は限界せん断力である．ただし，これらのせん断力の評価方法や底泥の種類の影響などが十分明らかにはされておらず，現在も検討されているのが現状である.

7.6 海浜変化の予測

海岸線は，それを形成する底質が波や流れの作用を受けて運動しながら平衡な形状を維持している．この運動による底質の供給と流出のバランスが崩れると，海岸形状は新たな平衡状態へと変形し始め，その１つの現れが海岸侵食である．底質の供給に比べ，流出が卓越するような不均衡が生じると，海岸は一方的に侵食傾向となり，海浜の消失が進むことになる．海岸侵食の対策を行うためには，海岸線や海浜地形の変形を予測する必要がある．このような平面的な海浜変化の予測モデルは，海岸線変化モデルと３次元海浜変形モデルに大別される．ここでは，それぞれについて説明する．

1)　海岸線変化モデル

海岸線変化モデルは，汀線あるいは複数の等深線の変化を予測するモデルで，前者を 1-line モデル[9] あるいは汀線変化モデル，後者を n-line モデル，あるいは等深線変化モデルという．

1-line モデルは沿岸漂砂量の収支に基づき，収支が正であれば汀線が前進し，負であれば後退するとして汀線の前進後退を計算するモデルである．1-line モデルでは，汀線の前進後退に伴って海浜断面は変形せず平行移動すると仮定している．したがって，海浜断面の変化は扱えない．このモデルを汀線だけでなく等深線に拡張したものが n-line モデルで，複数の等深線の位置を計算し，擬似的に平面的な海浜変形を予測するモデルである．

i)　1-line モデル：　汀線変化モデルでは，沖側移動限界水深以浅の漂砂帯内（移動厚さ D_s）で漂砂移動が生じ，沿岸漂砂の収支に応じて断面形状を保ったまま汀線が前進後退すると仮定する．岸沖方向に x 軸を，沿岸方向に y 軸をとり，汀線の位置を x_s とすると，基礎方程式は漂砂帯内の砂の連続式で表される（図 7.7）．

$$\frac{\partial x_s}{\partial t}+\frac{1}{D_s}\left(\frac{\partial Q}{\partial y}-q\right)=0 \tag{7.21}$$

ここに，Q は沿岸漂砂量，q は河川からの流入量や沖方向への流出量など，岸沖方向の土砂移動量である．具体的には，まず波動場の計算を行い，そこから得られた波を使って沿岸漂砂量を求める．そして，微小時間間隔内の沿岸漂砂量の収支から汀線の

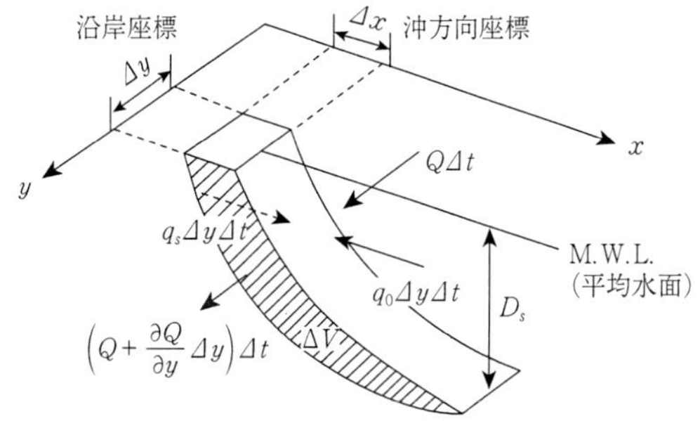

図 7.7　1-line モデルの概念（文献[10] より作成）

変化量を計算し，新たな地形を求める．地形が変わると波動場も変化するので，新しい地形に対して波動場の計算を行い，その波に対する沿岸漂砂量を再度計算し，同様な計算を繰り返す．入射波条件が変わった場合も同様に計算を繰り返す．

この計算手法は，断面変化のような地形変化の詳細までは予測できないが，広範囲で長期にわたるマクロ的な海浜変形予測に広く使用されている．図 7.8 は，この手法により 45 年間の汀線変化の追算を行って航空写真から読みとった結果と比較した例[11] である．細部に差はあるが，全体的な特徴を再現していることが確認できる．

1-line モデルを等深線ごとの変化量の予測に拡張したものが n-line モデルである．基礎式は式（7.21）を各等深線に適用し，その等深線間の水深 h_s を D_s の代わりに使用し，漂砂量 Q や q も各等深線間の値に置き換えたものである．沿岸漂砂量が各等深線間で与えられることから沿岸漂砂量の岸沖分布が考慮できる特徴があるが，その取扱いには現地への適用性など注意が必要である．宇多ら[12] は沿岸漂砂の岸沖分布について，現地調査や水理実験の結果に基づいたモデルを提案しているが，これまでの適用例から彼らのモデルは実用性が高いとされている．

また，これらの手法を使用するには，平面的な波動場の計算とそこでの漂砂量を求めておく必要がある．波動場の計算には，波向線法やエネルギー平衡方程式，緩勾配方程式，Boussinesq（ブシネスク）方程式に基づく方法などがある[13]．これらは波の性質をどの程度まで考慮できるかという点に差があるが，最近では波の分散性まで考慮できるブシネスク方程式に基づく手法が増えつつある．また，漂砂量の評価には，構造物の影響など局所的な流れの効果を砕波波高の分布の形で考慮できる利点をもつ小笹・Brampton[6] のモデルが使用されることが多い．

ii）　3 次元海浜変形モデル

3 次元海浜変形モデルは基本的には，① 波動場の計算，② 海浜流場の計算，③ 地形変化の計算の 3 つの計算モデルからなる．波動場の計算は，汀線変化モデルと同様であるが，ここでは汀線位置の変化の予測精度の向上のため遡上域での波動場の計算が加わる点が異なる．海浜流場の計算はラディエーション応力を外力とする平均流の式で求める．波動場・海浜流場が求められると，それを外力とする漂砂量が求められる．漂砂量を求める式として，渡辺らの式[14] が使用されることが多い．

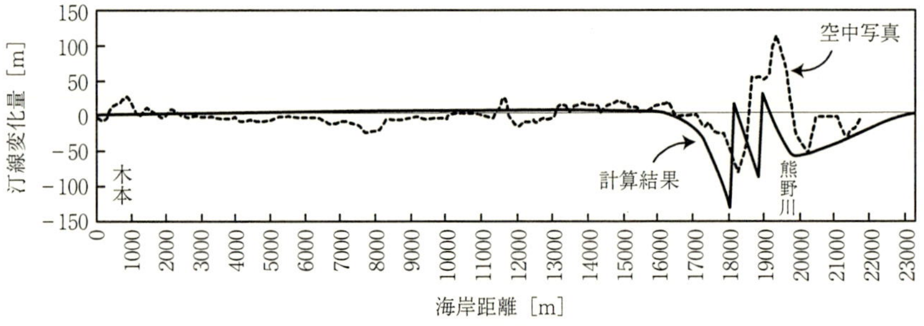

図 7.8　1-line モデルの適用例（文献[11] より作成）

$$\overrightarrow{q_c}=A_c\frac{(\tau_m-\tau_c)\overrightarrow{u_c}}{\rho g} \tag{7.22}$$

$$\overrightarrow{q_w}=A_wF_D\frac{(\tau_m-\tau_c)\overrightarrow{u_b}}{\rho g} \tag{7.23}$$

ここに，q_c は流れによる漂砂量，q_w は波による漂砂量，τ_m は波・流れ共存場における最大せん断応力，τ_c は移動限界せん断応力，u_c は平均流速，u_b は波の底面流速の振幅，A_c と A_w は係数である．これらの式を次式に示す基礎式に代入し，水深 h の変化を計算するのが 3 次元海浜変形モデルである．

$$\frac{\partial h}{\partial t}=\frac{1}{1-\varepsilon}\left(\frac{\partial q_x}{\partial x}+\frac{\partial q_y}{\partial y}\right) \tag{7.24}$$

ここに，q_x と q_y は漂砂量の x 成分と y 成分である．3 次元海浜変形モデルは，空間的には数 km，時間的には数年を対象に適用されており，実用的にも十分な精度を有しているとされている．しかし，さらに広範囲・長期間の予測に適用するにはいたっておらず，汀線変化モデルなどと組み合わせたハイブリッドモデルが現実的なモデルといえる．

演 習 問 題

7.1 周期 $T=7$ s，沖波波高 $H_0=5$ m の波が砂浜海岸に直角に入射する場合を考える．この海岸の底質の中央粒径が $d_{50}=0.7$ mm であったとする．この底質の表層移動限界水深 h を求めよ．

7.2 一様勾配 1/20 の直線海岸に波が入射する場合を考える．この波が水深 $h=3$ m の地点で砕波し，そのときの波高が 2 m，角度が 10° であったとする．式(7.16)を使って全沿岸漂砂量を求めよ．なお，同式中の係数 α は，漂砂量 Q [m^3/日]，$\widetilde{E}$ [tf・m/日/m] に対して 0.3 [m^3/tf] とする．なお，砕波点では水深に比べて波長が十分長いものとする．

参 考 文 献

1) 堀川清司，砂村継夫，近藤浩右：波による二次元海浜変形に関する実験的研究，第 21 回海岸工学講演会論文集，pp. 193–200（1974）.

2) 佐藤昭二，田中則男：水平床における波による砂移動について，第 9 回海岸工学講演会講演集，pp. 95–100（1962）.

3) O. S. Madsen and W. D. Grant：Quantitative description of sediment transport by waves, Proc. 24th Int. Conf. on Coastal Eng., pp. 2252–2266（1977）.

4) R. A. Bagnold：Sedimentation, The sea（M. M. Hill, ed.），Interscience, pp. 507–528（1963）.

5) D. L. Inman and R. A. Bagnold：Littoral process, The Sea（M. M. Hill ed.），Interscience, pp. 529–553（1963）.

6) 小笹博昭，A. H. Brampton：護岸のある海浜の汀線変化数値計算，港湾技術研究所報告，**18**（4），77–103（1979）.

7) 熊田貴之，小林昭男，宇多高明，芹沢真澄，星上幸良，増田光一：混合粒径砂の分級過程を考慮した海浜変形モデルの開発，海岸工学論文集，**49**，476–480（2002）.

8) 清水琢三，坂野雅人，金山　進，阪内茂記，植木一浩，榊山　勉：取水港湾におけるシルテーションに関する現地調査，海岸工学論文集，**37**，424-428（1990）.

9) 堀川清司編：海岸環境工学，海岸過程の理論・観測・予測方法，528 p.，東京大学出版会（1985）.

10) 土木学会海岸工学委員会研究現況レビュー小委員会：漂砂環境の創造に向けて，土木学会，359 p.（1998）.

11) 七里御浜海岸侵食対策検討会：七里御浜海岸侵食に係わる提言書，74 p.（2002）.

12) 宇多高明，山本幸次，河野茂樹：沿岸漂砂量の水深方向分布を考慮した海浜変形モデル，海岸工学論文集，**37**，304-308（1990）.

13) 土木学会海岸工学委員会研究現況レビュー小委員会：海岸波動，平面波動場の計算法，第I編，pp. 1-141（1994）.

14) 渡辺　晃，丸山康樹，清水隆夫，榊山　勉：構造物設置に伴う三次元海浜変形の数値予測モデル，第31回海岸工学講演会論文集，pp. 406-410（1984）.

8 海岸構造物への波の作用

8.1 はじめに

沿岸域を海洋からの来襲波から防護したり，砂浜の保全あるいは港のように，海域を利用するために多くの海岸構造物が設置されてきている．これらの構造物は，台風時のような暴浪に対しても堅固に耐え，背後地や他の施設を守らなければならない．したがって，構造物の耐波設計は構造物の設置を考えるうえできわめて重要である．一方，我が国の公共投資は減少傾向にあると同時に，戦後の高度経済成長期に建造された海岸構造物の老朽化が進んでいるのも事実である．このような情勢のもと，かぎられた財源で最大限の効果を発揮できるよう経済的な設計も不可欠である．そして，構造物の設計の考え方も限界状態設計法から構造物の重要性，外力のレベルと構造物の性能の関係を考慮した性能設計へと移行しつつある．このような設計を行うためには，構造物に作用する波の特性とそれによる力を正しく理解することが求められる．ここでは，海岸構造物に波が作用することによって生じる流体力や両者の相互作用による海底地盤への影響などについて述べる．

8.2 海岸構造物の種類

海岸構造物には，多数の種類のものがある．これらを目的別で分類したとき，代表的なものとして，① 波浪制御構造物，② 漂砂制御構造物，③ 海域利用構造物をあげることができる．波浪制御構造物は防波堤に代表されるように，外洋からの来襲波を反射や砕波による消波により波高を小さくしたりして，来襲波そのものを変化させることを目的とするものである．漂砂制御構造物は，突堤や離岸堤のように漂砂の動きを変化させて海岸が侵食されるのを防止することをおもな目的とする構造物であり，海域利用構造物にはリクリエーション施設や海底資源掘削施設などがある．水産増養殖施設をここに入れることもできる．

一方，構造物の設置方法に着目すると，① 着定式構造物と ② 浮体式構造物がある．着定式構造物は，絶えず作用する波に構造物自身の自重によって抵抗し，耐波安定性を確保する．しかし，そのための自重はかなり大きく，構造物も大きくなる．軟弱な海底に大重量の構造物を設置するためには，海底の地盤改良が必要となることが多いが，地盤改良が困難な海域では，異なる形式の構造物が求められる．浮体式構造物は，その代表的なものであり，ポンツーンのような浮体を鎖などの係留策で繋ぎ止めるもので，波のエネルギーが集中する自由表面を中心に波を制御する．浮体は波の作用によって動揺し，発散波とよばれる波を発生させる．この発散波は，入射波や透過波を制御するのに重要な役割を果たすが，このような波を解析するのは若干複雑であるため，ここでは着定式構造物と波の相互作用について記述し，構造物の耐波設計の基礎を説明する．

8.3 構造物と波力

1) 波圧と波力

流れの中に固定された物体の面積要素 ds に作用する圧力を $p(\theta)$，摩擦力を $\tau(\theta)$ とする（図 8.1）．このとき，物体に作用する流れ方向の力 F_T と流れと直角方向の力 F_L は次式で表される．

$$F_T = \iint p(\theta)\cos\theta ds + \iint \tau(\theta)\sin\theta ds \tag{8.1}$$

$$F_L = \iint p(\theta)\sin\theta ds + \iint \tau(\theta)\cos\theta ds \tag{8.2}$$

上記の式のうち，右辺第 1 項が圧力抵抗（形の抗力），第 2 項が摩擦抵抗となる．また，流れの方向に作用する力 F_T を直方向力，流れと直角方向に作用する力 F_L を揚力という．流れが定常で完全流体であれば F_T はゼロとなり，さらに物体が流れ方向に関して対称であれば F_L もゼロとなる．ただし，実際には粘性の影響があるので流体力はゼロにはならない．

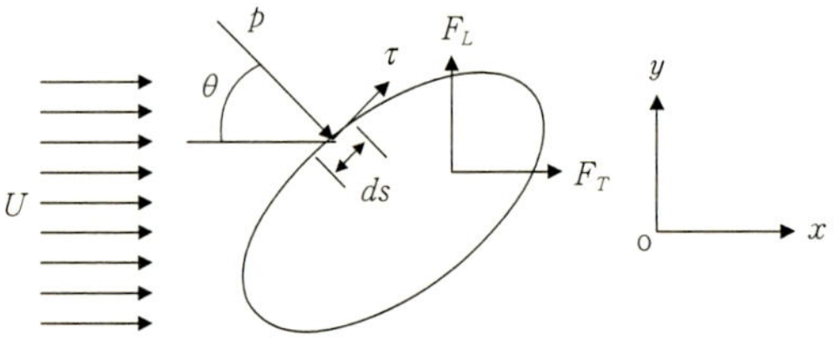

図 8.1　圧力と流体力

2) 慣性力と付加質量

いま，静水中を質量 M の物体が速度 U で動いているときのエネルギーを考える．このとき，物体が動くことによってまわりの流体も動くので

・物体の運動エネルギー

$$\frac{1}{2}MU^2$$

・流体の運動エネルギー

$$\iiint \frac{1}{2}\rho V^2 d\sigma \quad (d\sigma \text{は微小要素の体積})$$

・系全体としてのエネルギー

$$W=\frac{1}{2}MU^2+\iiint\frac{1}{2}\rho V^2 d\sigma$$
$$=\frac{1}{2}(M+M')U^2 \tag{8.3}$$

ここに，$M'=\rho\iiint\left(\frac{V}{U}\right)^2 d\sigma$ (8.4)

したがって，系全体としては質量（$M+M'$）の物体が動いているのと同値になる．すなわち，まわりの流体が動かされることによって物体は質量がM'だけ増加したような効果をもつ．このM'を付加質量，あるいは見かけの質量（仮想質量）という．この付加質量のために，たとえば静止した完全流体中を密度ρ_c，半径Rの円柱を速度u_0で移動させる場合に必要な円柱単位長さあたりの力は次式となる（演習問題参照）．

$$F=(M+M')\frac{du_0}{dt} \tag{8.5}$$

ただし，$M=\rho_c\pi R^2$は円柱の質量である．また，付加質量M'は円柱の場合$M'=\rho\pi R^2$となる．これは，円柱を水で置き換えたときの質量に等しく，円柱の付加質量はその体積に相当する水の質量に等しいことになる．式（8.5）に示した力は加速度に比例する力であり，これを慣性力という．物体が固定されている場合でも，周囲の流れが非定常であれば加速度があるので慣性力が作用する．半径Rの円柱を一様流速u_0の完全流体の流れの中に設置する場合，円柱に作用する慣性力は

$$F=2\rho\pi R^2\frac{du_0}{dt} \tag{8.6}$$

となる（補遺6参照）．上式の右辺の係数2は円柱に等しい体積の水塊の質量分の付加質量が作用しているためである．式(8.6)で加速度にかかる係数$2\rho\pi R^2$を$C_M V$(V:体積)で表したときの係数C_Mを慣性力係数という．一様流中に固定された円柱の場合，上述の関係から$C_M=2$となることがわかる．なお，球の場合は$C_M=1.5$となる．

3) 流体抵抗（定常流の場合）

流れの中の物体表面には境界層が発達し，そしてそれが構造物からはがれて渦を形成し，さらに流れが速くなると渦の吐き出しが起こる（図8.2）．渦ができるとそこでは圧力が下がり，物体には下流方向へ引っ張られるような力が作用する．これを抗力といい，流体抵抗になる．乱流抵抗はほぼ流速の2乗に比例するので，抗力は一般に次式で表される．

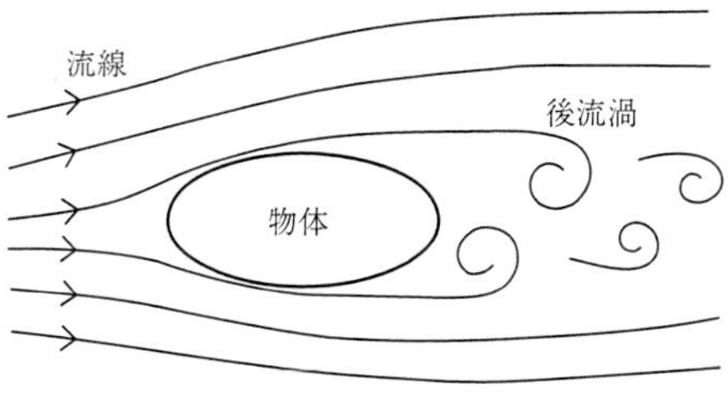

図8.2 物体背後の渦流れ

補遺 6　一様流中の円柱に作用する流体力

流れの中に設置された円柱に作用する力を考える．流体を完全流体，運動を非回転とし，速度ポテンシャルを導入する．このとき，円柱まわりの流れの速度ポテンシャルは以下のようになる．

$$\phi = u_0\left(r + \frac{R^2}{r}\right)\cos\theta \tag{1}$$

したがって，円柱周辺の速度は以下のように与えられる．

$$u = u_0\left(1 - \frac{R^2}{r^2}\cos^2\theta\right), \quad v = -u_0\left(\frac{R^2}{r^2}\sin 2\theta\right) \tag{2}$$

円柱表面の流速 q は

$$q = \sqrt{u^2 + v^2}\,|_{r=R} = 2u_0 \sin\theta \tag{3}$$

すなわち，円柱表面では最大で 2 倍の速度となる．

円柱に作用する圧力は，

$$p = \rho\left\{c(t) - \frac{\partial\phi}{\partial t} - \frac{1}{2}q^2\right\}$$

で与えられるので，単位長さの円柱の微小要素 $Rd\theta$ に作用する流体力 dp は次式で与えられる．

$$dp = pRd\theta\,|_{r=R} = \rho R\left\{c(t) - 2R\frac{du_0}{dt}\cos\theta - 2u_0\sin^2\theta\right\}d\theta \tag{4}$$

したがって，x 方向と y 方向に作用する力 F_x と F_y は以下のように導かれる．

$$F_x = -\int_0^{2\pi} dp\cos\theta = 2\rho\pi R^2\frac{du_0}{dt} \tag{5}$$

$$F_y = -\int_0^{2\pi} dp\sin\theta = 0 \tag{6}$$

流れが定常の場合，$du_0/dt = 0$ なので $F_x = 0$, $F_y = 0$ となる．これは，定常な流れのなかに円柱が存在しても作用流体力は 0 であることを示すが，実際には流体に粘性があるため渦の形成や吐き出しが生じ，定常流でも F_x は 0 にはならない．これを d'Alembert（ダランベール）のパラドックスという．

流れが非定常な場合，$F_y = 0$ は変わらないが，F_x は

$$F_x = 2\rho\pi R^2\frac{du_0}{dt} \tag{7}$$

となり，加速度に比例した流体力が作用する．

$$F_D = C_D\left(\frac{1}{2}\rho U^2\right)A \tag{8.7}$$

ここに，C_D は抵抗係数（抗力係数），U は流れの速度，A は流れ方向の遮蔽面積である．渦が大きくなると圧力の低下領域が広がり，抵抗は大きくなる．そのため，抵抗を小さくするには，渦ができるだけ小さくなるような形状に工夫することが重要である．

4)　小型構造物に作用する波力

小型の構造物に作用する波力には，上記の慣性力と抗力，および流れと直角方向に作用する揚力が成分となる．一方，構造物が大きくなると構造物の存在によって発生する回折波の影響が無視できなくなり，回折波による波力成分も重要になる．したがっ

て，作用波力は，回折波が無視できるかどうかによって算定手法が異なることになる．波の変形の程度は波長 L と構造物の代表径 D の比 D/L で判定し，一般に $D/L<0.2$ の場合，波の変形は無視でき，$D/L>0.2$ の場合，波の変形を考慮した波力の算定が必要とされている．これらの状況を図示したものが図 8.3 である．ここに，K. C. 数 $=UT/D(\propto H/D)$ は Keulegan-Carpenter（クーリガンーカーペンター）数であり，水粒子の軌道振幅と構造物の代表径の比に相当する．

さて，小口径の円柱に作用する直方向力は抗力と慣性力からなる．これらを式で表したのが Morison（モリソン）式[2] であり，次式で表される．

$$F_T=\frac{1}{2}\rho C_D Au|u|+\rho C_M V\frac{du}{dt} \tag{8.8}$$

ここに，ρ は水の密度，A は円柱の流れ方向の投影面積，V は円柱の没水体積，u は流速，C_D は抗力係数，C_M は慣性力係数である．モリソン式は円柱に対して提案された式であるが，円柱以外の形状の物体に対しても広く使われている．

図 8.4 のように，水深 h の海域に設置された円柱に作用する波力は，円柱の微小要素に作用する波力 dF_T を鉛直方向に積分して求める．すなわち，式（8.8）より

$$\begin{aligned} dF_T &= dF_D+dF_I \\ &=\left\{\frac{1}{2}\rho C_D Du|u|+\rho C_M\frac{\pi D^2}{4}\frac{\partial u}{\partial t}\right\}dz \end{aligned} \tag{8.9}$$

となるので，流速と加速度を代入して鉛直方向に積分すれば，円柱に作用する波力が求められる．いま，微小振幅進行波を考えると，円柱に作用する波進行方向の波力は次式で与えられる（補遺 7 参照）．

$$F_T=\rho gD^2a\left\{C_D\frac{4}{3\pi}\frac{a}{D}n\frac{kh}{\sinh 2kh}\left(\cos\sigma t+\frac{1}{5}\cos 3\sigma t\right)-C_M\frac{\pi}{4}\tanh kh\sinh\sigma t\right\} \tag{8.10}$$

上式より，$a>$ D のとき抗力が，$a<D$ のとき慣性力が，それぞれ卓越するようになる．ここで，第 1 項と第 2 項の最大値の比をとる．

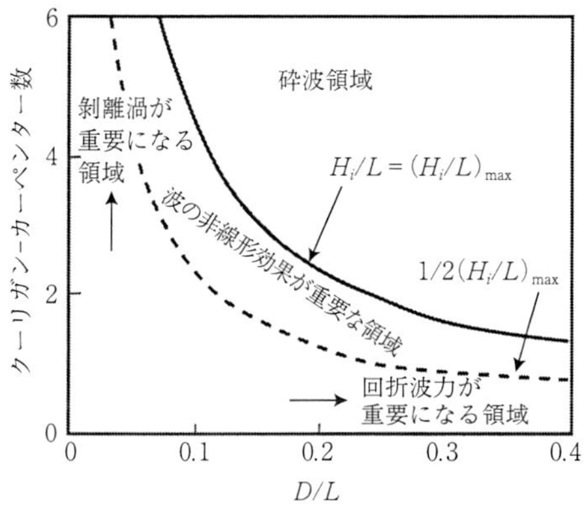

図 8.3 波力の卓越領域（文献[1]より作成）

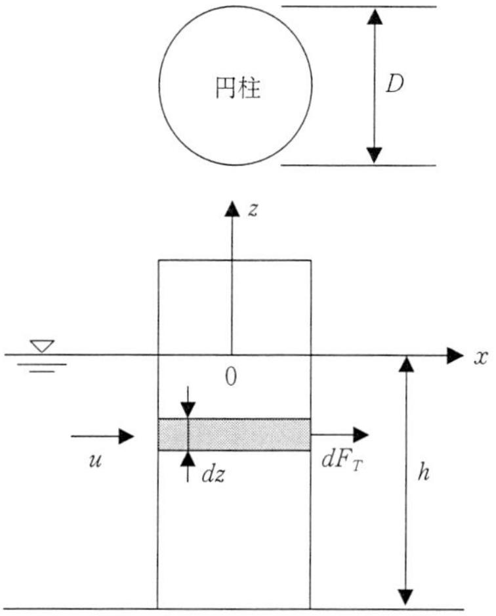

図 8.4 円柱に作用する波力

補遺 7　円柱に作用する波力

波動場に設置された円柱に作用する波力を考える．流速 u が水深方向に変化するため，微小要素に作用する波力 dF_T を考えて，それを鉛直方向に積分する．

$$dF_T = dF_D + dF_I = \left\{ \frac{1}{2}\rho C_D D u|u| + \rho C_M \frac{\pi D^2}{4}\frac{\partial u}{\partial t} \right\} dz \tag{1}$$

微小振幅進行波が作用する場合，

$$u = a\sigma \frac{\cosh k(h+z)}{\sinh kh}\cos(kx+\sigma t),\quad \frac{\partial u}{\partial t} = -a\sigma^2 \frac{\cosh k(h+z)}{\sinh kh}\sin(kx+\sigma t)$$

これらの式を式（8.14）に代入し，全波力 F_T を求める．

$$F_T = \int_0^{h+\eta} dF_D + \int_0^{h+\eta} dF_I = \int_0^{h+\eta} C_D\rho D \frac{a^2\sigma^2}{2}\left(\frac{\cosh ks}{\sinh kh}\right)^2 \cos\sigma t|\cos\sigma t| ds - \int_0^{h+\eta} C_M\rho \frac{\pi D^2}{4} a\sigma^2 \frac{\cosh ks}{\sinh kh}\sin\sigma t ds$$

ここで，$s=h+z$ である．微小振幅の仮定 $\eta/h \ll 1$ を使うと以下のようになる．

$$F_T = C_D \frac{\rho g D a^2}{2}\left(1+\frac{2kh}{\sinh 2kh}\right)\cos\sigma t|\cos\sigma t| - C_M \frac{\rho\pi D^2}{4} ag\tanh kh \sin\sigma t$$

ここで，$\cos\sigma t|\cos\sigma t|$ をフーリエ級数展開する．

$$\cos\sigma t|\cos\sigma t| \cong \frac{8}{3\pi}\left(\cos\sigma t + \frac{1}{5}\cos 3\sigma t - \cdots\right) \tag{2}$$

式（8.16）を利用すると，次式を得る．

$$F_T = \rho g D^2 a \left\{ C_D \frac{4}{3\pi}\frac{a}{D} n\left(\cos\sigma t + \frac{1}{5}\cos 3\sigma t\right) - C_M \frac{\pi}{4}\tanh kh \sin\sigma t \right\} \tag{3}$$

$$\frac{F_{D\max}}{F_{I\max}} = \frac{(1/2)\rho g C_D D a^2 (1+2kh/\sinh 2kh)}{C_M \rho g a(\pi D^2/4)\tanh kh}$$

$F_{D\max} = F_{I\max}$ となる条件は，以下の式で与えられる．

$$\frac{2a}{D} = \left(\frac{C_M}{C_D}\right)\left(\frac{2\pi}{kh}\right)\left(\frac{\sinh^2 kh}{1+\sinh 2kh/2kh}\right) \tag{8.11}$$

いま，$C_D=1.0$，$C_M=2.0$ とすると，$F_{D\max}=F_{I\max}$ の曲線が図 8.5 のように描ける．これにより抗力と慣性力の卓越状況が把握でき，K. C. 数（H/D）が大きくなると抗力が卓越し，水深波長比 h/L が大きくなると慣性力の卓越範囲が広くなることがわかる．

モリソン式を使うためには，同式中の抗力係数 C_D と慣性力係数 C_M に適切な値を使用することが重要である．これらの係数については，これまでに多くの研究が行われており，図表化されている．円柱に対しては，Chakrabarti[3] によって求められた実験結果が広く参考にされている．これらは，流れの状況によって変化するため，クーリガン-カーペンター数や Reynolds（レイノルズ）数などの関数になるが，条件によって係数を変化させるのは実用面では必ずしも好ましくなく，実際には円柱の場合は $C_D=1.0$，$C_M=2.0$ が使用されることが多い．他の形状に対しても推奨値が水理公

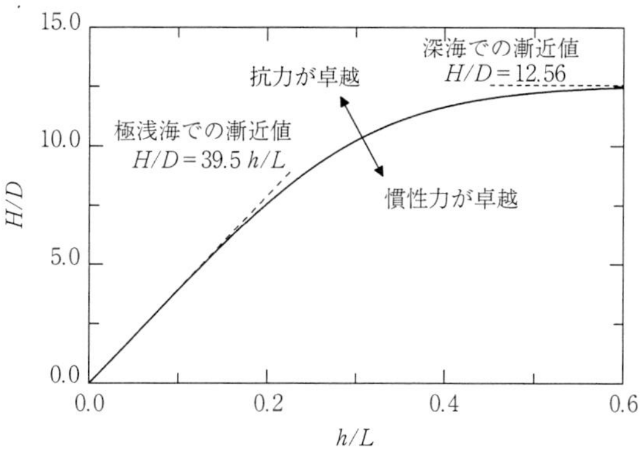

図 8.5 抗力と慣性力の卓越領域

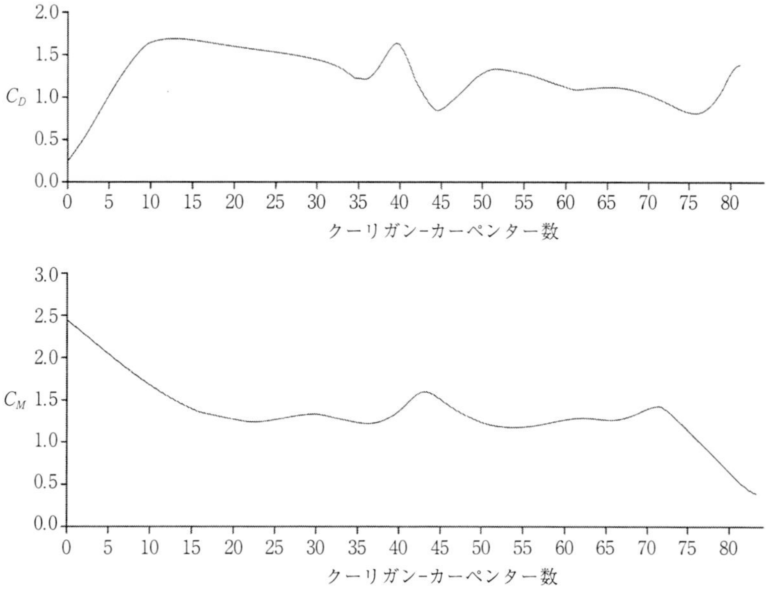

図 8.6 円柱の抗力係数と慣性力係数（文献[2]より作成）

式集[4]に示されている．

5) 大口径円柱に作用する回折波力（MacCamy-Fucks（マッカミー-フックス）の理論[5]）

構造物が大きくなると，構造物による波の変形を考えなければならない．この波の変形は，構造物まわりの波動場を求めるときに，自由表面や底面の境界条件のほかに，構造物表面における不透過条件と構造物から十分離れた場所での波の性質を考慮することによって導かれる．

一様水深 h の海域に設置された半径 $R(=D/2)$ の直立円柱に，波高 H_I，角周波数 σ の微小振幅進行波が入射する場合に対しては，既に速度ポテンシャルの解が MacCamy と Fucks によって求められている[5]．波進行方向を正方向とする x 軸を基準とした円筒座標系を使うと，速度ポテンシャルは以下の式になる．

$$\Phi=-\frac{igH_I}{2\sigma}\frac{\cosh k(h+z)}{\cosh kh}\sum_{m=0}^{\infty}(2-\delta_{0m})i^m\left\{J_m(kr)-\frac{J_m'(kR)}{H_m^{(1)\prime}(kR)}H_m^{(1)}(kr)\right\}$$
$$\cos m\theta\cdot\exp(-i\sigma t) \tag{8.12}$$

ここに，J_m は m 次の Bessel（ベッセル）関数，$H_m^{(1)}$ は m 次の第1種ハンケル関数で δ_{0m} は Kronecker（クロネッカー）のデルタである．また，ダッシュ（$'$）は r に関する微分を示す．速度ポテンシャルが求められれば，水位変動や圧力が以下のように求められる．

水位変動：

$$\eta=-\frac{1}{g}\frac{\partial\Phi}{\partial t}\bigg|_{z=0}$$
$$=\frac{H_I}{2}\left[\sum_{m=0}^{\infty}i^m(2-\delta_{0m})\left\{J_m(kr)-\frac{J_m'(kR)}{H_m^{(1)\prime}(kR)}H_m^{(1)}(kr)\right\}\cos m\theta\right]\exp(-i\sigma t) \tag{8.13}$$

円柱表面の圧力

$$p=-\rho\frac{\partial\Phi}{\partial t}-\rho gz\bigg|_{r=R}$$
$$=\frac{\rho gH_I}{2}\frac{\cosh k(h+z)}{\cosh kh}\sum_{m=0}^{\infty}(2-\delta_{0m})i^{m+1}\frac{2}{\pi kRH_m^{(1)\prime}(kR)}\cos m\theta\cdot\exp(-i\sigma t) \tag{8.14}$$

一方，圧力がわかったので，その x 成分を没水表面で積分すると x 方向の全波力が計算できる．

$$F_x=-\int_{-h}^{0}\int_{0}^{2\pi}pR\cos\theta\,d\theta dz=\frac{2\rho gH_I\tanh kh}{k^2H_1^{(1)\prime}(kR)}\exp(-i\sigma t) \tag{8.15}$$

これらの式はいずれも $kR(=\pi D/L)$ を含んだ関数になっている．すなわち，構造物による波の変形や作用波力は D/L の関数となり，D/L が波の変形の重要なパラメータであることがわかる．

図8.7は回折波理論によって水位の空間分布を計算した例である．D/L が大きくなると，円筒からの反射波（回折散乱波）の影響が強くなることがわかる．さらに，詳細な計算結果については，水理公式集例題プログラム集[6] の例題プログラムを利用さ

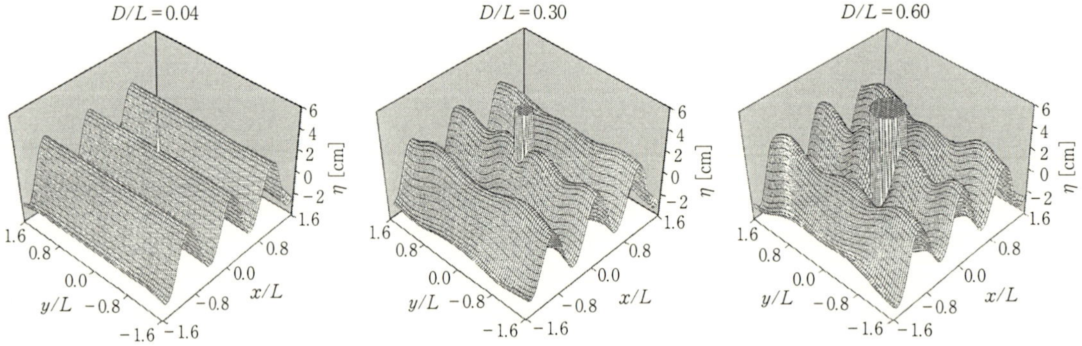

図 8.7　D/L による波変形の違い

れたい．

8.4　防波堤への波の作用

1)　壁体に作用する波圧

防波堤のような延長距離が長い壁体構造物の場合，全体に作用する波力よりも単位幅あたりの波圧の鉛直分布を求めておくことが設計面では有効である．鉛直壁面に作用する波圧は，入射波の作用状況によって変化し，図 8.8 に示すように，(a) 微小振幅波型，(b) 有限振幅波型，(c) 砕波型，(d) 衝撃砕波型に分類できる．そして，(a) から (d) になるほど波圧は大きくなる．一般に，入射波高が大きいほうが波圧は大きくなり，(a) から (c) へ変化するが，(d) の衝撃砕波型については，壁面前面での砕波位置が大きく関係しており，必ずしも入射波高が大きい場合に (d) が生じるわけではない．

図 8.8 (a) のタイプの波圧は式 (2.59) に示した微小振幅重複波理論の式によって与えられるので，これを水底から水面まで積分すれば全波圧が計算できる．図 8.8 (b) のタイプの波圧は有限振幅重複波理論を使って計算すればよいが，一般には有限振幅波理論の表示式は複雑であるので，Sainflou (サンフルー) の簡略式[7] が使われる．すなわち，防波堤前後の波圧分布は図 8.9 のようになる．防波堤背後には波は存在しないとすると，つねに静水圧が背面に作用するので，これを前面に作用する圧力から差し引くと図 8.10 のような圧力分布となる．この分布を定式化し，それに基づき波

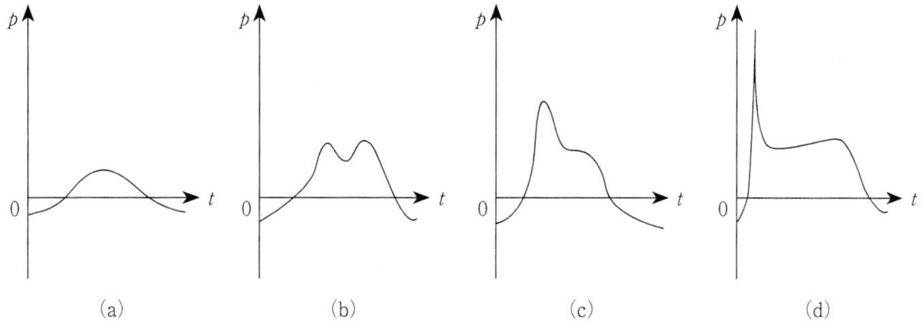

図 8.8　波力の時間波形

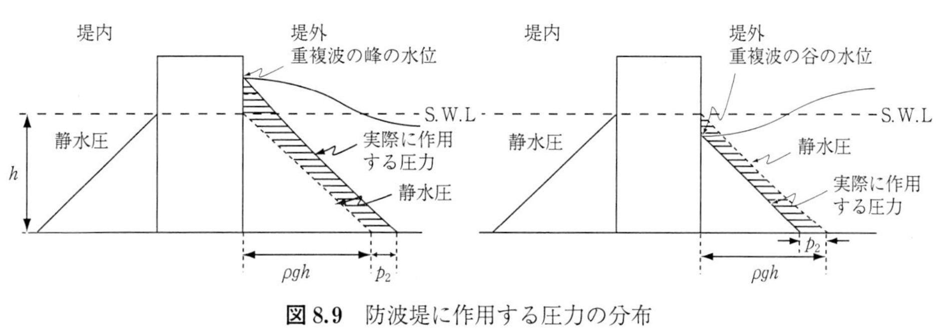

図 8.9　防波堤に作用する圧力の分布

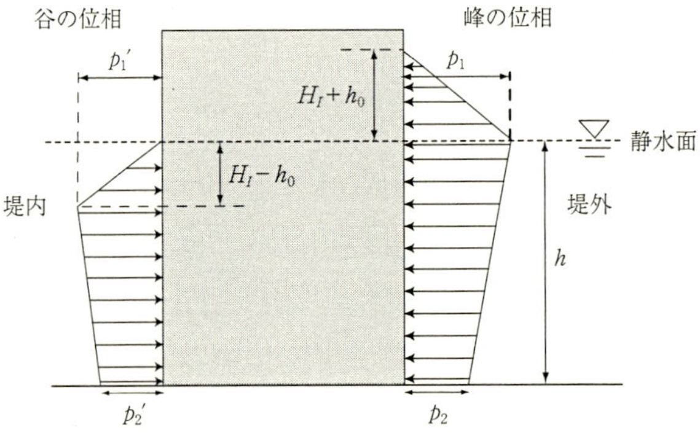

図 8.10　防波堤に作用する波圧の分布

圧を算定する．

具体的な式は以下のとおりである．

峰の位相

$$\left.\begin{aligned} p_1 &= (p_2+\rho g h)\left(\frac{H_I+h_0}{h+H_I+h_0}\right) \\ p_2 &= \frac{\rho g H_I}{\cosh(2\pi h/L)} \\ h_0 &= \frac{\pi h^2}{L}\coth\frac{2\pi h}{L} \end{aligned}\right\} \tag{8.16}$$

谷の位相

$$\left.\begin{aligned} p_1' &= \rho g (H_I-h_0) \\ p_2' &= \frac{\rho g H_I}{\cosh(2\pi h/L)} \end{aligned}\right\} \tag{8.17}$$

ここに，H_I は入射波高，h は静水深，L は水深 h における波長，h_0 は波の上下非対称性に起因する量である．

反射率 K_R が 1 より小さい場合，部分重複波になるのでサンフルー式は使えない．この場合は，サンフルーの簡略式に反射率の効果を加えて完全重複波の波高 $H_I+H_R=2H_I$（H_I は入射波の波高，H_R は反射波の波高）の代わりに部分重複波の波高 $H_I+H_R=(1+K_R)H_I$ を，静水面から波峰の高さを $\{(1+K_R)H_I\}/2+h_0$，静水面から波谷の深さを $\{(1+K_R)H_I\}/2-h_0$ とする Miche-Lundgren（ミッシェ-ルンドグレン）の式[7] を使って求められる．

図 8.8(c) の砕波波圧や図 8.8(d) の衝撃砕波圧については，理論的な取扱いが困難な現象が卓越しており，実験・経験に基づく式が広く使われている．このうちの 1 つが広井式[8] とよばれる式で，防波堤（直立堤）壁面の平均波圧を以下の式で表した式である．

$$p = 1.5\rho g H_I \qquad \text{（作用高さは } 1.25H_I \text{ まで）} \tag{8.18}$$

広井式以外に Minikin（ミニキン）公式もあるが，日本では現在使用されていない．広井式は規則波を対象にしているが，実際の波は不規則波であるので，不規則波の波圧算定式が必要である．そこで，合田は広範囲の実験を行って，微小振幅波から衝撃砕波圧までのすべてに適用可能な波圧算定式を導いた（合田式）[9]．

$$\left.\begin{aligned} p_1 &= \frac{1}{2}(1+\cos\alpha)(\beta_1+\beta_2\cos^2\alpha)\rho g H_{\max} \\ p_2 &= p_1/\cosh\frac{2\pi h}{L} \\ p_3 &= \beta_3 p_1 \\ \beta_1 &= 0.6+\frac{1}{2}\left(\frac{4\pi h/L}{\sinh(4\pi h/L)}\right)^2 \\ \beta_2 &= \min\left\{\frac{h_0-d}{3h_0}\left(\frac{H_{\max}}{d}\right)^2,\ \frac{2d}{H_{\max}}\right\} \\ \beta_3 &= 1-\frac{h'}{h}\left(1-\frac{1}{\cosh(2\pi h/L)}\right) \end{aligned}\right\} \tag{8.19}$$

ここに，$\min\{a,\ b\}$ は a，b のうち小さいほうの値，$H_{\max}$ は最大波高，α は波の入射角，d はマウンド上の水深，h' は直立部底部から静水面までの高さ，h_0 は防波堤の壁面から $5H_{1/3}$ 沖側の地点の水深，η^* は波の作用高，p_u は揚圧力で

$$\eta^* = 0.75(1+\cos\alpha)H_{\max} \tag{8.20}$$

$$p_u = \frac{1}{2}(1+\cos\alpha)\beta_1\beta_2\rho g H_{\max} \tag{8.21}$$

で与えられる．なお，揚圧力については，サンフルー式では $p_u = p_2 = \rho g H_I/\cosh kh$，広井式では $p_u = 1.25\rho g H_I$ で与えられる．

2）　斜面上の捨石の安定

斜面上に置かれた単体の捨石（あるいはブロック）の耐波安定性は外力である作用波力と自重，および摩擦による抵抗力のバランスで決まる．

水谷ら[10]は，被覆捨石の形状を球体で近似し，図 8.12 に示す 2 通りの配置に対して，回転・浮上による移動の条件を導いている．たとえば，CASE-1 の配置に対する波進行方向への回転移動の条件は次式となる．

$$(W_b\cos\theta - F_n)\sin\beta \geq 2[(F_t - W_b\sin\theta)\cos\beta + (2\varepsilon/D)F_t] \tag{8.22}$$

ここに，W_b は球体の水中重量，F_n は斜面法線方向の波力，F_t は斜面接線方向の波力，

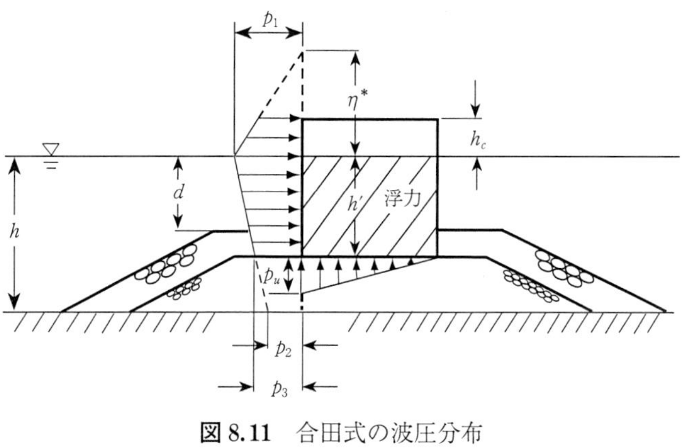

図 8.11　合田式の波圧分布

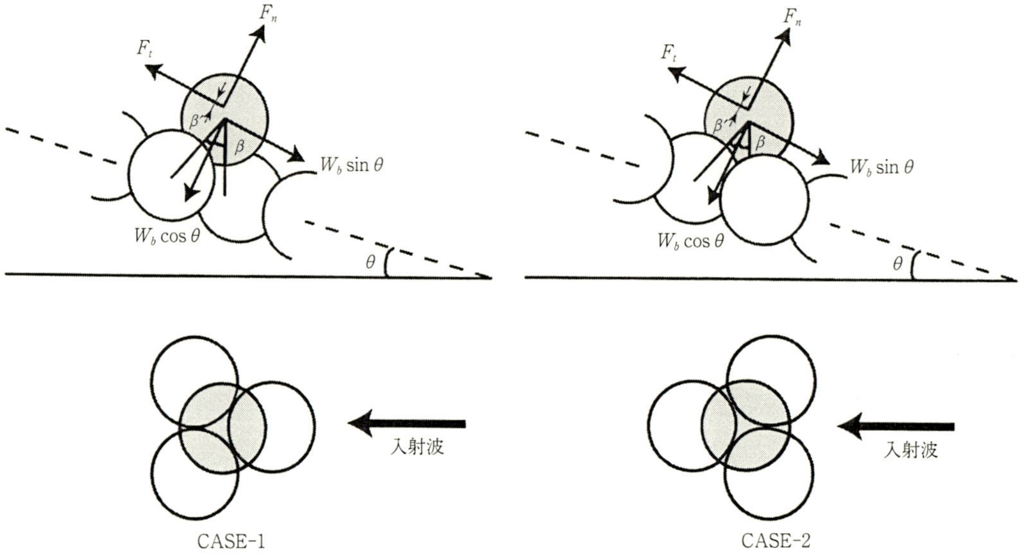

図 8.12　球状被覆材の配置と作用力

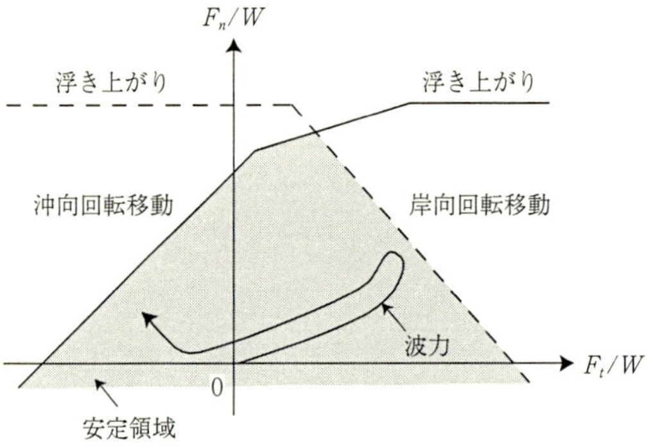

図 8.13　球状被覆材の作用波力と移動限界の概念

θ は斜面勾配，μ は摩擦係数，D は球の直径，ε は波圧が球体の一部に作用しないと考えた場合の波力作用点の球の中心からの偏心量，β は着目球体の中心と球体間の接触点を結んだ線と斜面への垂線のなす角である．同様の式が沖側への回転移動や浮き上がりなどに対して導かれる．図 8.13 に概念図を示すように，これらの移動限界式で囲まれる範囲内に作用波力が収まれば被覆材は安定であるが，いずれかの移動限界線を波力が越えると被覆材は移動することになる．水谷らはこれらの関係に直接計測した被覆材の作用波力から，幅広潜堤の耐波安定重量を図式化している[10)]が，一様勾配斜面堤の被覆材の耐波安定重量に対しては，以下の仮定を使って Irribarren によって定式化されている[11)]．

・岸沖方向の移動には抗力が支配的であり，浮き上がりに対しては揚力が支配的である．したがって，波力は流速 v の 2 乗に比例する．

・流速 v は砕波点における水粒子速度 v_b に比例する．

・v_b は $\sqrt{gh_b}$（h_b は砕波水深）に比例し，さらに，砕波後の波高がその水深にほぼ比例することから，$v \propto \sqrt{gH}$ の関係が成り立つ．

これらの関係より，単一の捨石に対して最終的に次式の関係が得られている．

$$W \geq \frac{K\rho g H^3}{\left(\dfrac{\rho_d}{\rho}-1\right)^3 (f\cos\theta - \sin\theta)^3} \tag{8.23}$$

ここに，K は係数，ρ_d は捨石の密度，f は摩擦係数である．さらに，Hudson（ハドソン）は明確に決めることが困難な独立な係数 K, f を含まないように実験結果に基づいてハドソン式とよばれる次式を提案した[12]．

$$W \geq \frac{\rho g H^3}{K_D (\rho_d/\rho - 1)^3 \cot\theta} \tag{8.24}$$

ここに，K_D はハドソン係数あるいは安定数とよばれる係数で実験的に決められる．K_D の値はブロックの形状や並べ方によって異なり，所定の被害率に対して表 8.1 のように与えられる[4]．ハドソン式は周期の影響が含まれていないなどの問題点も指摘されているが，使いやすい式であり，検討例も多いことから現在も広く使われている．なお，ハドソン式の適用範囲は静水面を基準に鉛直方向に $\pm 1.5H$ の範囲の斜面上とされている．これは，実験的に定められたものであるが，岩田ら[13]は捨石に作用する波力を直接計測し，波力の時間変化が衝撃波力的な変動を示す範囲がハドソン式が適用される範囲とほぼ一致することを示している．最近では，重量に代わって代表径（中央粒径）で表す van der Meer[14] の算定手法が採用されることも増えている．

3)　基部根固工の安定

混成堤マウンドや根固め工の安定重量をハドソン式で算定すると過大になることが多く，この場合に対しては Brebner-Donelly（ブレブナー-ドネリー）の図表[7]に基づいて算定されることがある．混成堤マウンド上では，部分重複波が形成されており，小段長が 1/4 波長になると法肩が節になり，水平方向流速が大きくなる．このような状況では被覆材の安定性が低くなり設計上注意が必要である．

4)　潜堤・人工リーフ

人工リーフの被覆材の耐波安定重量 W は宇多らによって検討されている[15]．基本的な考え方はイリバレン式や水谷らと同じであるが，流速と波高の関係が明確に定まらないため，W を直接流速の関数として表している．このため，W は流速の 6 乗に比例することになり，流速が若干変化しても W が大幅に変化するため，実設計に使

表 8.1　K_D の値

ブロック	K_D 値		層数	積方
	砕波	非砕波		
テトラポッド	8.3	10.2	2	乱積
六脚ブロック	7.2	8.1	2	乱積
中空三角ブロック	7.6			乱積
ホロースケア	13.6			整積

用するには注意を要する．このため，潜堤の被覆捨石にもハドソン式が使われることが少なくない．

■ 8.5　波の打上げと越波量

波が海岸に入射すると，構造物表面や浜を駆け上がる．このように，波が陸上や海岸構造物の表面を静水面より上にまで上がることを波の打上げという．海岸堤防などの構造物を設置する際，構造物の天端の高さを決めるうえで，波の打上げ高さを正しく評価することは重要である．打上げ高さは堤脚水深や法面勾配，入射波の周期と波高，法面の性状などによって変化する．とくに，波は岸近くや法面上で砕波するのが通常であり，その影響も強く受ける打上げ高さを理論的に求めるのは困難である．そのため，これまでに数多くの実験が行われ，その算定法が提案されている．

図 8.14 は Saville（サビール）の結果を豊島[16] が整理した結果を示したものであるが，法面勾配が緩やかになると打上げ高さは減少する傾向にある．また，波形勾配が大きくなると，打上げ高さも大きくなる傾向がある．とくに，第 3 章で既述したように，波形勾配と法面勾配で定義される砕波相似数 ξ が $2 < \xi < 3$ のとき，斜面上で共振現象が生じ，打上げ高さが大きくなる[17] ため，注意が必要である．

海岸の断面形状が複雑な場合は Saville[18] が提案した仮想勾配法（図 8.15）が使用

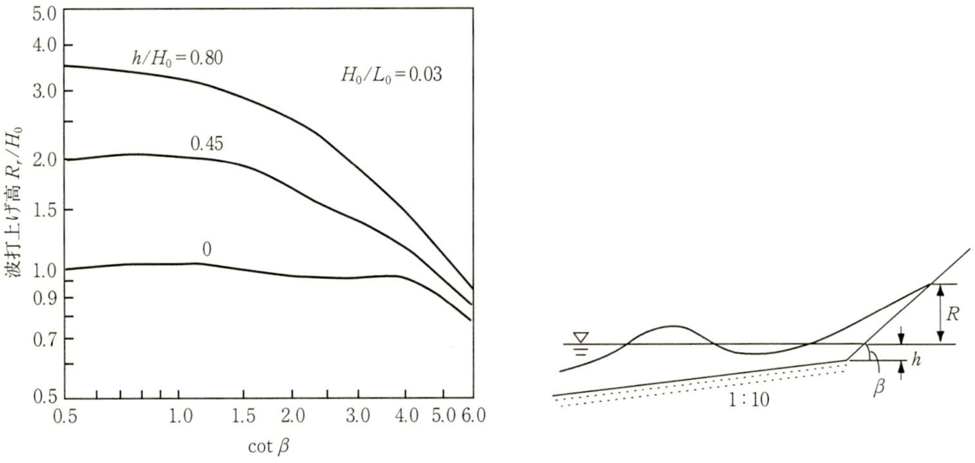

図 8.14　構造物への波の打上げ（文献[16] より作成）

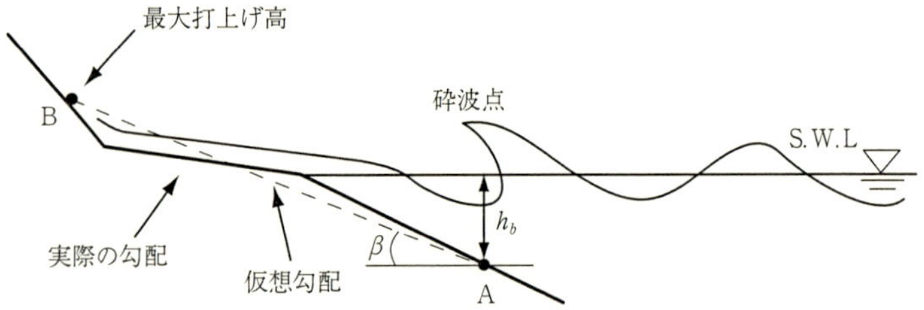

図 8.15　仮想勾配法

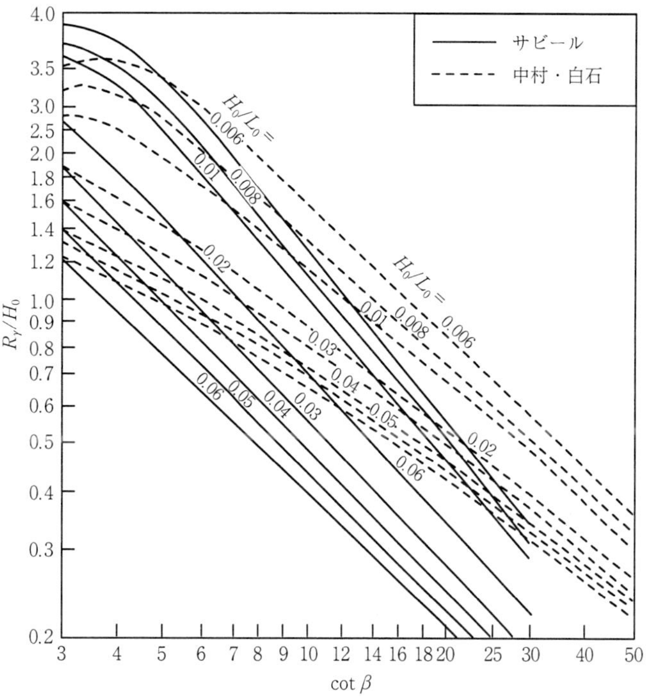

図 8.16　仮想勾配法による打上げ高（文献[19]より作成）

される．仮想勾配法では，入射波条件から砕波点を求め，ついで最大打上げ点を予想し，砕波点における海底面と予想した最大打上げ点を結ぶ仮想一様勾配斜面を考える．この一様勾配における打上げ高を仮想勾配における打上げ高算定図より求め，最初に仮定した最大打上げ点と比較する．そして，これらが一致するまで上記の操作を繰り返し，打上げ高さを求める（図 8.16 参照）．

構造物の天端よりも波の打上げ高さが高くなると，波は構造物の天端を越え，背後にまで及ぶ．これを越波という．上記の方法で求めた打上げ高に基づいて構造物の天端高さを決めると，非常に高天端の構造物となることがあり，このような場合はいくらかの越波を許すことにより天端高さをおさえることができる．許容しうる越波量を許容越波量という．許容越波量は，背後地の利用などを総合的に判断し決めることになる．

合田は不規則波に対する越波の期待値を波高のレイリー分布を仮定して求め，図式化している[20]．しかし，最近では緩傾斜護岸や階段式護岸のように，構造物の断面形状が多様化しており，算定図の適用には限界がある．近年では，CADMAS-SURF[21]のような高精度の数値波動水槽が開発され，海岸構造物上への打上げや越波に対する適用性も検討され，その有用性が確認されつつあり，実用化に近いレベルにまで達している．

■ 8.6　波の反射と伝達

打上げ高や越波量，さらには構造物からの反射を低減するために消波工が設置され

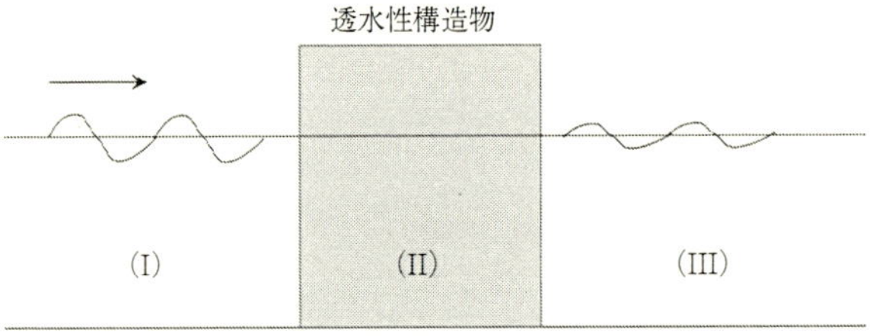

図 8.17　透水性構造物による波変形

る場合が多い．消波工の代表的なものは，消波ブロックを構造物の前面に設置したものである．消波ブロックとしては，テトラポッドがよく知られているが，それ以外にも多数提案され，実用化されている．これらの消波ブロックは単独，あるいは積み上げた状態で適度な空隙を確保しつつ，適度なかみ合わせ効果によって波の作用にも耐えやすいような工夫がされている．消波ブロックを積み上げた消波工は全体としての構造物が大きくなるため，ケーソンにスリットや孔をつけた鉛直消波型の防波堤や護岸も建設されるようになってきている．

消波構造物による波の変形は，透水性構造物内の波動場の解析として扱われる．古くは井島ら[22]によって直立の透水性構造物による波変形がポテンシャル理論に基づいて解かれているが，その後 Sollitt と Cross[23]が透水層内の非線形抵抗を等価仕事の原理を使って評価した線形抵抗係数を導入した解析を行っており，彼らの考え方に基づく解析がそれ以降も広く使われている．彼らも井島らと同様に領域を入射波側，透水層内，透過波側の3つに分割し，それぞれの場における速度ポテンシャルを求めた．

速度ポテンシャルが求まると，反射波と透過波の波高が決まるので，反射率 K_R と透過率 K_T が次式のように求められる．

$$K_R = \frac{H_R}{H_I} = \left[\frac{(s-\varepsilon^2)^2 + f'^2}{(s+\varepsilon^2)^2 + \{f' + 2\varepsilon\sqrt{gh}/\sigma B\}} \right]^{1/2} \tag{8.25}$$

$$K_T = \frac{H_T}{H_I} = \frac{2\varepsilon\sqrt{gh}}{[\{2\varepsilon\sqrt{gh} + \sigma B f'\}^2 + \{\sigma B(s+\varepsilon^2)\}]^{1/2}} \tag{8.26}$$

ここに，s は透水層内のブロックあるいは捨石の慣性力係数，ε は空隙率，B は堤体幅，σ は角周波数（$=2\pi/T$），f' は線形抵抗係数である．図 8.18 は K_T，K_R の実験値と式(8.25)，(8.26)の理論値を比較した例で，若干の差があるが両式はよい近似を与えていることがわかる．なお，式中の s，ε，f' はブロックの大きさや形状などによって変化する係数なので，K_T や K_R は透水性構造物の特性によって変化することになる．

Sollitt と Cross の解析方法は，線形のポテンシャル理論に基づいているが，さらに非線形を考慮した透水層内外の波動場の解析は榊原ら[24]，水谷ら[25]によっても行われている．このうち，榊山らのポーラスボディーモデルは先に述べた CADMAS-SURF にも採用されている．

また，透水性構造物のような一様な媒体に近似される構造物のほかに，スリット式の構造物による波の変形も計算されている[26]．スリット式鉛直消波構造物は内部に遊

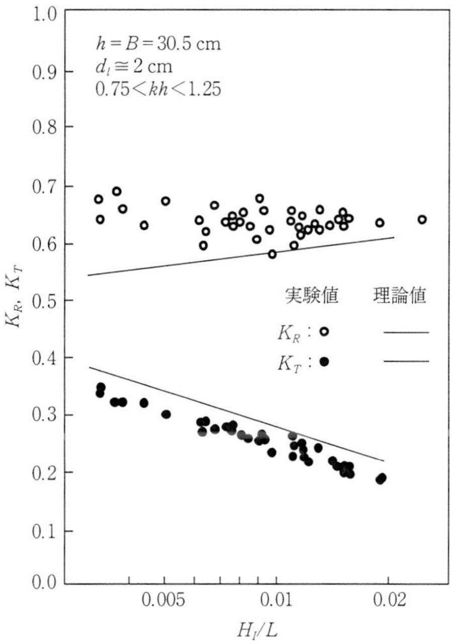

図 8.18 K_R, K_T の実験値との比較（文献[23]より作成）

水室と呼ばれる部分をもつものが多く，その端部からの反射波がスリット前面からの反射波と逆位相となることで反射波をうち消しあう効果をもつ．スリット壁は複数のものもあるが，もっとも単純な1枚のスリット壁の場合の反射率は榿木・岩田[26]によって以下のように与えられている．

$$K_R' = \frac{H_R'}{H_I} = K_R + \frac{K_{R1}\alpha_1 K_T^2}{1-\alpha_1^2 K_{R1} K_R} \tag{8.27}$$

ここに，K_R と K_T はスリット壁の反射率と透過率，K_{R1} は遊水部後端の反射壁の反射率，α_1 はスリット壁通水部の損失係数である．この解析結果より，遊水室幅が約1/4波長の場合，往復で半波長となりスリット前面からの反射波と反射壁からの反射波との位相差が π に近づき，反射率が低減することが実験結果からも確かめられている．

8.7 局所洗掘

防波堤の耐波安定性は，従来，波・構造物の相互作用の観点から検討されてきたが，近年，海底地盤の液状化現象が重要視され，マウンドや基礎地盤も含めた波・構造物・海底地盤の相互作用問題として検討されている．一方，防波堤やマウンド前面では，底質の移動によって局所的な洗掘（局所洗掘）が生じやすく，これも構造物の安定性の面から重要な問題である．したがって，海底支持地盤の液状化現象のみならず局所洗掘の発生機構とその発生位置，およびその規模を明らかにしておくことも構造物の耐波安定上きわめて重要である．

局所洗掘は円柱基部まわりの局所洗掘がおもに議論され，その洗掘範囲や洗掘深などが議論されるとともに，その対策も議論されてきている[27]．明石海峡大橋の主塔基部の局所洗掘を蛇篭によって防いでいる事例はその代表的なものである．また，防波堤前面の局所洗掘に対しては，部分重複波の腹の位置と節の位置ともに発生しうるとされ，それぞれ L 型，N 型の局所洗掘[28] として分類されている．

底質の移動は，これまでおもに流れを外力として検討されてきており，たとえば Sumer と Fredsøe[29] は防波堤の堤頭部の洗掘はそこに生じる定常的な流れが重要な要因であるとしている．しかし，砂層表層で液状化が生じると砂はより容易に移動しうると考えられ，構造物基部などの局所洗掘は，海底地盤の波浪応答とも関連づけた解析が必要であるといえる．ここでは，海底地盤の波浪応答について述べる．

地盤の波浪応答は，Biot の圧密方程式に基づくポロエラスティックモデルによって扱われることが多い[30]．鉛直 2 次元の場では，基礎方程式は以下のようになる．

$$G\nabla^2\zeta+\frac{G}{1-2\nu}\frac{\partial\varepsilon}{\partial x}=\frac{\partial p}{\partial x} \tag{8.28}$$

$$G\nabla^2\xi+\frac{G}{1-2\nu}\frac{\partial\varepsilon}{\partial z'}=\frac{\partial p}{\partial z'} \tag{8.29}$$

$$\frac{k}{\gamma}\nabla^2 p=\frac{m}{\beta}\frac{\partial p}{\partial t}+\frac{\partial\varepsilon}{\partial t} \tag{8.30}$$

$$\varepsilon=\frac{\partial\zeta}{\partial x}\frac{\partial\xi}{\partial z'} \tag{8.31}$$

ここに，G は地盤のせん断弾性係数，ζ は水平方向変位，ξ は鉛直方向変位，ν はポアソン比，k は透水係数，β は水の見かけの体積弾性係数，z' は下向きを正とする鉛直軸，ε は体積歪である．

さらに，地盤変位が求まると，以下の関係より応力場が求まる．

$$\sigma_{xx}=2G\left(\frac{\partial\zeta}{\partial x}+\frac{\nu}{1-2\nu}\varepsilon\right) \tag{8.32}$$

$$\sigma_{zz}=2G\left(\frac{\partial\xi}{\partial z'}+\frac{\nu}{1-2\nu}\varepsilon\right) \tag{8.33}$$

$$\tau_{xz}=G\left(\frac{\partial\xi}{\partial x}+\frac{\partial\zeta}{\partial z'}\right) \tag{8.34}$$

ここに，σ_{xx} は水平有効応力，σ_{zz} は鉛直有効応力，τ_{xz} は有効せん断応力である．こ

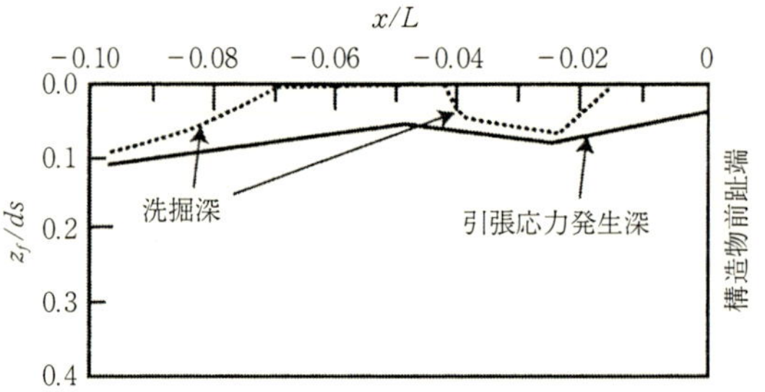

図 8.19　洗掘深と引張応力発生深の分布

れらの式により地盤内の応力場が求められる．実験によって求めた混成堤マウンド前面の局所洗掘と，式（8.28）～(8.34）を波動場と同時に解いて求めた引張応力の作用範囲を比較を示したものが図 8.19 である[30]．図によれば，ほぼ引張応力の発生領域と洗掘深は対応しており，地盤の局所的な液状化と局所洗掘が関連づけられる可能性がある．これらの関係はまだ研究途上にあり，今後さらなる検討が期待される．

演 習 問 題

8.1 静水中を円柱が速度 u_0 で移動する場合の円柱まわりの（1）速度ポテンシャルを求め，（2）円柱表面での流速，（3）円柱表面の圧力および（4）円柱に作用する流体力を求めよ．

参 考 文 献

1） M. Q. Isaacson：Wave Induced Forces in the Diffraction Regime, Mechanics of Wave-Induced Forces on Cylinders, ed. T. L. Shaw, Pitman, pp. 68-89（1979）.
2） J. R. Morison, M. P. O'Brien, J. W. Johnson and S. A. Shaaf：The Wave Forces Exerted by Surface Wave on Piles, Petroleum Trans., AIME, **189**, 149-157（1950）.
3） S. K. Chakrabarti：Hydrodynamics of Offshore Structures, Springer-Verlag, 440 p（1987）.
4） 水理委員会：水理公式集，713 p.，土木学会（1999）.
5） R. C. MacCamy and R. A. Fuchs：Wave Forces on Piles；A Diffraction Theory, Beach Erosion Board, Tech. Memo., No. 69, 1-7（1954）.
6） 水理委員会：水理公式集例題プログラム集，CD-ROM，土木学会（2002）.
7） Coastal Engineering Research Center：Shore Protection Manual, Vol. II, pp. 7_161 - 7_180（1975）.
8） 岩垣雄一，椹木 亨：海岸工学，p. 240，共立出版（1979）.
9） 合田良實：港湾構造物の耐波設計，pp. 84-86，鹿島出版会（1977）.
10） 水谷法美，岩田好一朗，T. M. Rufin Jr.：幅広潜堤の被覆材の耐波安定重量の算定法に関する研究ー球状被覆材の場合ー，土木学会論文集，503 号，pp. 119-128（1994）.
11） C. R. Irribarren：A formula for the Calculation of Rock-Fill Dikes, Translated by D. Heinrich, Technical Report, HE-116-295, Fluid Mech. Lab., Univ. of California（1948）.
12） R. Y. Hudson：Laboratory Investigation of Rubble-Mound Breakwater, Proc. ASCE, 85（WW3），93-121（1959）.
13） K. Iwata, Y. Miyazaki and N. Mizutani：Experimental Study of a Wave Forces Acting on Armor Rubble of a Rubble-Mound Slope, Natural Disaster Science, **7**（2），29-41（1986）.
14） J. W. van der Meer：Stability of Breakwater Armor Layers-Design Formulae, J. Coastal Eng., **11**, 219-239（1987）.
15） 建設省河川局海岸課監修：人工リーフの設計の手引き，pp. 60-75，全国海岸協会（1992）.
16） 豊島 修：緩傾斜護岸工法，第 34 回海岸工学講演会論文集，pp. 447-451（1987）.
17） 椹木 亨，柳 青魯，大西明德：捨石防波堤斜面上の共振現象による破壊機構，第 29 回海岸工学講演会論文集，pp. 428-432（1982）.
18） T. Jr. Saville：Wave Runnp on Composite Slopes, Proc. 6th Int. Conf. on Coastal Eng., pp. 691-

699（1958）.

19） 海岸保全施設築造基準連絡協議会：海岸保全施設築造基準解説，p. 83（1987）.

20） 合田良實：防波護岸の越波流量に関する研究，港湾技術研究所報告，**9**(4)，pp. 3-42（1970）.

21） 沿岸開発技術センター：数値波動水路の研究・開発－数値波動水路の耐波設計への適用に関する研究会報告書，296p（2001）.

22） 井島武士，江口泰彦，小林 彰：透過性防波堤と岸壁に関する研究，第18回海岸講演会講演集，pp. 155-162（1971）.

23） C. K. Sollitt and R. H. Cross：Wave transmission through permeable breakwater, Proc. 13th Int. Conf. on Coastal Eng., ASCE, pp. 1827-1846（1972）.

24） 榊山 勉，阿部宣行，鹿島遼一：ポーラスモデルによる透過性構造物周辺の非線形波動解析，海岸工学論文集，第37巻，pp. 554-558（1990）.

25） 水谷法美，後藤敏明，W. G. McDougal：潜水透水性構造物による波変形と内部流速場のハイブリッド数値解析，海岸工学論文集，第42巻，pp. 776-780（1995）.

26） 椹木 亨，岩田好一朗：透過性構造物による波の変形について，第19回海岸工学講演会論文集，pp. 199-206（1972）.

27） 東江隆夫，勝井秀博，灘岡和夫：大口径円柱周辺の砂の移動機構に関する研究，海岸工学論文集，第38巻，pp. 451-455（1991）.

28） I. Irie and K. Nadaoka：Laboratory reproduction of seabed scour in front of breakwaters, Proc. 19th ICCE, ASCE, pp. 1715-1731（1984）.

29） B. M. Sumer and J. Fredsøe：Scour at the head of a vertical-wall breakwater, Coastal Eng., Elsevier, 29, pp. 201-230（1997）.

30） 水谷法美，A.M. Mostafa：混成堤および潜堤の基礎地盤の波浪応答と局所洗掘に関する研究，海岸工学論文集，第45巻，pp. 881-885（1998）.

9 沿岸海域生態系

9.1 はじめに－海洋生態系と陸圏生態系の異同－

海洋は地球の表面積の約70％を占め，その平均水深は3600 mを超す．この広大な容積をもつ海洋は，後に述べるように，陸圏とは異なった生物生産構造をもつために，表層の生産層（有光層）はつねに貧栄養的である．海洋は陸圏に比べて圧倒的に大きな表面積と容積を占めるが，海洋全体の生物量（現存量）あるいは生物生産量も陸圏全体のそれに及ばない(表9.1)．また，沿岸海域の単位面積あたりの生物生産量は沖合・大洋海域に比べて著しく大きいが，海洋全体に占める面積が小さいために，沿岸海域の総生産量は沖合・大洋海域のそれに及ばない．

場所によっては例外はあるが，すべての動物の餌は，究極的には植物の光合成産物に依存している．藻場，マングローブ林，サンゴ礁が発達している浅海域の一部を除けば，海洋の植物の生産は，そのサイズが数ミクロンから数百ミクロンの微小藻類である植物プランクトンの光合成活動に負っている[1]．陸圏では日射は直接に地面に降り注ぐが，海洋では，浅海域の一部を別にすれば，海底まで光が到達することはない．光の透過率が空気中に比べて海水中では極端に悪く，海面に達する光量（日射量）は，海面による反射，海水そのものによる吸収や海水中の懸濁物による散乱のために，深

表9.1 海洋生態系と陸圏生態系の植物の生物量と第一次生物生産量の比較（Whittaker, 1970[17] を改変）

	面　積 $[10^6 km^2]$	単位面積生物量 $[kg/m^2]$	地球全体総生物量 $[10^9 t]$	単位面積生産量 $[g/m^2/年]$	地球全体総生産量 $[10^9 t]$
大洋	332	0.003 (0～0.005)	1.0	125 (2～400)	41.5
陸棚	27	0.01 (0.001～0.04)	0.3	350 (200～600)	9.5
沿岸域	2	1.0 (0.04～4.0)	2.0	2000 (500～4000)	4.0
海洋	361	0.009	3.3	155	55
陸圏	149	12.5	1852	730	109
全体	510	3.6	1855	320	164

＊（　）内は変動幅を，生物量および生産量は乾量を示す．

くなるにつれて急速に減衰する．

ごく大雑把に見積もって，光量が海面の1%になる水深（補償深度）より浅い表層に，植物プランクトンが増殖するに十分な光量がある．光の透過率が高い熱帯海域においても，補償深度はせいぜい100～150 mである．温帯や寒帯の沖合・大洋海域では，補償深度はこれよりさらに浅くなる．つまり，地球表面の約70%に相当する広大な海洋に住んでいながら，植物プランクトンは，有光層あるいは生産層とよばれる，ごく表面近くの50～100 mの厚みをもつ薄い層（表層）にとどまらざるをえない[1)]．

植物プランクトンの光合成活動には，少なくとも光と二酸化炭素と栄養塩類が必要である．栄養塩類は植物プランクトンや海藻などの体を構成し，海洋でこれらの増殖の制限因子となっている物質の中で，リン酸，硝酸，亜硝酸，アンモニウム，ケイ酸のイオンを総称して栄養塩類という．沿岸海域を別にすれば，海洋の有光層中では，これらの栄養塩類が不足しがちである．しかし，これらの各種の栄養塩類が豊富に存在する沿岸海域においても，窒素とリンはその原子比の16（レッドフィールド比）に応じて植物プランクトンに利用されるので，往々にして窒素態塩類の不足が起きやすい[1)]．

二酸化炭素は海洋のなかのどこにでも十分ある．ところが，リン酸や硝酸などの栄養塩類は，光の届かない深層に蓄積されている．海洋の生物の死骸や粒子状有機物は，いずれは光の届かない深層に沈降し，そこでバクテリアによる有機物の分解と栄養塩類の再生が進行する．ごく大づかみにいえば，地球規模での海洋の表層（有光層）での植物プランクトンの生産量の地理分布を規定しているのは，日射量ではなく，海水の鉛直混合（深層から表層への湧昇流，また逆方向の沈降流）の強弱に左右されている表層の栄養塩類の濃度である[1)]．

これに対して，陸圏生態系では，植物の生産量の大きな地域は熱帯地域を中心に分布しており，地球規模での植物の生産量の地理分布を規定しているのは日射量であり，またあくまでも海洋生態系と比較しての話であるが，植物の生産の場と有機物の分解および栄養塩類の再生の場が空間的に分離することなく，地面とその下の数十cm内に集中している．

海洋表層の植物プランクトンの生産は，おもに3つの条件によって律速されている．1つは，深層の豊富な栄養塩類がどの程度に表層の有光層に運び込まれるかである．これは，海水の鉛直安定度によって規定されている．第2は，有光層での有機物の分解速度および栄養塩類の再生速度である．第3は，海水の鉛直安定度によって規定されている混合層の下限深度，植物プランクトンの補償深度，臨界深度の3つの深度の関係である[1)]．植物プランクトンの光合成活性は光量に依存し，光量は深度とともに減少し，植物プランクトンの呼吸量は深度や光量とはほぼ無関係なので，植物プランクトン1細胞の光合成による有機物（または酸素）生産と呼吸による有機物消費が等しくなる補償深度がある．この補償深度は，海面の光量の1%に相当する深度であることが，経験的に知られている．また，水柱内の植物プランクトン群集の光合成による有機物生産と呼吸による有機物消費が等しくなる臨界深度が，補償深度よりも深いところに現れる．したがって，混合層の下限深度が臨界深度よりも浅ければ，植物プランクトンは表層で増殖できる．逆に，混合層の下限深度が臨界深度よりも深ければ，海水の鉛直混合によって臨界深度よりも深いところに植物プランクトンが運ばれるので，植物プランクトンの生産と消費の収支はマイナスになり，表層の植物プランクトンの細胞数は減少する．

植物を食べる動物の立場からみて，植物はおそらくは2つの資源となっている．1つは餌資源であり，他は住み場所（隠れ家）資源である．海洋の植物プランクトンはそのサイズがあまりにも小さいために，体（細胞）全体が動物にとって餌資源であって，住み場所資源としての意義はまったくない．一方，草木などの陸圏の植物はこれとは異なって，動物にとってはほとんどが住み場所資源であって，これに対して餌資源としての意義は相対的に低い．結局は，海洋生態系と陸圏生態系それぞれの核である生物群集の構造が，第1次（基礎）生物生産を担っている植物の生活型の相違によって規定されている．陸圏生態系と海洋生態系のこのような相違は，究極的には，空気と海水の物性の相違に起因している．海水の比重は空気の約850倍も大きく，海水の粘性は空気の約60倍も大きく，気体の拡散係数は逆に空気が海水よりも約1万倍も大きい．このことは，空気中よりも海水中において，粒子の沈降速度がはるかに遅いことを意味する．

■ 9.2 沿岸海域生物の生活史

海洋の生物はその生活型に基づいて，浮遊生物（プランクトン），遊泳生物（ネクトン），海底生物（ベントス）の3グループに分けられている．遊泳生物も海底生物も，その多くは生活史の初期に，浮遊卵あるいは浮遊幼生として臨時プランクトンとなる．これら3グループへの区分は，海底水深が数千mにも及ぶような沖合・大洋海域においては何の問題もないが，水深が極端に浅い沿岸海域，とくに湾岸や海岸に近い浅場においては容易ではない．海底生物，とくに無脊椎動物の多毛類（ゴカイ類）や甲殻類（端脚・等脚類）は，夜間には水中に泳ぎ出て浮遊生物のグループに入り，一方カイアシ類などの動物プランクトンは，日周（昼夜）鉛直移動を行うために，昼間はむしろ海底とその直上水中に見いだされる．動物プランクトンではクラゲ類などの特殊な例を除き，能動的な水平移動はほとんどないか，あってもさほど大きいとは考えられていない．一方，日周鉛直移動はほとんどの動物プランクトンにおいて知られており，多くは昼夜鉛直移動であり，夜間に表層へ昇り，昼間には表層を去って深層に移動する．オキアミ類のように，数百mを移動するものから，内湾性のカイアシ類のように，数mを移動するものまで，その規模はさまざまである．

1) 浮遊生物

浮遊生物は体が極端に小さく，通常は肉眼で判別することが困難であり，遊泳力が弱く，まわりの海水の流れに翻弄されている生物である．浮遊生物は植物プランクトンと動物プランクトンに分けられる．植物プランクトンのサイズは，細菌レベルのサイズから数百ミクロンのサイズにわたっているが，その中味は多岐にわたっている[1]．動物プランクトンはさらに，カイアシ類のように生涯にわたって浮遊生活を送る終生プランクトンと，遊泳生物や海底生物の浮遊幼生のように生涯の一時期だけ浮遊生活に入る臨時プランクトンに分けられる．動物プランクトンも，直接に植物プランクトンを摂餌する種から，他の動物プランクトンを捕食する種まで，その食性，体長，運動能力もじつにさまざまである．

2) 遊泳（回遊）生物

遊泳生物は体も大きく，遊泳力が強く，まわりの海水の動きに逆らっても移動できる生物であり，イワシやマグロさらにはクジラなどがこのグループに入り，その食性，体長，運動能力もじつにさまざまである．海産哺乳類であるクジラは別であるが，遊泳生物である魚類の大部分では，水中で受精した浮遊卵から孵化した仔魚は，摂餌器官や運動機能が発達して摂餌が開始されるまでの間，親由来の卵黄・油球に依存する浮遊生活を送る．

3) 海底（底生）生物

浮遊生物も遊泳生物も，海底に定着して生活することなく，生涯にわたって水中で過ごす生物である．これに対して，生涯もしくは少なくとも生活史の一時期に，海底と関係をもたずには生活することができない生物が海底生物であり，これには海草・海藻のような植物も含まれる．海底生物の多くは，無脊椎動物であり，海水中の懸濁物（プランクトンや粒子状有機物）を濾過して食べる二枚貝類，底土中の餌や粒子状有機物を漉しとって食べるスナガニ類，基盤上の海藻類を漉しとって食べるウニ類，他の生物を捕食するヒトデ類など，その食性，体長，運動能力もじつにさまざまである[2,3]．

海底生物は，一般にそのサイズに応じて，マクロベントス，メイオベントス，ミクロベントスに区分されている．網目 1.0～2.0 mm のふるいに残る海底生物をマクロベントス（ゴカイや二枚貝など），その中でもとくに大型でトロールなどの曳網で採集される超大型のものをメガベントス（ヒトデ類やカニ類など），網目 1.0～0.5 mm のふるいに残る海底生物をメイオベントス（カイアシ類や線虫類など），これよりも細かい網目（0.5 mm 未満）のふるいに残る海底生物（たとえば，細菌や原生生物など）をミクロベントスとよんでいる．

海底生物の多くは，浮遊幼生をもつ（補遺 8 参照）．たとえば，アサリを含めて二枚貝類では，水中で受精した浮遊卵は孵化後，トロコフォア（担輪子）幼生，ベリジャー（面盤）幼生（前期の D 型幼生，後期の殻頂期幼生）として浮遊生活を送り，ペディベリジャー幼生（変態期幼生）を経て着底・変態し，着底稚貝となる．エビ・カニ類では，交尾後に雌が卵塊を腹部に抱き，孵化したゾエア幼生は，数週間から数カ月間にわたる浮遊生活を送った後に，メガロッパ幼生として着底し，変態後に稚エビ・ガニとして定着する．

補遺 8　浮遊幼生の例

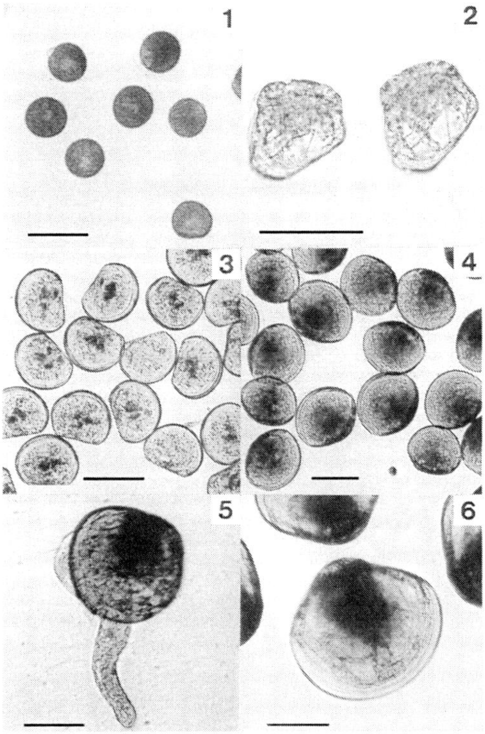

• アサリの幼生（鳥羽氏提供）
1：浮遊卵，2：トロコフォア幼生，3：ベリジャー幼生（D 型幼生），4：ベリジャー幼生（殻頂期幼生），5：ペディベリジャー幼生（変態期幼生），6：着底稚貝．
スケールは 100 μm である．

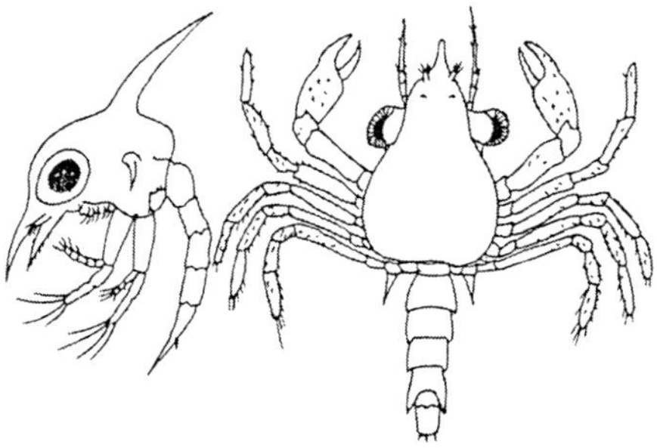

• カニ類の幼生
左：ゾエア幼生，右：メガロッパ幼生．

9.3　海岸地形と生態系

海岸を含めて，沿岸海域全体は流域とは切り離せない．干潟や藻場はいうまでもなく，海岸を含めて浅場は流域からの淡水流量の変動の影響下にあるだけでなく，それに伴う土砂供給量の変動の影響も受けている．とくに，海底生物の生活は底質と緊密に結びついているので，底質の変化は直ちに海底生物の変遷を引き起こす．一方，これとは逆に，巣穴や集群の形成，摂餌や糞などの排泄といった行動を通して，海底生物の活動はその生息場所の底質を変化させる．

海岸地形の形状に応じて，たとえば岩礁，サンゴ礁，藻場，干潟，砂浜といった海岸地形にはさまざまの生物が観察される（第 1 章表 1.2）．これらの海岸は，海水の出入りと種々の生物の活動の結果として，自然の浄化場となっている．

1) 海　　岸

海と陸が出会う場所が海岸（磯，砂・泥性海岸，転石海岸），干潟，藻場，さらにはこれらすべてを含む浅場である．海岸としては，第1章で記述したように，岩礁性海岸である磯，転石，砂あるいは砂泥の海岸，熱帯地域においてはさらにマングローブ（林）海岸やサンゴ礁海岸が認められる．磯は岩礁性海岸であり，そこには，岩には付着生物（海草，フジツボ類，イガイ類など）が付着し，潮だまり（タイドプール）には魚類，イソギンチャク類，カニ・エビ・ヤドカリ類，海藻といった生物が観察される．転石海岸や砂浜では，これとはまったく異なった景観，生物相，生物量がみられ，先述した付着生物やタイドプールはほとんど観察されない．いずれの海岸も，潮の干満に応じて景観，生物相，生物量が著しく変化し，通常は生物相は干満に対応した帯状分布を示す．

最近の研究によって明らかになったことであるが，波浪が激しく打ち寄せる海岸の砕波帯には，その周囲とは異なった独特の生物相（浮遊生物，遊泳生物）がみられ，遊泳力の強いアミ類，さらにはアユなどの有用魚類の稚魚が豊富に分布している[4]．このような激しい波打ち際に独特の生物相が形成・維持される機構については，いまだによくわかっていない．

2) 干　　潟

砂性海岸あるいは砂泥性海岸に分類される干潟は，前浜干潟，河口干潟，潟湖干潟，入江干潟，砂州干潟の5つに分けられ，これらは地形条件，波浪，流況，潮位差，河川からの土砂の供給量，水質などから規定されている[5]．いずれの干潟も，潮の干満に応じて景観，生物相，生物量が変化し，通常は生物相は干満に対応した帯状分布を示す．干潟は陸と海が，また空気と海底が出会う場所なので，塩分も，また海水の有無で水温・泥温も変わりやすく，その変動も激しい．しかし，そこには，このような環境に適応した種が生息し，生物量が大きいところである．

季節によって，また月齢によって，潮の干満の時間とその潮位が著しく変化し，潮間帯での干潟の面積もこれに応じて大きく変化し，そこに生息する海底生物の生活に大きな影響を与えている．干潮になると，干潟の砂や泥に穴を掘って潜っていた海底生物がいっせいに這い出てきて，干潟表面の付着珪藻や有機物を食べる．干潟に無数に落ちている細かい砂団子は，スナガニ類（チゴガニ，コメツキガニなど）が底土中の餌を食べたときに丸めたものであり，ウミニナなどの巻貝は這いまわりながら干潟表面の付着ケイ藻や有機物を舐めとる．このように，海底生物がたくさんいるので，鳥類の格好の餌場になり，とくに渡り鳥にとっては効率的に餌がとれる場所であり，渡りの途中に必ず立ち寄る国際空港の給油所のようなものである．

満潮になると，水中や海底上を泳ぎまわるハゼ，カレイ，クルマエビあるいはガザミといった生物が干潟にやってくる．また，二枚貝（ハマグリ，アサリやホトトギスガイなど）も水管を干潟面上に出して水中の懸濁物（浮遊生物や有機物）を取り込む．

干潟は海底生物の巣穴その他によって，その底土中は穴もしくは間隙に満ちている．これらは，海底生物の活動，とくに巣穴形成などに伴う活発な干潟底土の撹拌によってつくり出されたものである[2,3]．たとえば，異尾類（ヤドカリの仲間）のスナモグリ類やアナジャコ類の巣穴は複雑な迷路のようになっており，それは干潟面下１ｍ以上もの深さに達するが，巣穴の中でこれらの生物は付属脚の活発な運動によって，巣穴の中の海水を追い出し，溶存酸素を豊富に含んだ新鮮な海水を巣穴の中へ導き入れている．このような海底生物の活動によって，溶存酸素を豊富に含んだ海水が浸透しやすくなり，干潟の底土中の酸化層の深度が深くなることによって，干潟での有機物の分解が活性化される[4,5]．

3）藻　　場

藻場には，海草と海藻の２タイプがある[6]．アマモ場は代表的な海草藻場であり，外海からある程度遮断された浅場，とくに河口周辺に分布するが，干潟の地盤高やその沖の水深により海草の種が異なっている．アマモ類は顕花植物であるが，本来は陸上の植物であったものが海に侵入し，そこに適応した植物である．アマモ類は，春に草体の一部が花枝に変化し種子を形成する．種子は冬に発芽し，冬から春にかけて成長が盛んになり，根は株分けを繰り返す．春から夏にかけて繁茂・成熟し，枯死して海底に沈積するか，流失する．秋になると，アマモ場は草丈の短い草体のみになる．これに対して，海藻はまったく異なった生活史をもつ．アラメ・カジメ類の生活史はコンブ類と同じであり，大型の胞子体と糸状の配偶体からなる世代交代を行う．ガラモ場を形成するホンダワラ類は，陸上の高等植物と同じ複相世代交代であり，成熟した生殖器床の中で精子と卵子が形成され，受精すると１次根と２次根が現れ，基盤に着生し発芽体（幼芽）となる．海藻藻場には，図 9.1 に示すように，外海に面した浅場にできるホンダワラなどのガラモ藻場と，それよりも若干深場にできるコンブ・アラメ・カジメなどの海中林藻場がある[7]．いずれも，動物たちの保育・生育場として餌場や生息空間となっている．

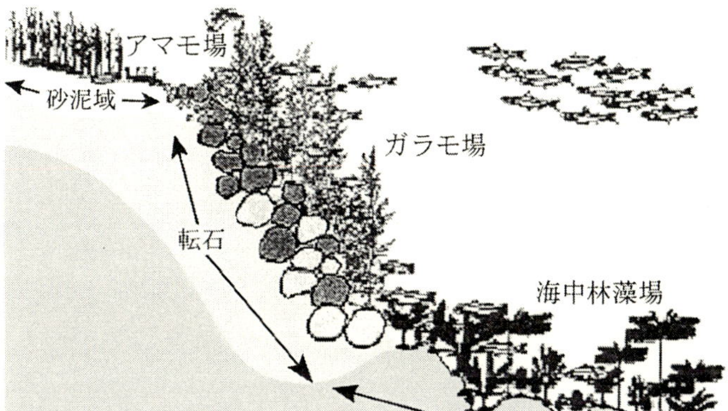

図 9.1　藻場の形成状況[6]（本州中西部から四国・九州沿岸）

9.4 沿岸海域生態系の構造と機能

浮遊生物，遊泳生物さらには海底生物であれ，群集は複数種の個体群から構成されている．群集は生態系の生物部分であり，ある水域を占める複数種の種間関係の総体であり，各群集はそれ自身の構造と機能をもち，種多様性，時空間の分布パターン，食物網，生物量，生産量に関して特徴を有する．一方，個体群は，ある水域にすむ同種の個体すべてを含んだものを指す．複数の個体群の分布範囲はしばしば重複するが，ある個体群はその内部で自由交配を行い，他の個体群とは遺伝的交流がないか，あっても個体群の独自性を失わせるほどの交流はない．したがって，遺伝的にも，その他の個体群の特徴（出生，死亡，性比，年齢組成など）を反映した個体群動態においても異なっている．個体群は複数の地域個体群のネットワークとして構成されており，個々の地域個体群の動態は必ずしも個体群全体の動態とは直接結びついてはいないが，地域個体群のあいだの関係が個々の地域個体群の動態だけでなく，個体群全体の動態を決定している．

陸圏の群集に関する研究成果に比べれば，沿岸海域を含めて海洋の群集に関するこの分野の研究は著しく立ち後れており，その原因は研究対象が主として底生期の個体のみを扱い，幼生加入過程の研究が遅れていることにある．幼生加入過程とは，受精卵および浮遊幼生の輸送・分散，浮遊幼生の回帰および着底，着底稚仔の加入といった一連の過程をさす．通常は，浮遊幼生および幼生の着底直後にかけて死亡率が異常に高く，これ以降は死亡率が低くまた相対的に安定した時期が続く．この安定した時期のどこかに達することを加入とよぶ．しかし，加入の定義は研究分野あるいは分類群によってしばしば異なり，混乱のもとになっている．水産資源学の分野では，加入は初めて漁獲対象となるサイズに達することを指す．

いずれにしろ，海洋の群集の形成・維持の機構に関しては，解明すべき課題が多く残されているので，以下においては個体群および地域個体群と生態系に関する記述が中心になる．

1） 個体群・群集の形成および維持の機構

海底生物の多くでは，底生期の稚・成体は長距離移動をせず，分散はもっぱら幼生期にかぎられている．浮遊幼生の分散範囲は，浮遊幼生の放出タイミング（季節，時期，日，潮時など），海水中での鉛直分布，行動特性，浮遊期間，海水の流動（潮流，潮汐残差流，吹風流，密度流，地衡流など），深度による海水の流速・流向の変化などによって決定される．これらの要因はいずれも，浮遊幼生をその成体が生息している場所（水域）から引き離す方向にはたらく．ある場所（水域）に海底生物の個体群（地域個体群）が形成・維持されるためには，十分な数量の浮遊幼生が成体の生息域に回帰しなければならない．海底生物の浮遊幼生は，成体の生息域への回帰を成功させるために，大きく分けて２つの戦略をもつ．１つは，浮遊幼生はできるだけ分散を防ぎ，

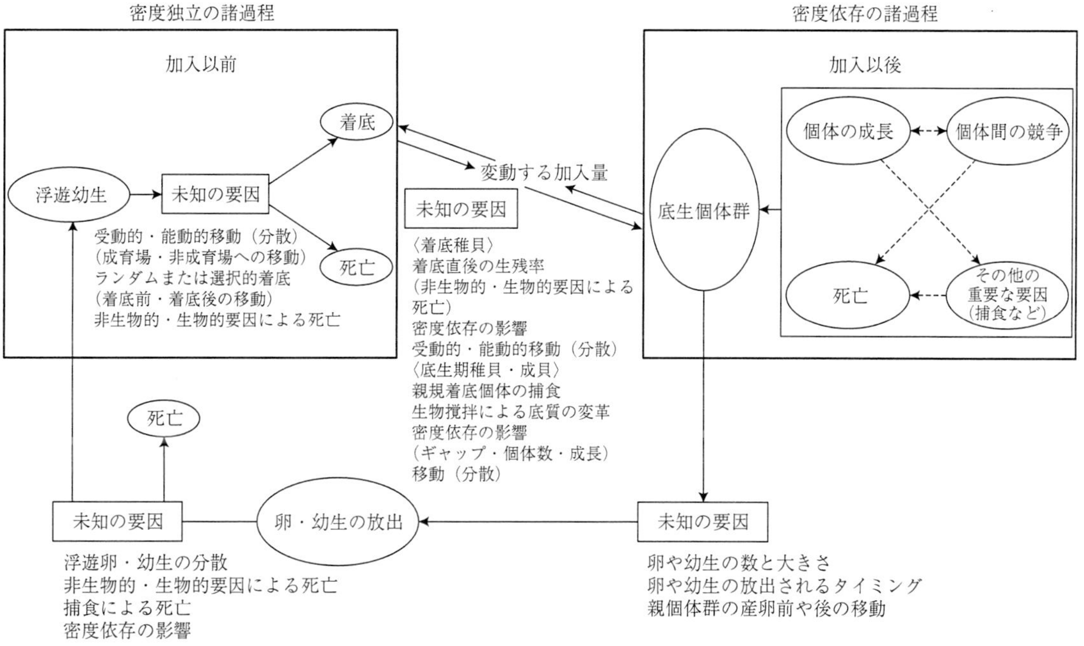

図 9.2 底生個体群・群集への浮遊幼生の加入過程の概念図[10)]
密度依存と密度独立の過程はそれぞれ，密度効果によって制御されている過程とそうでない過程を意味している．

成体の生息域近くにとどまろうとする戦略である．他は，浮遊幼生は速やかに分散し，いったんは成体の生息域から離れるが，適当な時期に，何らかの輸送機構を介して再び成体の生息域に回帰していく戦略である．

アサリを含めて，浅場の海底生物の個体群（地域個体群）の形成・維持，さらにはその動態を把握するには，一連の幼生加入過程を介した（図 9.2），少なくとも次の 6 つの過程が解明されなければならない[8,9)]．① 成体資源量とその産卵量の関係，② 産み出された浮遊幼生量と成体の生息域に回帰する浮遊幼生量の関係，③ 回帰してきた浮遊幼生量と着底量の関係，④ 着底量と加入量の関係，⑤ 加入量とそれに由来する成体資源量の関係，⑥ 成体資源量とそれに由来する加入量の関係．このような一連の過程を考慮すれば，海洋環境が浮遊幼生の輸送・分散の過程，生残，さらには着底過程に大きな影響を及ぼすために，成体資源量とそれに由来する加入量の間の関係は成り立ちにくく，一方，加入量とそれに由来する成体資源量とのあいだの関係は前者に比べて成り立ちやすいといえる[9)]．別のいい方をすれば，浅場の個体群（地域個体群）の動態は主として環境変動によって決定されている．また，人為的に合理的な資源管理を行うことは，しばしば困難である．

2) 個体群・群集の時空間的連関

前項で詳しく言及したが，海底生物，とくに海産底生無脊椎動物の多くは浮遊幼生をもち，浮遊期間の長短や海況にも依存するが，さまざまな規模の範囲に分散する．これらの浮遊幼生の運命は，① 地域個体群の近くに滞留し，当該の地域個体群に回帰する浮遊幼生，② 水域に広く分散し，他の地域個体群に回帰する浮遊幼生，③ いずれの地域個体群にも回帰せず無効分散に終わる浮遊幼生，に分かれる[10)]．このことは，河口干潟に多産するアサリなどの二枚貝類を念頭において考えれば，理解しやすい．

見かけ上，個々の河口干潟に生息するアサリの地域個体群は，他の河口干潟の地域個体群とは隔離されている．しかし，隣接する河口干潟は浮遊幼生の分散により相互に緊密に結ばれており，「他の地域個体群由来の浮遊幼生によって維持されている地域個体群」のアサリは，供給元の地域個体群からの浮遊幼生の供給が止まれば，消滅する運命にある．このようなタイプの地域個体群ほどではないが，「自前の浮遊幼生と他の地域個体群由来の浮遊幼生の混合によって維持されている地域個体群」のアサリの動態も，他の地域個体群由来の浮遊幼生の数量が大きければ，その変動の影響をもろに受けることになる．埋立て・干拓などによってある河口干潟のアサリが消滅すると，予想外の場所にある，遠く離れた河口干潟のアサリの動態に影響が及ぶことに，留意する必要がある．

個体群は地域個体群のネットワークとして構成されているが，個体群の空間的な規模は浮遊幼生の分散範囲と重複すると考えてよい[11)]．わが国の半閉鎖的水域のいくつかで行われた最近の研究，現場調査やコンピュータ・シミュレーションの結果によれば[12,13)]，アサリ浮遊幼生は湾全域に分散し，アサリ個体群は湾レベルの空間規模をもつ．ただし，浮遊幼生の種同定や調査の困難さのために幼生加入過程の研究が遅れているので，個体群を構成している個々の地域個体群が他の地域個体群と具体的にどのような相互関係にあるのかは，今後に残された大きな課題である．

3) 生態系と物質循環

生態系は，複数の生物群集とそれをとりまく非生物的環境から構成されている．群集は，光合成によって有機物を生産する植物，有機物を消費する動物，有機物を分解するバクテリアや菌類に分けられる．一方，非生物的環境は大気，水，土壌，光などに分けられる．生態系の構成要素であるこれらは，いろいろな相互作用を通じて動的に結合されており，系内では主として食物網を介して無機物から有機物へ，有機物から無機物へ物質代謝が行われ，それに伴ってエネルギーあるいは物質が循環している．もちろん，生態系は開放系であり，隣接する他の生態系に開かれた系であるが，系が系としてあるかぎり，生態系がその独自性を失うことはない．

物質循環とくに水質浄化の観点から生態系をみれば，水中の栄養塩類を摂取する植物プランクトンや海草・海藻による1次生物生産と，水中の粒子状有機物を摂取する懸濁物（濾過）食性の二枚貝を中心とした海底生物による2次生物生産が重要な過程となってくる．富栄養化の進んだ沿岸海域，とくに干潟とそれに隣接した浅海域においては，二枚貝とくにアサリが水質浄化の主要な担い手となっている．

干潟の水質浄化は，干潟生態系の外部から供給される有機物あるいは汚濁負荷を無機物に分解し，これをフローとして系外に出すとともに，生物生産物のストックとして干潟に有機物が貯えられ，これが食物網を介して系内を循環し，また系外からやってくる渡り鳥などの餌としてこれらが使われ，系外にもち出される．このことは，アサリのみでなく，アサリと同様に海水を濾過して懸濁物を摂取する二枚貝類すべてにあてはまるので，干潟の二枚貝類さらには海底生物の数量は干潟の水質浄化能力の指標となる[14,15]．

我が国全域と主要な県のアサリ漁獲量の経年変化を図 9.3 に示す．1975 年から 1987 年にかけて，14 万から 16 万トンあったアサリの漁獲量が 1987 年を境に激減し，2000 年にはほぼその 25％の 4 万トン前後まで落ち込んでいる．とくに有明海では，他の県を圧倒して広大な干潟面積を有する熊本県のアサリ漁獲量の激減が著しく，1977 年に 6 万 5 千トン近くあった漁獲量が，それは我が国のアサリ漁獲量の約半分を占めていたが，2000 年前後にはその 1％の漁獲量にまで落ち込んでいる[9]．我が国の沿岸海域のように漁業活動が盛んな海域においては，漁獲量の増減はそのまま資源量の増減を反映しているとみなせる．

埋立てや干拓が盛んに行われ，かつ富栄養化の進行が著しく，赤潮が頻発し，それ

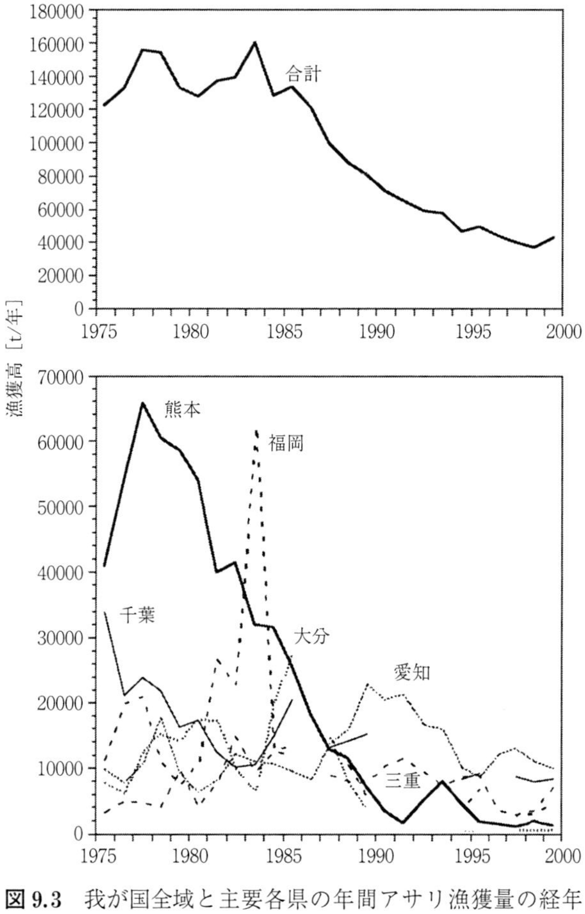

図 9.3　我が国全域と主要各県の年間アサリ漁獲量の経年変動[9]

上図は我が国全域の年間総漁獲量を，下図は主要な県の年間漁獲量を示す．

に伴って底層に貧酸素水塊が発達するような状況にいたっている我が国の半閉鎖的水域（東京湾，伊勢湾，大阪湾など）では，アサリの主要な生息場所である干潟とそれに隣接する浅場の消滅あるいは環境悪化のために，アサリの生息域が狭められ，アサリ資源（地域個体群）に大きな打撃を与えている．事実，東京湾では，その詳しい因果関係については諸説あって確定していないが，埋立て・干拓面積とアサリ漁獲量のあいだには強い負の相関があり，アサリ漁獲量の減少は埋立て・干拓面積の増大による生息空間の縮小によって説明できる[9,14]．一方，有明海の熊本県のアサリ漁獲量の激減は埋立て・干拓面積の増大によっては説明できず，その原因究明が今後の重要な研究課題となっている[9]．

図 9.3 にみるような我が国全域のアサリ漁獲量の激減，また有明海の熊本県のアサリ漁獲量の激減は，沿岸海域の物質循環の特徴と水質浄化能力の低下を意味している[14]．実験結果によれば，生息水温と殻長によってアサリの濾水量は大きく変化するが，大型アサリの 1 個体（殻長）は水温 20℃，24 時間でほぼ 24 l の海水を濾過するので（図 9.4），漁獲量激減の原因は何であれ，激減した膨大なアサリ資源による物質循環とそれに起因する水質浄化能力が失われたことは，沿岸海域の物質循環を含めて生態系の特徴に大きく影響したであろう．もちろん，沿岸海域の群集はアサリだけで構成されているわけでもなく，またアサリのみが生態系の物質循環を支配しているわけでもない．群集を構成している複数種の個体群，複数の群集とそれをとりまく無生物環境から構成されている個々の生態系は，それ独自のさまざまな特徴をもち，それらの特徴の 1 つとしてそれぞれ独自の物質循環の特徴をもつ．

物質循環は生態系の特徴の 1 つであり，物質循環のみでは生態系の特徴を表現できないことはいうまでもないが，物質循環を除いた他の特徴については，ほとんど研究が進んでいないのが現状である．しかし，沿岸海域のアサリを含めた二枚貝類は生物量としてもっとも優占する懸濁物（濾過）食性の海底生物であり，これらが個々の生態系の物質循環の特徴を規定していると考えてよい．

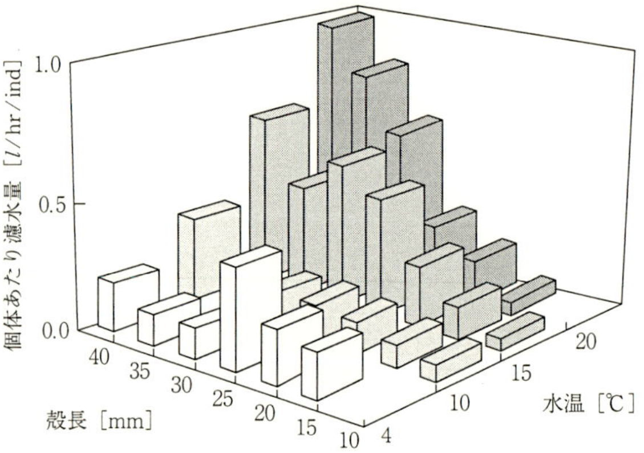

図 9.4　アサリの濾水量（1 個体・1 時間当たりの濾水量リットル）に及ぼす殻長と飼育水温の影響[18]

■ 9.5 沿岸海域の水質と生態系

沿岸海域には，沖合・大洋海域とは明らかに異なった生物群集および生態系がみられる[1~3]．とくに半閉鎖的水域には，陸域から膨大な汚濁負荷がもち込まれているので，人間社会の影響を抜きにしては，沿岸海域の水質とそこに展開されている生態系を語ることはできない[15,16]．

1) 栄養塩と植物プランクトンと赤潮

我が国の富栄養化が進行している半閉鎖的水域（東京湾，伊勢湾，大阪湾など）では，主として湾奥からの河川を通じた過剰な栄養塩類の供給に加えて，外海水との海水交換が悪く，夏季には底泥から栄養塩類が水中に溶出するので，これらの過程が植物プランクトン（たとえば，珪藻類や渦鞭毛藻類）の増殖に効いてくる．季節によっては，たとえば秋季や冬季には光の透過がよいので，沿岸海域の海底深度が臨界深度よりも，さらには補償深度よりも浅くなる．したがって，海底直上水の豊富な栄養塩類を光合成に利用できるので，光量がそこそこ得られれば，水柱全体で植物プランクトンの増殖が著しく促進される．もちろん，これに高水温という条件が満たされれば，増殖はさらに加速される．

水中の光量を各季節にわたって測定した例は，半閉鎖的水域を含めて我が国の沿岸海域ではほとんどない．しかし，海水の濁りの程度をみるために使われている透明度のデータが，これの替わりに使える．透明度とは，直径 30 cm の白い円板（セッキー板）を海中に沈めてみえなくなる距離（水深）をいう．透明度は表層の平均的な海水の濁りを大雑把に示すが，長年にわたる資料の蓄積と測定が容易であるために，現在もさかんに使われている．黒潮系海域では 30～40 m，親潮系海域では 10～15 m，我が国の半閉鎖的水域では 15 m を超えることはまれであるが，1 m 以下はまれではない．大まかにいって，透明度の 3 倍が補償深度に相当する．透明度を測定する作業は手間がかからないので，我が国の沿岸海域でも，水産試験場の海洋調査の折りに，透明度は周年にわたって測定されている．これらのデータを我が国の半閉鎖的水域の海底水深と比べると，高水温条件が満たされる暖期（春季から秋季）にかけては，これらの浅海域において植物プランクトンはいつでも増殖できる状況にある．

植物プランクトンの細胞は，条件がよければ 1 日に何回も分裂を繰り返して増えるが，我が国の半閉鎖的水域の主要な動物プランクトンであるカイアシ類の寿命は，水温の高い夏季でさえ 1 週間を超える．動物プランクトンの寿命が植物プランクトンに比べてあまりにも長いため，植物プランクトンと動物プランクトンの増殖に時間差が生じる．このために，植物プランクトンによって生産された膨大な粒子状有機物（植物プランクトンの異常増殖，赤潮）の大部分は，動物プランクトンに利用されることなく，海底に沈積する．つまり，植物プランクトンの増殖速度があまりにも速いために，植物プランクトンへの動物プランクトンの摂餌圧力が相対的に弱くなる．一般に，微小生物の異常増殖に起因する海水の変色現象を赤潮というが，原因生物のほとんどは植物プランクトン（渦鞭毛藻類や珪藻など）であり，動物プランクトン（夜光虫）の赤潮もあるが，まれにバクテリアの赤潮も報告されている．いわゆる暖期（春季から秋季）の赤潮は渦鞭毛藻による赤潮が，冬季には珪藻による赤潮が多い．有明海の環境問題にみるように，冬季の珪藻赤潮は養殖ノリとのあいだで栄養塩類の競合を起こす．

仮に，我が国の半閉鎖的水域の水深が数百 m 以上あれば，海底に沈積する前に，粒子状有機物の幾分かは海水中で分解されるので，海底に沈積する有機物量も少なくなるはずである．しかし，我が国の各半閉鎖的水域の海底水深が浅いために，底土の有機物含量が高くなっている．このようにして海底に沈積した有機物とそれを反映する底泥の存在が，貧酸素水塊の発生，赤潮や青潮の発生など，つぎつぎと深刻な水質汚濁問題を産み出している（図 9.5）．ほとんどの海底生物は，溶存酸素量が 3 ppm 未満では生存をおびやかされ，2 ppm 以下では生存が困難である．通常は，3 ppm 未満もしくは 2 ppm 以下の溶存酸素量をもつ水塊を貧酸素水塊という．我が国の半閉鎖的水域（東京湾，伊勢湾，大阪湾など）では毎年，夏季から秋季にかけて海底直上の底層に大規模な貧酸素水塊が発達し，海底生物の大量斃死が起こっている．貧酸素水塊が発達している水域では，底泥中およびその直上水では還元的になり，硫化物（硫化水素など）が発生する．貧酸素水塊が発達する我が国の半閉鎖的水域は一般に水深が浅いので，強風による海水の撹乱によってしばしば海底直上の貧酸素水塊が表層に運ばれる．この表層に運ばれた貧酸素水塊は，そのなかの硫化酸化物が光を受けて青白濁化するために，青潮とよばれている．

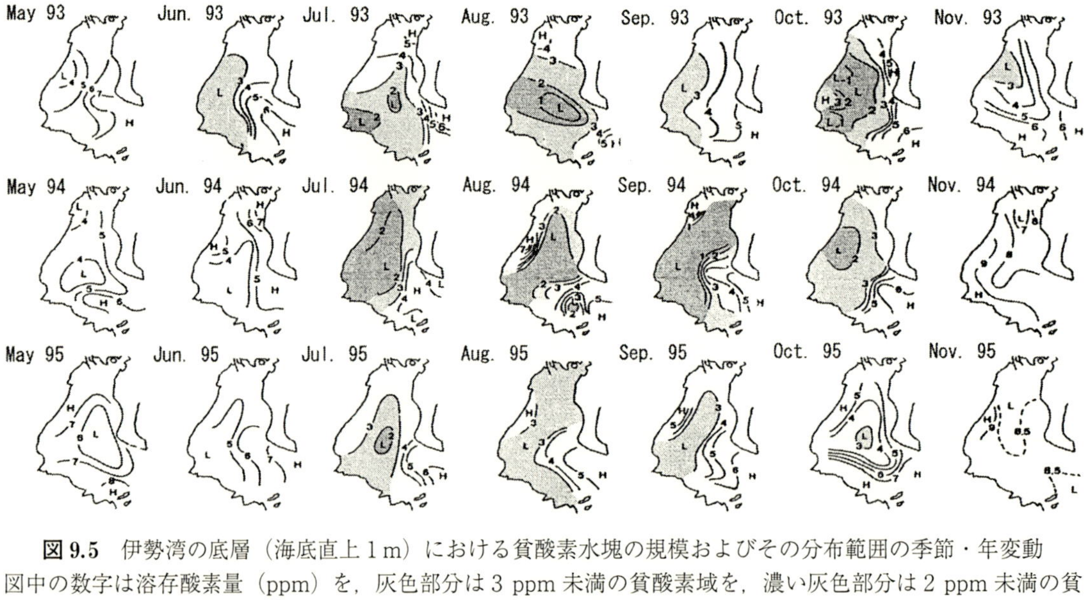

図 9.5　伊勢湾の底層（海底直上 1 m）における貧酸素水塊の規模およびその分布範囲の季節・年変動
図中の数字は溶存酸素量（ppm）を，灰色部分は 3 ppm 未満の貧酸素域を，濃い灰色部分は 2 ppm 未満の貧酸素域を示す．三重県科学技術振興センター水産部の浅海観測結果の資料（1993 年 5 月から 1995 年 11 月まで）をもとに作図した．

もとをたどれば，富栄養化の問題は，各半閉鎖的水域にあまりにも多くの汚濁負荷が陸域からもち込まれていることに起因している．

2)　富栄養化と貧酸素水塊の原因

有害化学物質もしくは環境汚染物質は大きく分けて，2つに分類される．1つは，有機スズ化合物や有機塩素化合物のような人工合成化合物である．つまり，自然界にはもともと存在していなかった物質であり，放射性核種，プラスティック廃棄物，環境ホルモン，農薬（除草剤，殺虫剤），地盤強化剤も，これに入る．他は，自然界にもともと存在していたが，人類の種々の活動によって自然界での量やその循環が著しく影響を受け，環境にさまざまなひずみを生じさせている物質である．重油汚染，重金属汚染，水質汚濁がこれに入り，富栄養化の元凶となっている窒素やリン，重金属を含む産業廃棄物の多くがこれにあてはまる．

水質汚濁の原因は，ほぼ次の4つに分けることができる．① 未処理の排水であり，多量に有機物を含む排水が沿岸水域に流入し，水中の有機物が増え水質が悪化する場合，② 排水中に含まれている無機態の窒素やリンが多量に沿岸水域に流入し，赤潮として植物プランクトンが異常増殖し，水中の粒子状有機物が大量に増え，結果として水質が悪化する場合，③ 埋立てや干拓などの事業，流域における砂防，防災，護岸などの事業によって砂浜，干潟，藻場が消失する場合，④ 降雨を通じて排気ガス由来の窒素などが河川を通じて沿岸海域に添加される場合．いずれにしろ，これらの原因によって増加した水中の粒子状有機物は最終的には海底に沈積し，バクテリアを含めた微生物がこれらや底泥中の有機物を無機物に分解する際に大量の溶存酸素を消費するので，海底とその直上水中の溶存酸素が枯渇して，しばしば貧酸素水塊が発達する．貧酸素水塊の形成は必然的に硫化水素の発生を伴う．したがって，海底生物にとってはいずれも致命的な一撃となり，海底生物の大量斃死が生じ，これらの死骸が海面に浮くか，海岸に流れ着くことによってはじめて人々の目にとまる．

富栄養化は単に排水による水質汚濁ではなく，「排水として窒素やリンが沿岸水域に過剰に流れ込むために生じた植物プランクトンの異常増殖（赤潮）による」ものである．河川や沿岸海域に流れ込む排水には，産業系排水，生活系排水，農畜産系排水などがあり，これらの排水による水質汚濁は，経済の高度成長によって増加した．水質汚濁は水中の粒子状有機物による水質汚濁であり，化学的酸素要求量（chemical oxygen demand：COD）や生物化学的酸素要求量（biochemical oxygen demand：BOD）の増加もしくは透明度の低下として測定される．COD は排水中の有機物量の指標であり，水中または泥底中の被酸化性物質を化学的に酸化した場合に分解される酸化物量を酸素量の mg/l や ppm で表したものである．一方，BOD は COD と同じく，排水中の有機物量の指標であるが，水中または泥底中の被酸化性物質が好気性微生物の作用によって生物化学的に酸化分解されるときに消費される酸素量を mg/l や ppm で表したものである．

水質浄化という用語はさまざまな意味で使われているが，一般には水中からの有機物や無機態の窒素やリンの除去を意味している．大規模な流域下水処理場を含めて公共下水処理場による水質浄化には，1次下水処理から3次下水処理まである．通常は，汚れた排水が周辺地域から下水処理場に集められ，まず最初に沈殿池に導かれ，そこでごみや大型粒子が取り除かれ（1次下水処理），つぎに排水は微生物の集団となっている活性汚泥槽に導かれ，そこで好気分解（酸素が存在する条件下での微生物による分解）によって有機物が無機物に分解された後に（2次下水処理），もちろん一部の無機態の窒素やリンは除去されてはいるが，処理水は沿岸水域に排出される．CODとBODはいずれも水中の有機物量の指標なので，排水を2次処理することによってその数値は減少する．しかし，無機態の窒素やリンを使って植物プランクトンが増殖するので，たとえ処理済みの排水であったとしても，これでは沿岸水域の富栄養化の進行を止めることはできない．排水中に溶けている有機態・無機態の窒素やリンを除去することを3次下水処理というが，3次下水処理施設は種々の事情で，我が国の公共下水処理場には普及していない．東京湾，伊勢湾，大阪湾のような半閉鎖的水域，そこは富栄養化の進行が著しく，したがって赤潮の発生，それに付随した貧酸素水塊の発生が頻繁に報告されている水域であるが，そこは汚濁負荷のほとんどは産業系排水と家庭からの生活系排水である．今日の状況をみれば，いまや生活系排水の負荷量が産業系排水のそれを上回っている．公共下水道整備率が100%である東京都からの排水が流入している東京湾においても，富栄養化の進行が止まっていないのは，排水中の無機態の窒素やリンを効率的に除去する施設がいまだほとんど普及していないことを裏づけている．

沿岸海域において，開発・防災事業の一環として行われている埋立てや干拓は，必然的に砂浜，干潟，藻場の消失を伴い，これは沿岸海域の水質浄化能力の低下をもたらし，ひいては富栄養化による水質汚濁を促進している．このことは，埋立て・干拓面積の増大と赤潮の発生頻度のあいだに統計的に有意な関係が成立することを示唆するが，事実，富栄養化が著しく進行している三河湾では，そのような関係が認められている[14,19]．

前項で述べたように，とくに半閉鎖的水域において富栄養化は著しく進行し，赤潮が発生し貧酸素水塊が発達するが，整理すれば，それはつぎのような一連の過程をたどる[16]．① 半閉鎖的水域であるために外海水との海水交換が悪いこと，人為的な要因としては，河川からの取水などの増大に伴う淡水量の減少によって水域のエスチュアリー循環が弱まり，結果として，水域の海水交換を悪くしている，② 陸域からの有機物あるいは栄養塩類の負荷の増大，底泥からの栄養塩類の溶出によって第1次生物生産が異常に大きくなり，③ 未分解の粒子状有機物が海底に沈積し，④ これらの有機物の分解に大量の溶存酸素が消費されるが，⑤ 海面近くに発達した水温躍層が密度躍層となって海水の鉛直混合を妨げるので，⑥ これによって，表層にある，植物プランクトンの光合成活動によって生産された過飽和の酸素が海底およびその直上水にまで運ばれないので，結果として，⑦ 海底およびその直上水中の溶存酸素が枯渇し，貧酸素水塊が発達し（図 9.5），これに付随して硫化水素が発生し，⑧ 強風などの条件によって海水が撹拌されたときに，この貧酸素水塊は海面に運ばれ，青潮として観測される．このことは，水温・密度躍層が発達しやすい暖期に，海水を撹拌し海水の鉛直安定度（密度成層）を下げるような海況・気象条件（冷夏，台風・強風の襲来など）が生じたときに，貧酸素水塊の発達が妨げられることを意味している．もちろん，貧酸素水塊は富栄養化とは無関係に自然現象としても発生するが，近年，沿岸海域で問題となっている貧酸素水塊のほとんどは陸域からの過大な汚濁負荷（栄養塩類）に起因する富栄養化の結果として発生したものである．

一方，半閉鎖的水域の富栄養化の進行を妨げる過程としては，半閉鎖的水域の海水と外海水との交換の促進，陸域からの有機物あるいは栄養塩類などの汚濁負荷の削減，砂浜，干潟，藻場の維持あるいは回復がある．富栄養化の進行と貧酸素水塊の発達の機構は，我が国のすべての半閉鎖的水域に共通した機構である[16]．図 9.5 にみるように，貧酸素水塊の規模とその分布範囲に季節および年変動が著しいが，これらの変動には上記に言及した富栄養化の進行あるいはそれを妨げる要因が関与している．したがって，富栄養化の進行と貧酸素水塊の発達を妨げるには，このような一連の過程を組み込み，富栄養化の進行と貧酸素水塊の発達を再現できるよう生態系モデルを構築しなければならない．この生態系モデルを駆使することによって，各過程がどの程度，富栄養化の進行と貧酸素水塊の発達に関与しているかを定量的に把握できる．

3)　生態系モデル

生態系モデルを構築し，それを実際の現場に適用するのは，さまざまな素過程に関する研究成果を積み重ねて後，素過程研究の結果だけではわからない，複雑な諸過程の因果関係や定量的な将来予測を行うためである．この段階において初めて，生態系モデルはその有効性を発揮できる．したがって，東京湾，伊勢湾，大阪湾，瀬戸内海などを除けば，沿岸海域の個々の水域でのさまざまな素過程研究が圧倒的に遅れている状況では，生態系モデルはその将来予測への有効性を発揮できない．

生態系モデルを構築するには，生態系の構成要素は力学的に受動的な量であることが前提となっているので，まず最初に流れの場を数理モデルで再現しなければならない．流れの場を駆動する要因としては，海面への運動量供給としての風応力，対象水域内の水塊の密度勾配をつくり出す陸側境界からの河川流量，海側境界からの高塩分水の供給，海面での熱収支に関係する気温，相対湿度，日射量，雲量などがあるが，これらの時系列資料が必要である．できるだけ細かな間隔で観測された時系列資料を使ってモデルに境界条件として与えれば，よい精度で対象水域の流動，塩分・水温の分布がモデルで再現できるはずである．この数理モデルの再現結果を実際の観測資料と比較することによって，このモデルの検証を行う．

この流れ場の数理モデルは，つぎに続く生態系モデルの基礎となるが，粒子の輸送・拡散モデルとしてそれ自身，重要な解析手法として利用できる．たとえば，海底生物の浮遊幼生の行動特性をもたせた浮遊粒子をこの数理モデルで再現された「流れ場」

(「計算機の海」) に投入し, これらの粒子の輸送・分散の経路を追跡することによって, 浮遊幼生の輸送・拡散および回帰機構の解明, 地域個体群 (たとえば, 干潟など) のあいだでの浮遊幼生の交換過程, 個体群内の地域個体群のネットワークの特徴など, 現場での調査観測が困難な, 幼生加入過程の研究分野の進展に威力を発揮できるであろう[10〜12]. わが国のみならず, 世界各国において, 同様の粒子の輸送・拡散モデルを用いた浮遊幼生の輸送・分散の研究が盛んに展開されており, 多くの貴重な研究成果が得られている.

数理モデルによって対象水域の流動が再現されれば, つぎにこの流動モデルをもとにして生態系モデルの計算ができる. 生態系モデルの重要な駆動要因としての外部条件は, 光, 水温, 栄養塩類である. 栄養塩類の供給源は, 河川を通じて陸側から供給

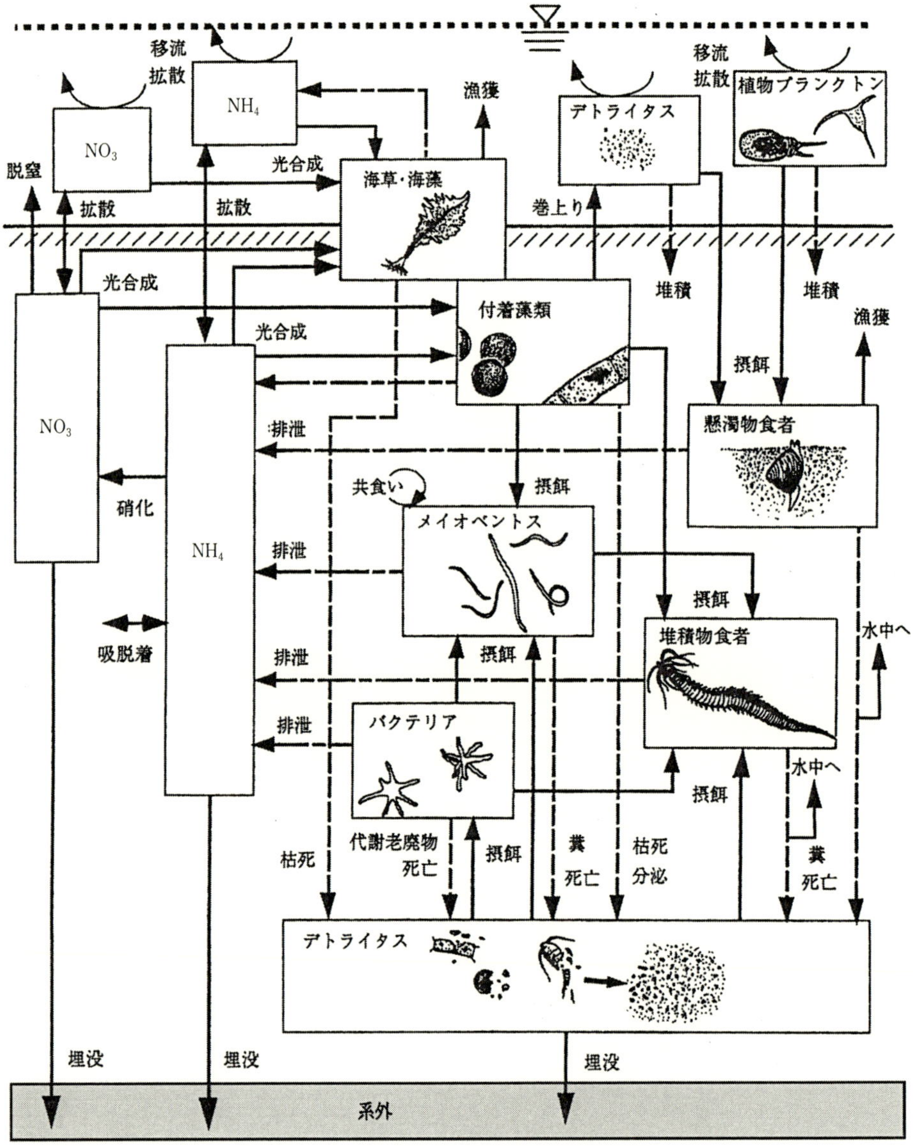

図 9.6　干潟の生態系モデルの概念図[19]

される負荷，底泥から溶出する負荷，沖合・外洋から供給される負荷，の3つである（図9.6）．降雨を通じて工場や自動車などからの排気ガス由来の窒素の負荷があるが，これは河川を通じて沿岸海域に添加される．最近は，従来はほとんど無視されていたが，伊勢湾，大阪湾，瀬戸内海のような沿岸海域の栄養塩類の収支において，沖合・外洋海域の亜表層水の進入とそれに伴う栄養塩類の負荷が重要な役割を演じていることが明らかにされている．

生態系モデルのなかの重要な駆動要因は，光や水温を別にすれば，栄養塩類である．現実には，先に言及した3つの栄養塩類の供給源に関する定量的な研究成果が乏しいために，しばしば生態系モデルの構築が困難になっている．また，生態系モデルの中の重要な過程として，① 植物プランクトンによる第1次生産をめぐる栄養塩類との諸過程，② バクテリアによる有機物の分解をめぐる諸過程，③ 溶存酸素の生産，有機物（水中および底泥中）の分解に伴う酸素消費，海面を通じてのガス交換，④ 粒子状および溶存態有機物をめぐる諸過程，⑤ 動物プランクトンによる植物プランクトンの摂餌，などがあげられる．これらの素過程は，現場での調査研究をもとに定式化された上で，モデルに組み込まれている（図9.6）．

いずれにしても，生態系モデルは生態系の特徴の1つである物質循環を解明しようとするものであるから[16,19]，有機物あるいは特定の化合物の動態ではなく，窒素，リンあるいは炭素といった共通の単位の物質循環を扱う．そのときどきの目的に応じて，これを植物プランクトンの生物量として有機炭素量あるいは光合成性色素（クロロフィルa）量といった指標に換算する．

生態系モデルの構築とその実際の現場での適用が行われ，「栄養塩類の動態」，「植物プランクトン量の季節変化」，「貧酸素水塊の形成と消滅」の再現にある程度成功しているのは，我が国の沿岸海域にかぎれば，東京湾，伊勢湾，瀬戸内海，博多湾などで開発された生態系モデルである．これらのモデルの骨格はいずれもほぼ同じであるが，これらの生態系モデルがある程度成功をおさめたのは，これらの水域においてはモデルに与える構成要素の時系列資料が整備されていることによる．

演習問題

9.1　沿岸海域が沖合・大洋海域よりも植物の単位面積あたりの生物量と生産量が大きい理由を栄養塩類濃度や海底深度と絡めて説明せよ．

9.2　海水の鉛直混合あるいは成層と第1次生物生産の関係，またこの関係が成立する機構を説明せよ．

9.3　干潟あるいは自然海岸の消失と赤潮発生頻度とアサリ漁獲量の減少の関係，またこの関係が成立する機構を説明せよ．

9.4　半閉鎖的水域に発達する貧酸素水塊の規模に季節・年変動が生じる機構を説明せよ．

参考文献

1）T. Parsons and M. Takahashi : Biological Oceanographic Processes, Pergamon Press, 186 p.

(1973).

2) 日本ベントス学会：海洋ベントスの生態学，459 p.，東海大学出版会（2003).

3) D. Raffaelli and S. Haukins：Intertidal Ecology, Chapman & Hall. 潮間帯の生態学（上，下巻)（朝倉　彰訳)，210 p., 205 p.，文一総合出版（1996).

4) 栗原　康（編)：河口・沿岸域の生態学とエコテクノロジー，335 p.，東海大学出版会（1988).

5) エコポート（海域）技術 WG（編)：港湾における干潟との共生マニュアル．港湾・海域環境研究所，138 p.,（財）港湾空間高度化センター（1998).

6) 国土交通省港湾局監修・海の自然再生ワーキンググループ著：海の自然再生ハンドブック　その計画・技術・実践，第3巻藻場編，110 p.，(2003).

7) 水産庁漁港部（編)：自然調和型漁港づくり技術マニュアルー藻場機能の付加（技術資料)，59 p.，(1999).

8) D. Miyawaki and H. Sekiguchi：Interannual variation of bivalve populations on temperate tidal flats. Fisheries Science, **65**, 817-829（1999).

9) 関口秀夫，石井　亮：有明海の環境異変ー有明海のアサリ漁獲量激減の原因についてー．海の研究，**12**, 21-36（2003).

10) 関口秀夫，木村妙子：初期生活史 2．二枚貝類，軟体動物学概説（下巻，波部忠重，奥谷喬司，西脇三郎（編)），pp. 48-64，サイエンティスト社（1999).

11) H. Sekiguchi and N. Inoue：Recent advances in larval recruitment processes of scyllarid and palinurid lobsters in Japanese waters. Journal of Oceanography, **58**, 747-757（2002).

12) T. Kasuya, M. Hamaguchi and K. Furukawa：Detailed observation of spatial abundance of clam larva *Ruditapes philippinarum* in Tokyo Bay, central Japan. Journal of Oceanography, **60**, 631-636（2004).

13) T. Suzuki, T. Ichikawa and M. Momoi：The approach to predict sources of pelagic bivalve larvae supplied to tidal flat areas by receptor mode model：a modeling study conducted in Mikawa Bay. Bulletin of Japanese Society of Fisheries Oceanography, **66**, 88-101（2002).

14) 佐々木克之：アサリの水質浄化の役割．水環境学会誌，**24**, pp. 13-16（2001).

15) 鈴木輝明，青山裕晃，中尾　徹，今尾和正：マクロベントスによる水質浄化機能を指標とした底質基準私案ー三河湾浅海部における事例研究ー．水産海洋研究，**64**, 85-93（2000).

16) 柳　哲雄：貧酸素水塊の生成・維持・変動・消滅機構と化学・生物的影響．海の研究，**13**, 451-460（2004).

17) R. H. Whittaker：Communities and Ecosystems, Macmillan，生態学概説ー生物群集と生態系ー（宝月欣二訳)，167 p.，培風館（1970).

18) 細川恭史，木部英治，三好英一，桑江朝日呂，古川恵太：盤洲干潟（小櫃川河口付近）におけるアサリによる濾水能力分布調査．港湾技術研究所資料，**844**, 3-21（1996).

19) 鈴木輝明，青山裕晃，畑　恭子：干潟における生物機能の効率化．水産学シリーズ，**110**, 109-134（1997).

10 海岸の保全と環境創造

10.1 はじめに

第1章でも述べたように, 1999年の新海岸法における大きな改正点は, 従来の「防護」に加えて「環境」および「利用」が海岸保全を考えるうえでの柱として明記されたことである. 我が国は, 津波や高潮などによる幾度もの沿岸災害を経て, とくに1950年代から海岸防護に精力的に取り組むとともに, 港湾建設や工業用地の埋立てなど沿岸域の開発も積極的に行ってきた. その結果, 臨海部の防護施設や産業基盤施設が充実し, それが我が国の高度経済成長を支えてきたといっても過言ではないであろう. しかしながら, このような社会基盤施設の充実とは裏腹に, 海域を含めた沿岸域の自然環境の劣化は, 人間の生活環境の質, 海や海岸の生態系の健全性の低下を招いてきたのも事実である. 1990年代に入って沿岸環境の保全や海で自然にふれあうことに人々の関心が向けられ, それが法改正にまでいたったことはむしろ自然の流れであったともいえよう. さらに2002年には, 自然再生推進法が制定され, 自然環境の修復・再生を具体的に推進していこうという機運も高まっている.

以上のように, 海岸の保全は, 自然災害からの防護による国土保全という狭義の保全から, 広く生態系や生活環境まで含めた海岸環境 (沿岸域環境) の保全へと姿を変えており, したがって, 種々の海岸事業にかかわる技術者には, 幅広い知識と総合的な判断力・調整力が要求されることになる. とくに, 第9章でも述べたように, 海の生態系については不明な点が多いばかりでなく, 環境の評価には人の価値観の違いもかかわってくるため, 保全計画や保全事業にかかわる意思決定には, 多面的な配慮と関係者の合意形成が重要になってくる. このように, 海岸保全の問題は近年ますます複雑で難しくなっている.

本章では, まず10.2節において従来の観点, すなわち自然災害からの防護を主目的とした海岸保全対策についてとりまとめる. 新海岸法のもとでも, 自然災害から人の生命と財産を守ることは, 海岸保全の基本であることに変わりはない. 10.3節では, 海岸環境整備と水質改善の考え方や技術について説明する. さらに, 10.4節では, 海岸事業を評価する場合の生態学的な視点について, 環境アセスメントを例に詳述する.

■ 10.2　海岸保全対策

1)　高潮・津波対策

高潮は，第5章でも述べたように3m以上も水面を上昇させることがある．とくに，海抜ゼロメートル以下とよばれる地域では，高潮によって甚大な被害が生じる可能性がある．

この防護対策としては，まず水際線に沿って堤防・護岸をめぐらすことにより，陸部への海水の侵入を防ぐ方法がある．また，高潮による海水が河川を遡上しないように水門・樋門が河口部に設けられる．ただし，水門や樋門の場合は水門を閉めた状態で内陸部の水を排水できるように排水機場も合わせ整備する．図10.1は，東京港の高潮対策を示したものである[1]．海岸線に沿って防潮堤と水門を配備し，浜離宮の所に排水機場が整備されている．なお，防潮堤の外に火力発電所があるが，これは船舶の接岸などの港湾機能を優先したもので，高潮に関しては冠水しても大丈夫なように別の対策（たとえば，重要施設は2階以上に配置）を施している．また尼崎港では，高潮対策として船舶通行用の閘門を整備している．

1959年の伊勢湾台風の被害を受けた名古屋港では図10.2に示すような高潮防波堤

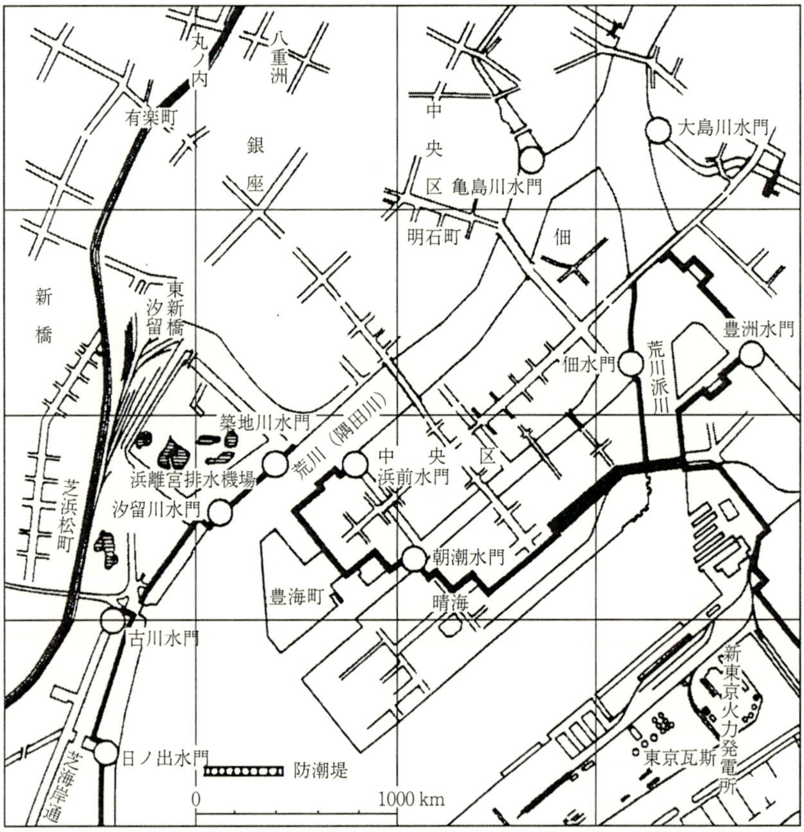

図10.1　東京港の高潮対策（防潮堤，水門，および排水機場）

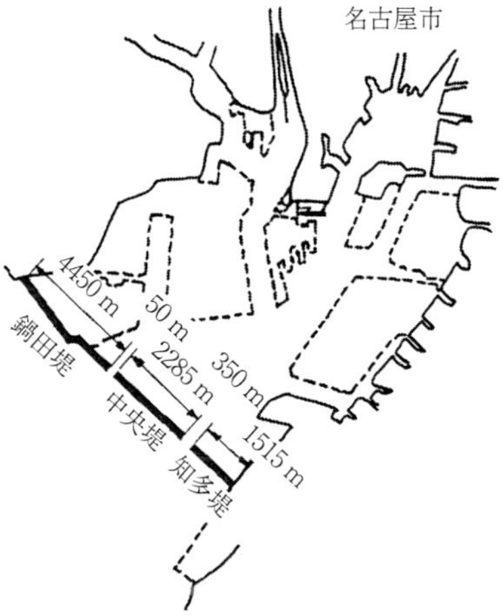

図 10.2 名古屋港の高潮防波堤

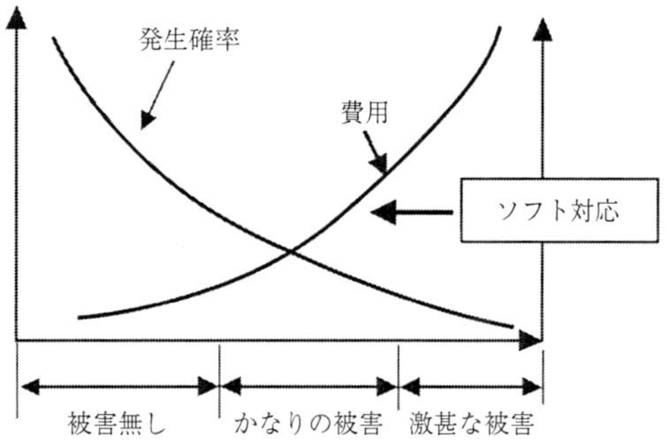

図 10.3 津波に対する防護の考え方
(構造物によるハード対応と避難誘導によるソフト対応)

の建設を行った．伊勢湾高潮防波堤では，港口部に配置された防波堤によって高潮の波高を 0.5 m 下げるとともに，風波の波高を減少させることを目的としている．

護岸の設計高潮位の考え方としては，以下の 4 つが用いられている．

① 既往の最高潮位に余裕高を考えた高さ．

② 朔望平均満潮位に既往あるいは推算による最大偏差を加えた高さ．

③ 高潮位の生起確率から，適切な再現期間に対する高潮位の高さ．

④ 高潮位の生起確率と背後圏の資産価値を考慮して，施設建設の費用対効果が最大となるような高さ．

我が国では，① と② の方法が原則となっている．高潮の最大偏差は，1959 年の伊勢湾台風による災害を契機として，伊勢湾台風規模の台風が対象海域を来襲した場合を想定し，いくつかのコースを通過した高潮の数値計算を実施して決めている例が多い．

津波に関しては,基本的には海岸堤防による防護である．しかし,津波は場合によっては著しく高いところまで遡上する場合もあり，我が国の海岸線延長の長さから，堤防のみで完全に防護するのは難しい．そこで近年では，海岸堤防に加えて迅速な津波警報による住民の避難など，ハードの施設とソフトの避難誘導などを組み合わせた津波対策が考えられている．その基本的な考え方の概念図を図 10.3 に示す．この図で横軸は災害の大きさとする．災害の起こる確率は，災害の大きさにつれて小さくなるが，その対策費用は構造物の場合，急激に上昇する．そこで，確率は低いが被害が大きい災害に対しては住民の避難によって災害を最小限にとどめようという考え方である．

津波の危険のある湾では，湾口部に津波防波堤を建設する方が有効な場合がある．たとえば，岩手県の大船渡湾では，1960 年のチリ地震津波による災害の後，図 10.4 のような津波防波堤を建設した．幅 740 m，水深 39 m の湾口部を防波堤で締め切った．現在は，湾口幅 200 m，湾口水深 16.2 m に縮小されている．同様の津波防波堤が，

図 10.4　大船渡湾の津波防波堤

釜石湾，久慈港，須崎湾，湯浅広港などで建設されている．

2)　海岸侵食対策

我が国の海岸線は，全国各地で侵食されている．海岸侵食とは，基本的にはその海岸への底質土砂の供給量が波・流れによって運び去られる流出量に比べて不足するために起こる現象である．底質土砂供給量の減少の原因としては，まず河川からの流出土砂の減少があげられる．これには，全国的な河川改修による土砂流出量の減少やダム建設による堆砂によって，海域への土砂供給量の減少が考えられる．もう１つの原因は，従来は供給量と流出量が均衡していた海岸に港湾などの構造物を建設した場合，その均衡が崩れて一部では堆積が起こり，他の海域では侵食が起こるという現象である．

海岸侵食に対する対策工法としては，

① 堤防・護岸・消波堤
② 突堤群
③ 離岸堤・人工リーフ
④ 人工岬（ヘッドランド）工法
⑤ 人工海浜（養浜）
⑥ サンドバイパス工法

がある．それらの１例を図 10.5〜図 10.8 に示す．

海岸堤防や海岸護岸は陸地が波によって削りとられないように，水際線を構造物で防護するものである．従来は，海岸侵食対策としてもっとも一般的に用いられてきた工法であるが，構造物による波の反射などにより前面の砂浜が消失してしまい，現在では緩傾斜の海岸堤防を建設するようになってきている．

突堤群による工法は，沿岸漂砂量を減少させて海岸侵食を防護する工法で，我が国のみならず欧米においてもよくみられる防護工法である．突堤群の機能は，沿岸漂砂

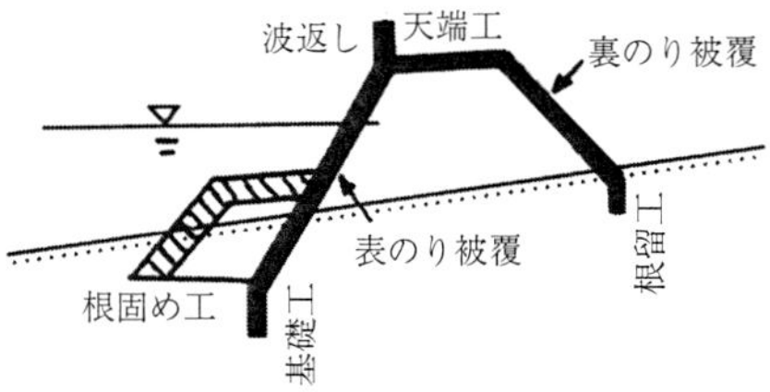

図 10.5 海岸堤防

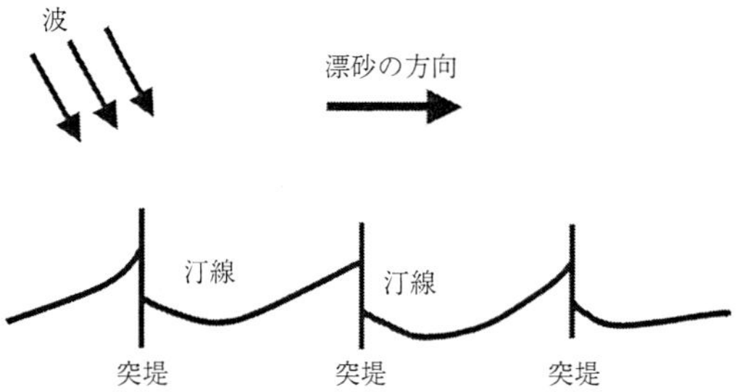

図 10.6 突堤工法

図 10.7 離岸堤工法

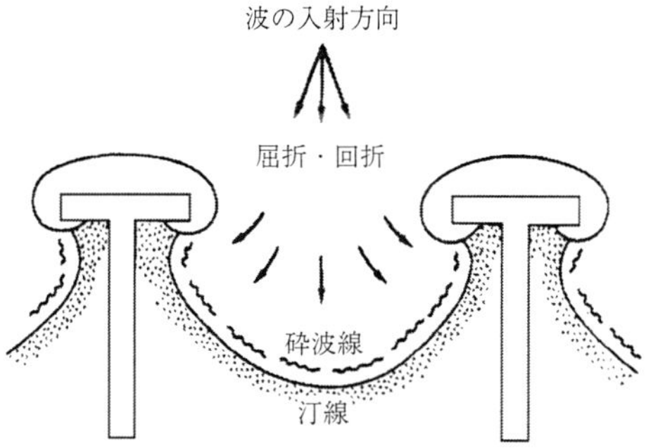

図 10.8 ヘッドランド工法

を捕捉して海岸侵食を防止することなので，捕捉の程度が過ぎると，その下手で再び侵食される可能性があるので，注意して行う必要がある．

離岸堤は，汀線から離れて汀線に平行に設けられた構造物で，入射波のエネルギーを減少させて，その背後にトンボロを形成させる防護工法である．離岸堤の天端を干潮面以下に潜らせる人工リーフ（潜堤）も同様の考え方である．人工リーフは，海岸からの景観を考慮した工法であるといえる．

ヘッドランド工法は，人工的に岬をつくり，岬間で安定海岸を形成して侵食対策を行うものである．この工法は，波向きが季節によって変化すると海岸線の安定形状も変化するので，その変化に対して余裕のあることが条件となる．

人工海浜は，人工的に造成した海浜あるいは砂浜が消失した海岸に砂を投入した海岸で，養浜工法とよばれる．我が国では，神戸市の須磨海岸などに事例があるが，養浜後は離岸堤や突堤によって砂の流出を防いでいる．これに対して米国では，養浜後は何も防護せずに放置するのが一般的である．

サンドバイパス工法は，漂砂が卓越する海岸に構造物を建設した場合，その上手側には砂が堆積し，その下手側で侵食が起こるので，上手側に堆積した砂を機械的に下手側に輸送する方式である．静岡県の大井川港で，この工法が採用されている．

3) 港湾埋没・河口閉塞対策

航路および泊地の水深は，船舶の安全航行にはもっとも重要な要素である．しかし，砂によって港湾が埋没した例は数多くある．沿岸漂砂の港湾への侵入を防ぐには，防波堤の先端を砂の移動限界水深よりも深い位置まで延長する必要がある．また最近では，長周期波が港湾の埋没に大きく関与することが指摘されており，長周期波の挙動とそれに伴う浮遊砂の輸送に関しても注意する必要がある．

なお，航路や泊地への土砂の堆積を完全に阻止することは難しく，港内に堆積した砂はときどき浚渫して除去する必要がある．最近では，年間の埋没量の予測も可能になってきており，構造物による初期投資と年間の維持浚渫費用との兼ね合いから，防止対策も決まってくる．

河口港においては，沿岸漂砂だけでなく，河川からの流出土砂による埋没も考慮する必要がある．ヨーロッパやアジアの大河川からは，大量の粒径の細かい土砂（シルト）が輸送され，河口部において海水と遭遇して沈降・堆積する（フロッキュレーション）という問題がある．この問題をシルテーション（siltation）とよんでいる．我が国においても，熊本新港の建設に，この細泥の堆積問題に対する対策が重要な課題となった．シルテーション対策としては，導流堤の建設や潜堤の建設，あるいはポケット浚渫による対策工法が提案されている．

同様な問題として，河口閉塞の問題がある．普段は波の力によって沿岸漂砂が河口部に堆積し，河口を閉じてしまう現象である．河川流量が少ないときは問題ないが，洪水時に閉塞状態にあると河川水が海域に流出しなくなり，溢れて洪水を引き起こす原因となる．一般的には，河口部に導流堤を建設して河川の流速を増加させ，流れによって河口部の断面積を一定以上に保つ方策がとられている．その他，洪水前に人為的に砂州などを開削する方法，流量が少ない河川では暗渠にし，沿岸漂砂の侵入を防ぐ工法などが用いられている．

4) 今後の展望と維持管理

1999年の海岸法の改正により，従来の安全のみを考慮した海岸保全施策から，防護と環境，および利用を考慮した海岸安全施策へと考え方が移行してきている．海岸の保全に対する基本的事項も，

① 地域を守る安全な海岸の整備
② 自然と共生する海岸の保全と整備
③ 多様のニーズに対応した海岸の実現
④ 防護・環境・利用の調和した施設整備
⑤ 行政・地域が一丸となった広範囲の取組みの推進

の考え方が取り入れられている．

■ 10.3 海岸環境整備と水質改善

1) 環境整備のめざすもの

我が国の海岸では，護岸や港湾施設の建設，離岸堤や消波ブロックの設置などによって，近年「海岸の人工化」がますます顕著になっている（図10.9，図10.10）．これに対して，新海岸法の理念のもとに都道府県がつくった海岸保全基本計画をみると，

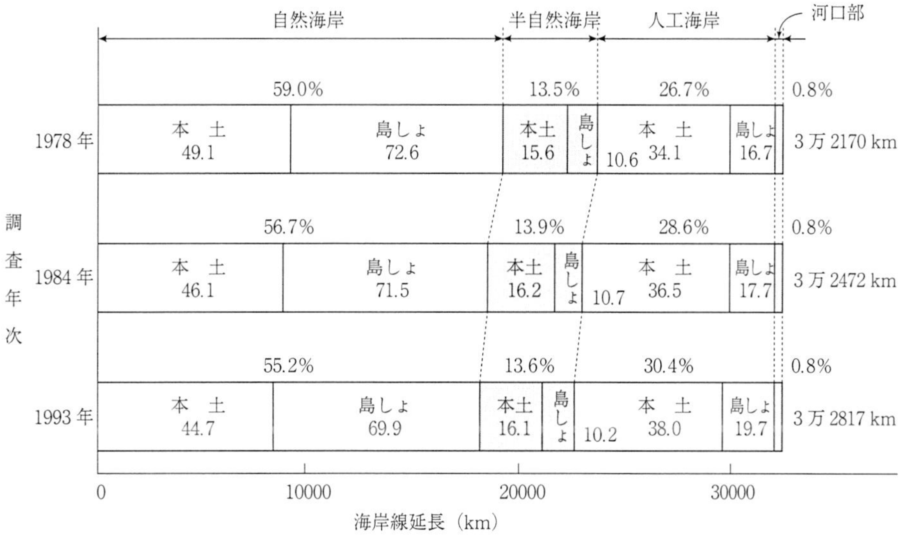

図 10.9　日本の海岸線の変化（小池[2]による）

図 10.10　消波ブロックと離岸堤で人工化した海岸

現存する干潟や砂浜海岸の維持と失われた海浜の回復を中心とする沿岸環境の保全を謳っているものが数多くみられる．このように，これからの海岸保全は，これまでともすればコンクリートで覆われがちであった海岸をこれ以上人工化させないために，海岸構造物の建設を最小限に抑えようとする方向にある．さらに，公共事業費の縮減もあって，自然にやさしくお金をかけない保全技術が求められている．しかしながら，沿岸域の開発が進み，かつ河川改修やダム建設によって河川からの土砂供給が絶たれている現状で，干潟や砂浜の維持・回復を実現することはきわめて難しい．このような制約条件の下で，よりよい海岸環境を実現するための知恵がいま求められている．

一方内湾域に目をやると，1970 年代から富栄養化に起因する水質の悪化やそれに伴う水産資源の劣化などがとくに顕著になっているが，これまでの多くの努力にもかかわらず改善がみられず，むしろ慢性化しているといえよう（図 10.11）．内湾の環境劣化をもたらした原因としては，流域からの汚濁負荷の増大や海岸の埋立てなどに

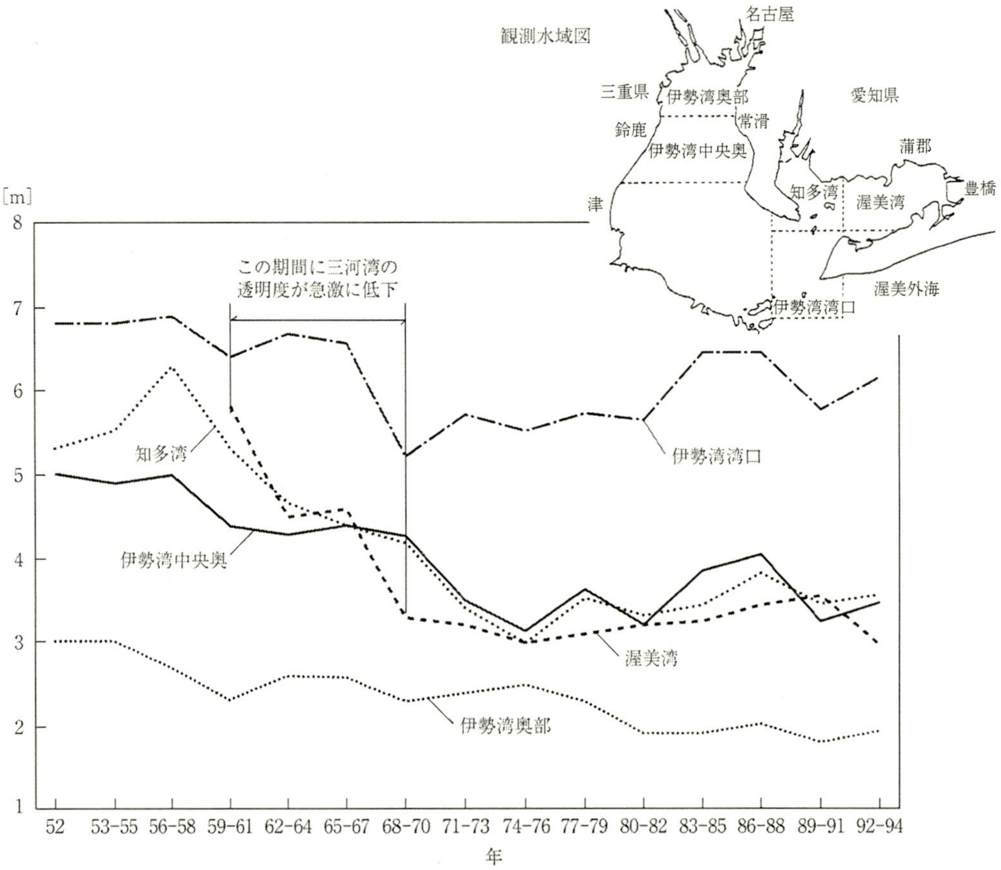

図 10.11　三河湾の透明度の変化（西條[4]による）

よる干潟や浅場の喪失などローカルで直接的な要因以外に，流域の農業や都市の構造の変化，地球環境の変化に伴う気象条件の変化，外洋域の条件の変化など，ゆるやかで質的な環境変化がその背景にあると考えられる．水質改善技術はともすれば対症療法的になりがちであるが，大きな変化を総合的にとらえ，水域全体の健全性を向上させる方法が模索されなければならない．そのためには，内湾の生態系のあるべき姿をどう描き，どのような物差しで評価するのかということが重要である．ここでもまた，難しい問題が数多く残されている．

以上のように，一口に海岸の環境整備・水質改善といっても，その具体化にはさまざまな制約や不明確な要素があり，決して容易ではない．以下では，干潟や砂浜海岸における生態系の保全と人の利用を包括した意味での海岸環境整備と内湾の水質改善をとりあげ，その際の考え方や技術的な課題について述べる．

2)　海岸の環境整備

以下に述べる「海岸の環境整備」は，10.2 節で述べた海岸の防護に加えて，環境と利用についても配慮した整備のことをさすものとする．海岸の防護が海岸保全における唯一の目的である場合には，目的が明確であり，防護機能と経済性を追求すればよかった．しかしながら，環境と利用が保全目的として加わることにより，トレード

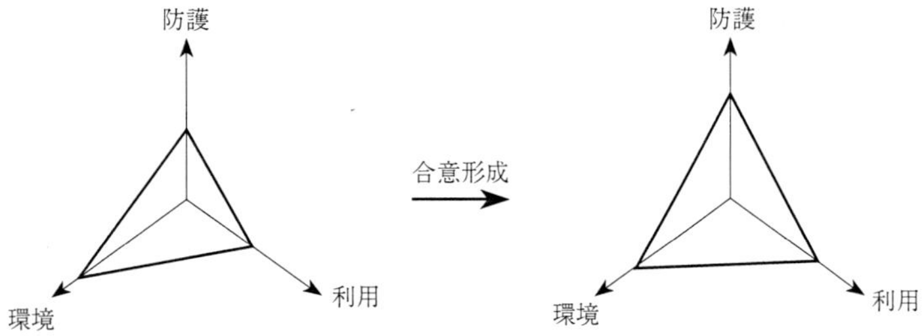

図 10.12　海岸整備計画の目標設定

図 10.13　オーストラリア Tweed River のサンドバイパス施設
導流堤の後方にある桟橋状の構造物から海底砂をポンプアップし，導流堤手前側の海岸の数カ所に放流している．海岸は観光スポットとなっており，多くの観光客やサーファーでにぎわっている．

オフの関係（相反する問題）が生じる[2)]．たとえば，以下のような例が考えられる．

① 防護と利用を兼ねて緩傾斜護岸を整備するとウミガメの産卵に影響が出る．

② 海岸に沿ってサイクリングロードをつくりたいが植生帯が分断される．

③ 面的防御の一環として人工リーフを設置したいが，サーフスポットが消失する．

④ 景観に配慮して離岸堤を潜堤にしたいが，海岸護岸の越波が激しくなる．

上記のような問題は，普遍的な方法で最適解を見いだすことはできず，利害関係者（stakeholder）による合意形成によらざるを得ない．すなわち，海岸整備の目標を設定する際，十分な情報の共有と議論が必要となる．図 10.12 は合意形成過程を経て保全計画を設定する場合の防護・環境・利用のバランスを示したものである．防護面でやや問題のある海岸を整備する際，環境面での損失を極力少なくし，3 つの評価軸上の値がトータルで増加するような整備を目指して合意形成を図ることが必要である．

このような考えで，10.2 節 2）で述べた従来の海岸保全技術を再評価すると，防護機能の高い海岸構造物の建設が必ずしも整備水準の向上にはつながらない場合も考えられる．今後は，メンテナンスに手間がかかるが環境負荷が比較的小さいサンドバイパス工法や養浜工法などが採用されるケースが増えると思われる．図 10.13 はオーストラリアの大規模なサンドバイパス施設の例である．河口導流堤によって遮断された沿岸漂砂を桟橋状の構造物から漂砂下手側海岸にポンプ輸送することにより海浜が安定しており，構造物も海岸景観にマッチしている．

環境の善し悪しを定量的に評価するうえで海岸の生態系の評価は非常に難しい問題である．一般には，当該海岸を特徴づける何らかの生物種（あるいは群集）を選定し，その種の生育・生息環境を評価することが多い．生物種の選定方法としては，以下のような方法が提案されている[2)]．

① その種の保全が海岸の生態系全体の保全につながるような代表的な生物種

② 学術上希少な種

③ 地域の関心を喚起するようなシンボル種

代表的な生物として，ウミガメ，カブトガニ，コアジサシ，海浜植生などがあげられる．

一方，経済的な側面は事業を実施するうえで避けて通れない問題である．また，防護上緊急を要する場合には，時間的な制約も考慮する必要がある．いずれにしても，多くの情報を共有しながら防護・環境・利用をトータルに評価して合意形成を図ることが肝要である．さらに，海岸整備を実施して行くうえで重要な点として，実施段階での整備計画の見直しがあげられる．海岸の生態系の応答や地形変化についてはその予測が難しい場合が多く，当初予想していた状況と異なる場合も十分考えられる．このような場合には，状況の変化を的確に把握し計画の見直しを図らなければならない．このような対応を順応的管理（adaptive management）とよぶが，そのためには整備事業後のモニタリングが重要である．また，整備事業の一部を先行的に実施し，効果を確認した後全体を実施するなどの対応も考えられる．

3） 内湾における水質改善

我が国においては，東京湾，伊勢湾，大阪湾などに代表されるように，多くの都市域は内湾の周囲に位置している．また，内湾は水産業やレジャーあるいは海上交通のための空間として高度に利用されている．したがって，内湾域においては，海岸の環境にとどまらず，内湾全体の環境問題としてとらえる必要がある．内湾の環境を評価する視点はさまざまであるが，水質の善し悪しは指標としても明確であり，データの蓄積も多いので評価指標として一般に用いられる．以下では，内湾の水質問題とその改善策について考え方や課題を述べる．

臨海部の都市にかぎらず，すべての廃水は河川を通じて海に流出するため，内湾の水質はすべての人間活動の影響を強く受けている．また，臨海部の埋立てなどによる浅場の喪失は海域の浄化機能を低下させることになり，水質の悪化を招く．また，内湾は植物プランクトンから大型の魚類にいたるまで数多くの生物の生息場であり，水質と内湾生態系は相互に強く結びついている．

1997 年の諫早湾潮受堤防の締切に端を発するノリ不作にかかわる有明海の環境問題は大きな社会問題としてとりあげられたが，有明海にかぎらず我が国の多くの内湾域は，富栄養化に伴う水質の慢性的な悪化と生態系の疲弊（水産業の衰退）に苦しんでいる．富栄養化とは，水域の窒素やリンなどの栄養塩類の濃度が高くなり，湖内の生産性が過度に高くなり水質が悪化する過程のことで，図 10.11 に示したように透明度が低下するとともに，赤潮や貧酸素水塊の発生など，生態系に大きなインパクトを与える場合が多い．

ここで，内湾の水質に影響を与える要因について簡単にまとめておこう．種々の要因を大別すると，物理的な要因と生物化学的な要因に分けることができる．物理的要因としては，降雨や河川からの淡水流入とそれに伴う海水の循環や混合，潮汐や風による外海と内湾との海水交換および湾内での海水混合，大気や海底との物質交換などがあげられる．生物化学的な要因としては，河川からの有機物や栄養塩の負荷，植物プランクトンや藻類などの光合成による有機物の生成，動物による摂取と排泄，バクテリアによる分解などさまざまな過程が存在する．このように，複雑な物理・生態システムとしてバランスを保ちながら，絶えず変化している内湾の水質の改善を達成するのは容易ではない．まず，重要なことは，どのレベルの水質を目指すのかを明確にし，とられる対策が生態系に及ぼす影響を慎重に見極めることが重要である．

内湾や湖沼，さらには流入河川における水質改善策として提案されている技術は数多くあり，またその技術の多くはまだ開発段階にあるが，おおむね表 10.1 のようにまとめられるであろう．表では，上述の水質要因に対応させて物理的な対策と生物化学的な対策に分類しているが，多くの技術は両者の組合せによる効果をねらっている．たとえば，海水の鉛直混合を促進する技術は，夏季に底層に発生する貧酸素水塊を低減させることを主目的としているが，同時に底層を好気的にして微生物による有機物の分解を促すねらいもある．また，生物膜による酸化法は，効率性を上げるために，吸着効果の高い担体の使用やばっ気などと組み合わせる必要がある．三河湾では，航路の浚渫砂を利用して水質浄化効果の高い干潟や浅場を造成している．干潟や藻場の

表 10.1　水質浄化技術の分類

	水質浄化のメカニズム	具体的な浄化技術
物理的対策	海水交換の促進	掘削，作澪，流況制御構造物，導水
	海水の鉛直混合の促進	底層水の揚水，表層水の底層への流送，気泡流の発生
	ばっ気	微細気泡，高濃度酸素水の流送
	吸着，ろ過	礫間接触，多孔質体の設置，養浜
	汚染源の撤去，被覆	底泥浚渫，覆砂，藻類除去
	底質改良	耕耘，ばっ気
生物化学的対策	植物への吸収	ヨシ原の育成，藻場の造成
	動物による取り込み	干潟造成，浅場造成，二枚貝の増殖
	微生物による分解	生物膜酸化法（礫，多孔質体，繊維，木炭など）
	食物連鎖を利用した除去	干潟造成，漁業
	底質改良	カキ殻や石灰の散布，薬剤散布

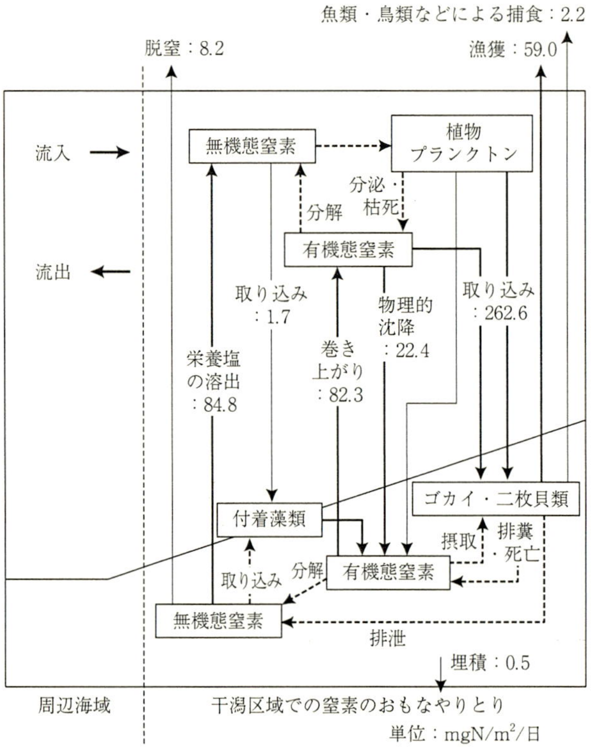

図 10.14　三河湾の干潟での窒素除去のメカニズム（西村ほか[4]による）

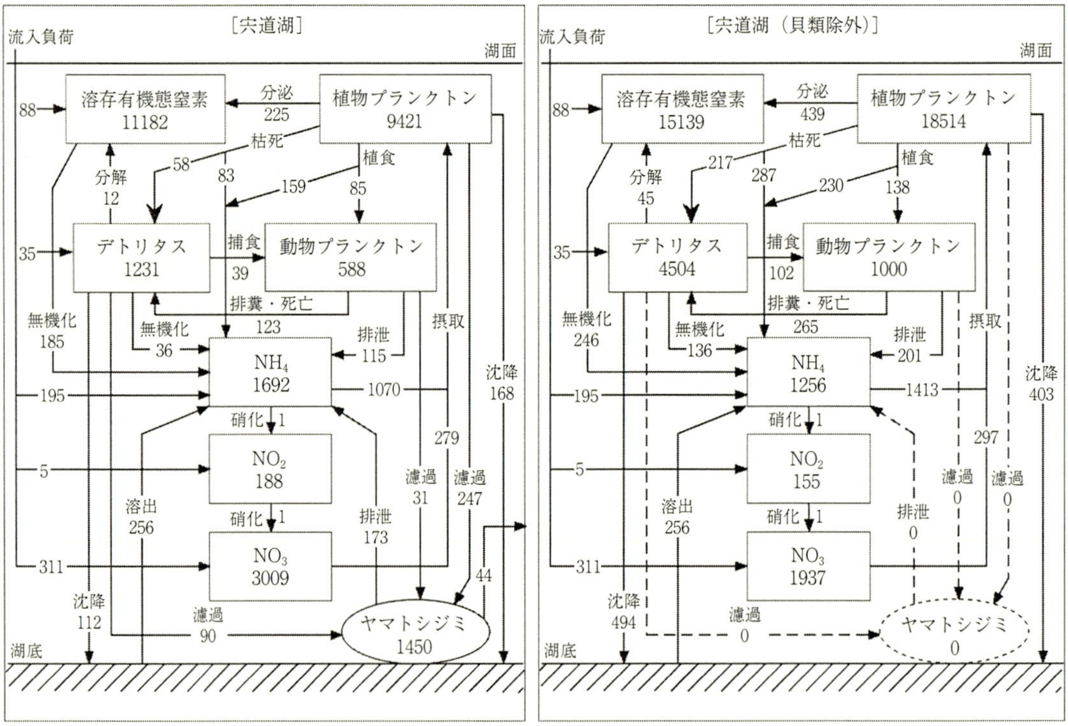

図 10.15　生態系モデルを用いた窒素循環計算の例[8]

造成は，生物の水質浄化能力を利用するものであるが，図 10.14 に示すように，浄化のメカニズムは，さまざまな物理的，生物化学的過程からなっていることがわかる．

種々の水質浄化技術の評価は，非常に難しい問題である．また，技術の水質浄化機能の検証は，それぞれ異なる条件で，かつ異なる視点で行われているため，技術相互の比較も容易ではない．技術の検証・評価を行う際の注意点としては，以下のようなものをあげることができよう．

① 対象とする技術がどの程度の空間的な範囲あるいは水量を浄化の対象としているのかを明確にしたうえで浄化能を定量化すること．さらに，対象とする水域全体に対してどの程度の寄与が見込めるのかを示すこと．

② 浄化に要するエネルギー，初期コスト，メンテナンスコスト，環境負荷などを定量化し，浄化技術の導入による得失を明確にすること．

③ 技術が浄化能を発揮するまでの時間スケールがどの程度であり，また長期間にわたって浄化能がどのように変化するかを予測すること．

以上のような点は，できれば現地で実証実験を行って明らかにすることが望ましい．ただし，実験規模が大きくできない場合は，バックグラウンドの変化に効果が埋もれてしまうため，効果の抽出が難しくなる．また，生物による浄化技術の検証には時間がかかることも注意しておく必要がある．

最後に，上述したような水質浄化技術は，最終的には海域の生態系の健全性につながっていかなければならない．したがって，水質浄化を考えるに先立って，対象とする水域の健全な生態系の姿を描いておく必要があるが，これは浄化技術の評価よりもさらに難しい問題である．生態系の評価指標・評価法は，実に多種多様のものが提案されている[6)]．生態系の多様性を表す多様度指数や，特定の生物の生息条件を定量化する HEP[7)] などもその 1 つであるが，どれも一長一短がある．近年実用化されつつある生態系モデルは，物理・化学現象に生物の応答を含めて構築される数値シミュレーション法であり，まだ問題点は多いが，近年実用化されつつある．生態系モデルでは，図 10.15 に示すように，系内での物質のフローが定量化できることから，ダイナミックな生態系の応答を評価できる可能性をもっており，今後の発展が期待される[8)]．

10.4　生態系からみた環境の評価

1992 年のリオデジャネイロでの地球サミット（国連環境開発会議）にあわせて採用された生物多様性条約は，1993 年にわが国で批准された．これを受けて，1993 年に環境基本法の成立，1995 年に生物多様性国家戦略の策定，1997 年に環境アセスメント法の成立，2000 年に環境基本計画の改定，2001 年に生物多様性国家戦略の改定，といった一連の環境保全政策が打ち出されていった．

環境アセスメント法では，環境アセスメント（環境影響評価）の定義は，「事業の実施が環境に及ぼす影響について環境の構成要素に係わる項目ごとに調査，予測及び評価を行うとともに，これらを行う過程においてその事業に係わる環境の保全のための措置を検討し，この措置が講じられた場合における環境影響を総合的に評価すること」となっている．環境アセスメント法の規定にしたがって，① 環境アセスメントを実施しなければならない第1種事業と，スクリーニング（ふるい分け）の対象となる第2種事業の規模，② 環境アセスメントの項目や指針などの基本的項目，③ スコーピング（環境影響評価方法書の手続き），の3つの内容の具体化が行われた．さらに，生物多様性条約の批准と生物多様性国家戦略の策定によって，生物多様性の危機が強調され，生物多様性の保全の視点から国内の施策が進められている．沿岸海域生態系と関係する部分をとりあげれば，① 人間活動に由来する環境への負の影響による種，生態系，生物多様性への影響，② 移入種の増加による在来種への影響，群集や生態系の撹乱，といった点が強調されている[9]．

1)　環境影響評価の視点

第9章の記述を踏まえれば，藻場を含めて，沿岸海域には陸域のような長期的に安定した植物群落がないために，海底生物の分布は海底の基質に，浮遊生物や遊泳生物は物理化学的な環境要素に大きく規定されている．したがって，時空間的な変動が大きいことに，沿岸海域生態系の特徴がある．このような沿岸海域生態系の特徴を考慮して，環境アセスメントにあたっては，つぎのような点に留意することが重要である．① 対象海域の地形，海底の基質，② 成長や季節による移動などを含めた生物の生活史，③ 生物学的多様性，④ 群集の食物網，⑤ 物質循環．これらの知見を踏まえて，事業による影響によって生じる注目種の変化，またそれに伴う他の種の変化にも配慮して，生態系全体への変化を予測する[10]．

沿岸海域生態系も含めて，生態系はきわめて多くの種と環境要素がそれぞれ複雑に関連して構成されている．沿岸海域の環境要素も生物も，時空間的に大きな変動を示すので，水の流動に応じて水温・塩分などの環境要素や浮遊生物・遊泳生物の分布も変動し，さらには浮遊幼生や底生期個体の分散や移動といった現象もある．このような生態系への事業による影響を把握するためには，生態系の構造と機能を十分に調査する必要がある．しかし，生態系のすべてを調査することには多大な労力と時間を要し，また現在の海洋生態学あるいは環境科学の状況では，生態系の変動に関する十分な知見がない．したがって，現在，生態系の調査・予測・評価手法の検討においては，「環境アセスメントの項目や指針などの基本的項目」（平成9年環境庁告示第87号）で例示されている方法に則って，上位性・典型性・特殊性の視点から群種の中に注目種を選定し，これらに対する調査・予測の結果を通じて生態系に対する環境アセスメントが行われている．

生態系の重要な特徴である物質循環の調査・評価・予測には，生態系モデルの構築とそれを駆使した解析が有力な手法である．現在の生態系モデルは生態系の物質循環を解明するための有力な手法であるが，生物多様性，個々の種個体群，群集の変動を扱うレベルにはない．

2)　環境アセスメント：スクリーニングとスコーピング

環境アセスメント法には，従来のわが国の環境アセスメントにはなかった，つぎのような新しい点がある[11)]．①スコーピングと環境影響評価準備書の作成における住民の意見の反映，②環境影響評価書の確定前における環境大臣の意見の反映，③環境アセスメントの結果の事業免許等への反映，事業着手後の調査．環境アセスメントの対象となる事業は，その規模に応じて，第一種事業，第二種事業および対象外の事業の3つに分類され（表10.2），環境アセスメントの手続きは図10.16のようになっている．

表10.2　環境アセスメントの手続きの流れ

	第一種事業（必ず環境アセスメントを行う事業）	第二種事業（環境アセスメントが必要かどうかを個別に判断する事業）
1　道路		
高速自動車国道	すべて	
首都高速道路など	4車線以上のもの	
一般国道	4車線・10 km 以上	4車線以上・7.5 km～10 km
大規模林道	2車線・20 km 以上	2車線　・15 km～20 km
2　河川		
ダム，堰	湛水面積 100 ha 以上	湛水面積 75 ha～100 ha
放水路，湖沼開発	土地改変面積 100 ha 以上	土地改変面積 75 ha～100 ha
3　鉄道		
新幹線鉄道	すべて	
鉄道，軌道	長さ 10 km 以上	長さ 7.5 km～10 km
4　飛行場	滑走路長 2500 m 以上	滑走路長 1875 m～2500 m
5　発電所		
水力発電所	出力3万 kW 以上	出力 2.25万 kW～3万 kW
火力発電所	出力15万 kW 以上	出力 11.25万 kW～15万 kW
地熱発電所	出力1万 kW 以上	出力 7500 kW～1万 kW
原子力発電所	すべて	
6　廃棄物最終処分場	面積 30 ha 以上	面積 25 ha～30 ha
7　埋立て，干拓	面積 50 ha 超	面積 40 ha～50 ha
8　土地区画整理事業	面積 100 ha 以上	面積 75 ha～100 ha
9　新住宅市街地開発事業	面積 100 ha 以上	面積 75 ha～100 ha
10　工業団地造成事業	面積 100 ha 以上	面積 75 ha～100 ha
11　新都市基盤整備事業	面積 100 ha 以上	面積 75 ha～100 ha
12　流通業務団地造成事業	面積 100 ha 以上	面積 75 ha～100 ha
13　宅地の造成の事業（「宅地」には，住宅地，工場用地も含まれる．）		
環境事業団	面積 100 ha 以上	面積 75 ha～100 ha
住宅・都市整備公団	面積 100 ha 以上	面積 75 ha～100 ha
地域振興整備公団	面積 100 ha 以上	面積 75 ha～100 ha
○港湾計画*	埋立て・掘込み面積の合計 300 ha 以上	

* 港湾計画については，港湾環境アセスメントの対象となる．

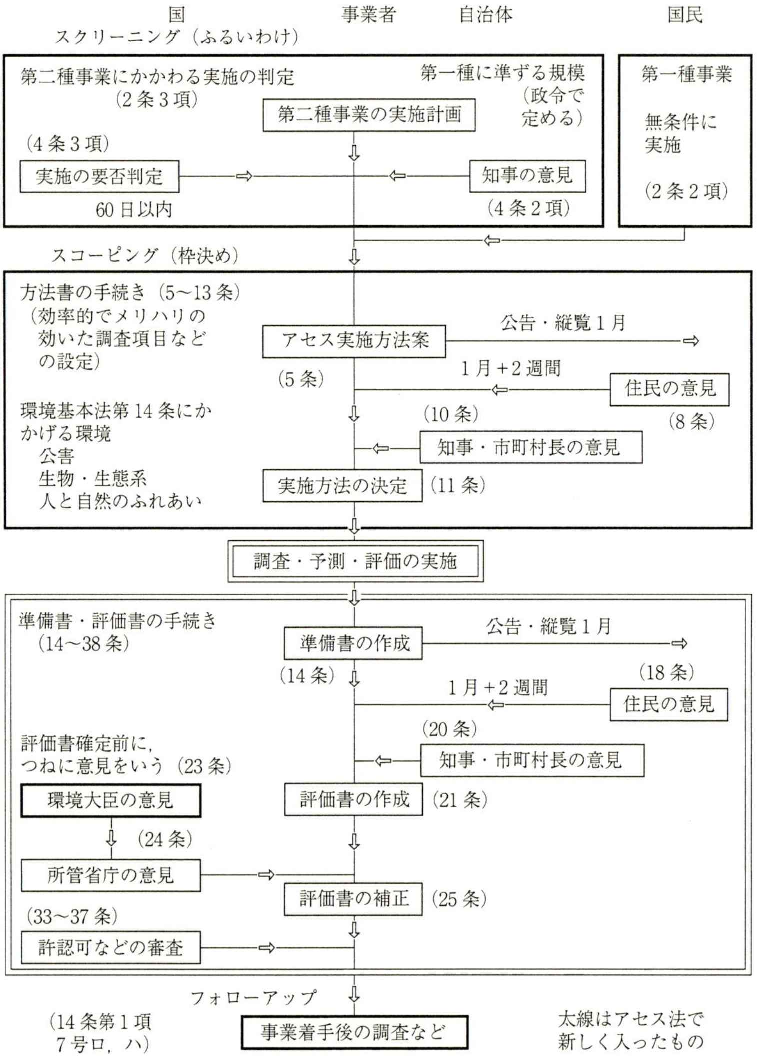

図 10.16　環境アセスメントの手続きの流れ

1997年の環境アセスメント法の成立後に，1997年に河川法が，1999年に海岸法が，2000年に港湾法が改正され，これらはいずれも環境への配慮を義務づけている．現行の環境アセスメントはいずれも，事業の実施がほぼ決まった後に環境アセスメントを行うので，今後の環境問題の解決には不可欠である地域住民の合意形成は困難である．合意形成に向けての第一歩として，少なくとも計画アセスメント，さらには戦略的環境アセスメントの導入が促進されようとしている．

戦略的環境アセスメントは計画アセスメントと同義として理解されることが多いが，これは必ずしも正しくはない．戦略的環境アセスメントは「提案された政策，計画，プログラムにより生じる環境への影響を評価するシステム」と定義され，その目的は，沿岸域管理のための合意形成の前提として，地域の現行および将来の政策や計画に結びつけて事業を事前評価することである[12]．一口に戦略的環境アセスメントといっても，その内容はさまざまであり，先行している諸外国による戦略的環境アセスメントの扱いも一様ではない．しかし，いずれも政策立案の段階からその政策をより具体化していく過程において，戦略的環境アセスメントを導入することによって，事業段階より前に行われる意志決定に際して，経済的および社会的な配慮を行うと同時に，環境への配慮を十分に行った適切な対策をとることを確実にしている[13]．部分的に導入を始めている東京都を別にすれば，すでに環境省においても専門委員会を設けて検討を始めているが，戦略的環境アセスメントはわが国では本格的にはいまだ導入されていない．

3)　環境影響評価の事例

環境アセスメントによる評価事例として，2005年に完成した，伊勢湾東部の常滑沖の中部国際空港建設事業をとりあげる．第9章で言及したように，伊勢湾は富栄養化の進行した沿岸海域であり，毎年暖期には赤潮が頻発し，広い範囲の底層に大規模な貧酸素水塊は発達しているが，漁業活動も含めて生物生産の大きな水域である．とくに中部国際空港人工島が建設された伊勢湾東部の常滑沖は湾奥の木曽三川の河川水の影響下にあり，また湾口域を除いて広範囲に発達する貧酸素水塊の影響を免れている，伊勢湾のなかでも数少ない浅海域である．この浅海域はアサリを中心とした二枚貝漁業がさかんな場所であり，また伊勢湾でも最大の面積をもつアマモ場が分布している場所でもある．

中部国際空港建設事業は，近年の航空需要の増大に対する大都市圏における拠点空港整備の一環として計画され，伊勢湾東部の常滑沖地先水面において埋立てによる面積約5.8 km^2の空港島を建設した．また，空港関連施設や空港へのアクセス確保のために，その対岸部の埋立て（約1.3 km^2）も行った．空港島と対岸の常滑との距離は1.2 kmであり，この水路の水深は3〜5 mである．一方，大阪湾の同規模の関西国際空港の場合は，空港島と対岸の泉州との距離は5 kmであり，その間の平均水深は18 mである．

1998年に環境アセスメントである「中部国際空港の建設事業等に関する環境影響評価準備書」，続いて「中部国際空港の建設事業等に関する環境影響評価書」が公表され，2005年に完成した．環境アセスメント法が施行される前であったが，中部国際空港の建設事業等に関しては，このアセスメント法の精神を先取りして環境影響評価が行われた．「準備書」と「評価書」は，浅海域生態系に及ぼす影響について，空港島建設に伴う海岸地形，底質・水質の変化は小さく，アマモ場や海底生物，魚類などへの影響も小さいとしている．「評価書」に対して，環境省は，工事中も含めより長期的な影響についてさらなる検討を行うことを要請している[14]．また，「準備書」と「評価書」に対する代表的な批判として，日本海洋学会海洋環境問題委員会[15]と宇野木・西條[16]がある．一方，これらの批判に対する反論と環境アセスメントの結果の擁護が，鶴谷ら[17]によって行われている．批判側と反論側ではその主張は真っ向から対立している部分もあれば，議論が噛み合っていない部分もある[15〜17]．これまでも，他の多くの事業において，環境アセスメントの予測結果の検証は行われてこなかった[18]．

4) モニタリングと事後調査・再評価

事業が展開される沿岸海域の環境は，非常に多くの構成要素をもち，それらが直接間接に影響しあうきわめて複雑な生態系である．環境とそこに生息する各種個体群や群集について，また生態系全体について，現在の科学の知見は決して十分ではなく，事業による人為的な影響を環境に与えた場合，その影響予測に不確実性を避けることができない．このため，必ずやその予測結果と実際の観測結果の不一致が生じる．また，とくにこれまで盛んに事業が展開され，富栄養化などの水質汚濁が進行している沿岸海域においては，自然のさまざまの変動の中で人為的な影響を検出することには多くの困難が伴う[19]．環境アセスメントの予測精度を高め，より適切な環境保全対策を推進するためには，つねに事後調査・再評価による検証が必要である．事後調査・再評価とは，事前の環境アセスメントの予測と実際の事後の状況が，全体としてあるいは個々の予測項目について一致するか否かを明らかにし，一致しない場合は，その原因を調べるものである．

環境アセスメント法の第14条第7項の「事業着手後の調査」によれば，事業着手後の調査とは，環境保全のための措置が将来判明すべき環境の状況に応じて講じる場合には，当該環境の状況の把握のための措置であり，事前の環境アセスメントの時点で将来どうなるかはっきりしない場合には，環境影響評価準備書にそれを把握するための措置を書くことを意味している．また，「基本的事項」(平成9年環境庁告示第87号)においては，環境への影響の重大性に応じて事後調査の必要性を検討するとともに，その調査結果を公表することを定めている．実際の事後調査の内容は事業ごとに事業種ごとにさまざまなので，1999年に環境庁が公表した「事後調査･再評価（レビュー）マニュアル」では，事後調査･再評価の定義や手法などの考え方が明確にされている．

環境アセスメント法や基本的事項によれば，「事後調査・評価」は工事中および供用後の環境の状態を把握するために実施するものであり，環境アセスメントの予測結果を検証するために実施するものではない．事後調査・評価をどのくらいの期間にわたって，実施すべきなのであろうか．環境アセスメントの予測においては，たとえば，すぐに影響がでる現象と，すぐには影響がでないが長期的には環境への影響が無視できない現象といったように，その予測結果と時間スケールとの関係を明確にしておくべきであろう．環境アセスメントの予測の不確実性を考慮すれば，この不確実性を軽減させるといった観点から事後調査・評価の設計と調査の継続期間を再考することが望ましい．

参考文献

1) 合田良實：海岸・港湾（2訂版），270 p.，彰国社（1998）．
2) 小池一之：海岸とつきあう，自然環境とのつきあい方5，131 p.，岩波書店（1997）．
3) 自然共生型海岸づくり研究会：自然共生型海岸づくりの進め方，73 p.，（社）全国海岸協会（2003）．

4) 西條八束：内湾の自然誌ー三河湾の再生をめざして，愛知大学綜合郷土研究所ブックレット 4, 76 p., あるむ（2002）.

5) 西村大司，岡島正彦，加藤英紀，風間崇宏：浚渫砂を用いた干潟造成による環境改善効果について，海洋開発論文集，pp. 25-30（2002）.

6) 水産工学研究所：生態系における構造と機能の評価方法に関するレビュー，水産工学研究集録, 205 p.（2000）.

7) 田中昌宏：環境・利用との調和，2000 年度（第 36 回）水工学に関する夏期研修会講義集，B コース，pp. B-5-1-19，土木学会（2000）.

8) （社）土木学会海岸工学委員会沿岸生態系評価研究会：沿岸生態系の機能評価と評価指標，60 p.（2002）.

9) 関口秀夫：富栄養化した内湾域での環境影響評価の問題点ー2．アセスメント法成立の歴史とその問題点．海の研究，**8**, 41-45（1999）.

10) 環境影響評価技術検討会（編）：環境アセスメント技術ガイド（生態系），277 p.,（財）自然環境研究センター（2002）.

11) 環境アセスメント研究会（編）：日本の環境アセスメント，201 p., ぎょうせい（2002）.

12) 浅野直人：戦略的環境アセスメント（Strategic Environmental Assessment）の導入．環境と公害，**30**, 16-20（2001）.

13) 環境省：海外における戦略的環境アセスメントの技術手法と事例の概要．環境省報道発表資料（http：//www.env.go.jp/press/press.php3?serial＝2885），2001.

14) 環境省：「中部国際空港建設事業及び空港島地域開発用地埋立造成事業並びに空港対岸部用地埋立造成事業に伴う工事中の海域環境影響検討調査報告書」等における環境監視結果に基づく環境省の見解について 環境省報道発表資料（http：//www.env.go.jp/press/press.php3?serial＝2759）（2001）.

15) 日本海洋学会海洋環境問題委員会：閉鎖性水域の環境影響評価に関する見解ー中部国際空港人工島建設の場合ー．海の研究，**8**, 349-357（1999）.

16) 宇野木早苗，西條八束：重大な欠陥をもつ中部国際空港周辺の海洋環境影響評価，8 p.（1999）.

17) 鶴谷廣一，細川恭史，栗山善昭，中村由行，鈴木 武，日比野忠史，古川恵太，中川康之，岡田知也，桑名朝比呂：内湾での人工島建設にかかる環境影響評価に対する 2, 3 の考察．港湾技研資料，**961**, 3-27（2000）.

18) 関口秀夫：伊勢湾の環境保全のための総合調査マニュアルー伊勢湾の環境保全と開発・利用のあり方ー，168 p.，三重県（伊勢湾学セミナー設置運営事業）（2003）.

19) 関口秀夫：富栄養化した内湾域での環境影響評価の問題点ー1．BACI とその展開．海の研究，**8**, 37-40（1999）.

演習問題解答

［1 章］

1.1 下記の表のようである（2003～2004 海岸ハンドブック，p. 221（国土交通省河川局海岸質室監修・全国海岸協会発行）より作成）.

都道府県別の海岸線延長

府県名	延長［km］	府県名	延長［km］	府県名	延長［km］	府県名	延長［km］
北海道	4398	神奈川	430	兵　庫	842	高　知	713
青　森	747	新　潟	624	和歌山	650	福　岡	663
岩　手	709	富　山	149	鳥　取	129	佐　賀	363
宮　城	841	石　川	584	島　根	1028	長　崎	4195
秋　田	263	静　岡	513	岡　山	542	熊　本	1109
山　形	135	愛　知	594	広　島	1129	大　分	759
福　島	166	三　重	1094	山　口	1502	宮　崎	406
茨　城	190	福　井	413	徳　島	392	鹿児島	2643
千　葉	531	京　都	315	香　川	700	沖　縄	1748
東　京	757	大　阪	233	愛　媛	1633	合　計	34837

1.2 下図のようである（2003～2004 海岸ハンドブック，p. 143（国土交通省河川局海岸室監修・全国海岸協会発行）より作成）.

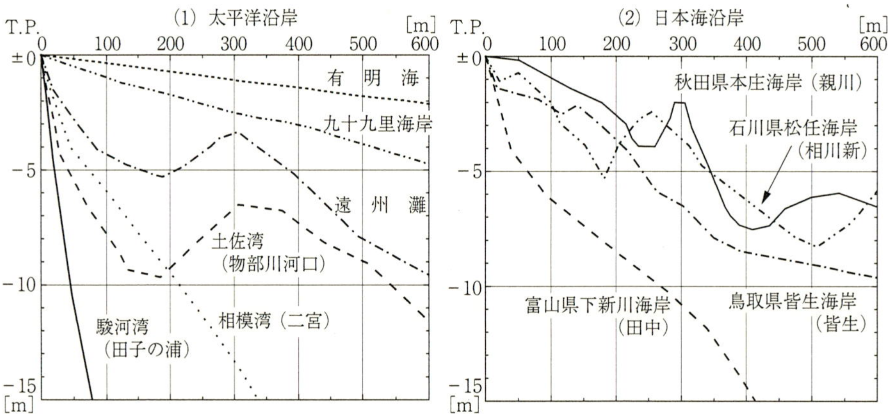

日本沿岸の海底形状

1.3 正解は ② である．T-N（全窒素）は規定されていない.

［2 章］

2.1

水深 h［m］	波長 L［m］	波速 C［m/s］
100	155.98	15.60
50	151.25	15.13
10	92.36	9.24
5	67.67	6.77

2.2

水深 h [m]	最大流速 u_m [m/s]
100	0.31
50	0.32
10	0.53
5	0.72

2.3 $P=\int_{-h}^{0}\rho gH\dfrac{\cosh k(h+z)}{\cosh kh}\cos kx\cos\sigma t$ で，$\cos kx=1$（壁面が腹），$\cos\sigma t=1$（最大値）を代入し計算すると，40.27×10^3 [Pa/m].

2.4 $(kx-\sigma t)$，$(kx+\sigma t)$ は三角関数の位相角である．いま，波の峰に着目する．波の進行とともに峰の位置も移動するが，峰の位置では位相角はつねに一定である．時間は一意的に増えるので，x の正方向に進む波は x と t がともに増えながら位相角を一定に保つことになり，したがって位相角は $(kx-\sigma t)$ の形となる．一方，負の方向に進む波は，x が減り t が増えながら位相角を一定に保っているので位相角が $(kx+\sigma t)$ の形となる．

[3　章]

3.1 (1) 沖波の波長は，$L_o=gT^2/2\pi=99.8$ m なので，波形勾配は，

$$\frac{H_o}{L_o}=\frac{2}{99.8}=0.020$$

(2) 図 3.2 において $h/L_o=4/99.8=0.040$ として読み取ると，

$$\frac{L}{L_o}=\frac{C}{C_o}=0.48$$

したがって，$L=0.48\times99.8=47.9$ m.

これより，$k=2\pi/L=0.131$ m^{-1}.

また，$C=0.48\times12.5=6.00$ m/s.

(3) 図 3.2 より，$H_o/L_o=0$ および $H_o/L_o=0.02$ に対する K_s の値を読み取ると，

線形理論（$H_o/L_o=0$）：$K_s=1.06$

$\therefore\ H=K_sH_o=1.06\times2=2.12$ m

非線形理論（$H_o/L_o=0.02$）：$K_s=1.16$

$\therefore\ H=K_sH_o=1.16\times2=2.32$ m

(4) 与えられた条件で砕波帯相似パラメータの値を計算すると，

$$\frac{\tan\beta}{\sqrt{H_o/L_o}}=\frac{1/30}{\sqrt{0.02}}=0.236 \text{ となる.}$$

図 3.5 より，砕波形式は崩れ波（spilling breaker）となる．

(5) 図 3.9 より，$h/L_o=0.04$ に対して波向き θ および屈折係数 K_r を読み取る．沖での波向きは $\theta_o=30°$ なので，

$\theta=14°$,　　$K_r=0.945$

3.2 まず，与えられた条件で図 3.14 の回折図から A 点での回折係数を読み取る．$x/L=y/L=100/70.85=1.41$ なので，図より $K_d=0.2$ となる．このときの A 点での波高は $H=K_dH_I$（H_I は入射波高）と表され，これが 1 m であるから，入射波高は，$H_I=1/0.2=5$ m となる．A 点での波高を 0.5 m にするためには，A 点での回折係数が $K_d=0.1$ となるように防波堤を延ばせばよいの

で，このような点は，$y/L=1.41$ の条件では，$x/L=5.2$ となる．したがって，$x=5.2\times70.85=368.4$ となり，延長する長さは，$368.4-100=268.4$ m と求められる．

3.3　式（3.24）より反射率 K_R は，式（3.24）より，

$$K_R=\frac{2-0.5}{2+0.5}=0.6$$

部分重複波の腹と節は 1/4 波長離れた点に生じるので，この波の波長は，$L=4\times5=20$ m である．水深 $h=8$ m で波長が $L=20$ m となるような波の周期は，

$$T=3.6\text{ s}$$

となる（$h/L=0.4$ なので，ほぼ深海波の条件になっている）．

［4　章］

4.1　(1)　3つの成分波は規則正しい波形であるが，合成波は規則波と異なる波形となる．この場合波峰が切れない長波峰の波である．したがって，数多くの正弦波が重なると，単一方向不規則波形（1つの方向にのみ伝搬する不規則波）になるものと推察される．

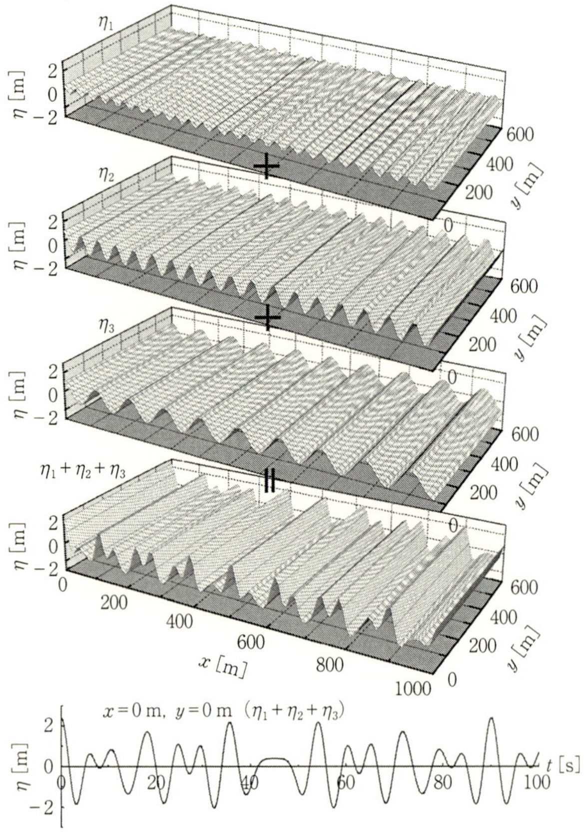

(2)　3つの成分波は規則正しい長波峰の波であるが，その合成波は波峰が途中で切れる短波峰の波，いわゆる切れ波である．したがって，数多くの進行方向の異なる正弦波が重なると多方向不規則波，すなわち風波のようになるものと推測される．

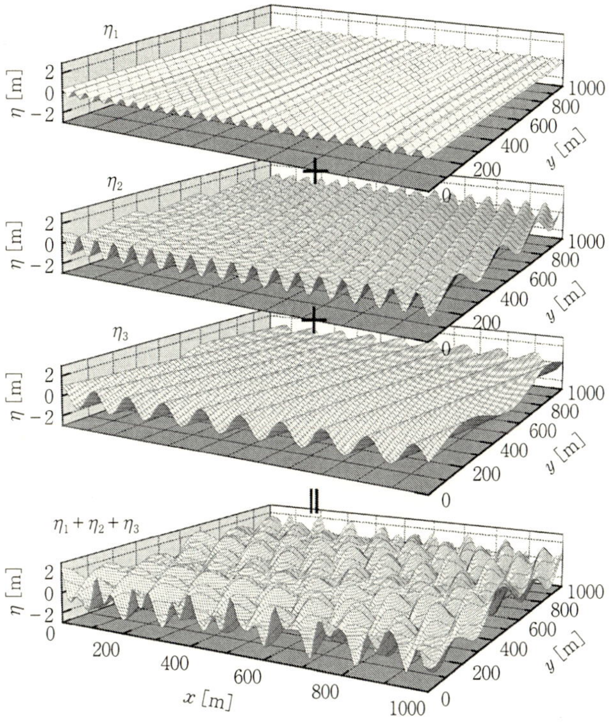

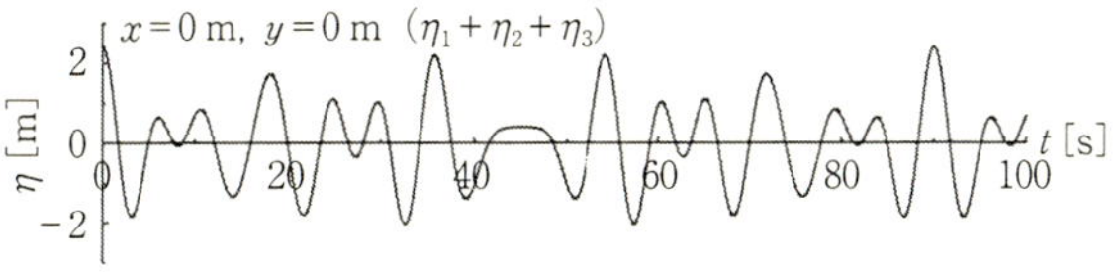

4.2 図 4.5 を使う．風速 $U=18$ m/s と吹送距離 $F=200$ km の組合せに対して，$H_{1/3}\cong 3$ m と $T_{1/3}\cong 6.3$ s を得る．一方，風速 $U=18$ m/s と吹送時間 $t=6$ hr の組合せに対して，$H_{1/3}\cong 4.2$ m，$T_{1/3}\cong 7.8$ s を得る．推算波は，小さいほうの $H_{1/3}\cong 3.0$ m，$T_{1/3}\cong 6.3$ s である．したがって，正解は ③ である．

4.3 図 4.5 を使う．風速 $U_1=10$ m/s の場合，午前 8 時における推算波は，吹送時間は 8 時間なので，吹送時間で規定される．すなわち，$H_{1/3}\cong 1.4$ m，$T_{1/3}\cong 4.6$ s となる．この値を，等エネルギー線に沿って $U_2=20$ m/s まで平行移動して，それに対応する吹送時間を読み取ると $t^{*}\cong 1.5$ 時間となる．有効吹送時間 $(t_2)^{*}$ は，1.5 時間 + 5 時間 = 6.5 時間となる．つぎに，$U_2=20$ m/s，$F_2=200$ km，$(t_2)^{*}=6.5$ hr に対して，有義波を求めると，吹送時間により規定され，$H_{1/3}\cong 3.5$ m，$T_{1/3}\cong 6.8$ s を得る．したがって，正解は ② である．

4.4 図 4.5 と式 (4.24) と (4.25) を使う．風速 $U=18$ m/s で $H_{1/3}\cong 2.5$ m の波高が発生しているので，図 4.5 より，$T_{1/3}=5.6$ s で $F_{min}\cong 50$ km となる．式 (4.24) と (4.25) に，$(H_{1/3})_F=2.5$ m，$(T_{1/3})_F=5.6$ s，$F_{min}=50$ km を代入すると，$(H_{1/3})_D\cong 0.49$ m，$(T_{1/3})_D\cong 7.5$ s を得る．したがって，最も適切なのは②である．

〔5 章〕

5.1 ③

津波は（ア長波）であるから波速は（イ $\sqrt{gh}$）で求めることができる．また，到達時間は，

$$T=\frac{L}{\sqrt{gh}}=\frac{17000000\ \mathrm{m}}{\sqrt{9.8\ \mathrm{m/s^2}\times 4000\ \mathrm{m}}}=85862\ \mathrm{s}=23.9\ \text{時間}$$

となる．

5.2 ③

湾奥部での津波の高さは式（5.22）より，

$$H_2=H_I\left(\frac{h_1}{h_2}\right)^{1/4}\left(\frac{b_1}{b_2}\right)^{1/2}=1.0\ \mathrm{m}\cdot\left(\frac{4000}{20}\right)^{1/4}\cdot\left(\frac{500}{200}\right)^{1/2}=5.94\ \mathrm{m}\cong 5.9\ \mathrm{m}$$

となる．

5.3 ①

自由振動の固有周期は，

$$T=\frac{4l}{(2\mathrm{m}-1)\sqrt{gh}}=\frac{4\times 2000\ \mathrm{m}}{(2\times 1-1)\sqrt{9.8\ \mathrm{m/s^2}\times 20\ \mathrm{m}}}=571\ \mathrm{s}=9\ \text{分}\ 31\ \text{秒}$$

で与えられる．

〔6 章〕

6.1 ⑤

6.2 45.2 cm（観測基準面上）

基本水準面の高さは，平均海面の高さから主要四分潮の調和定数値の振幅の和を差し引いたものとして定義される．すなわち，

$$z_0(\text{基本水準面})=\bar{z}(\text{平均海面})-(H_m+H_s+H'+H_0')$$
$$=166.6-(50.9+24.7+25.8+20.0)=166.6-121.4=45.2\ \mathrm{cm}$$

となる．基本水準面の高さは，観測基準面上 45.2 cm となる．なお，海図などの基準は，この高さを 0.0 cm に設定する．

〔7 章〕

7.1 式（7.2）より

$$\left(\frac{H_0'}{L_0}\right)=\alpha\left(\frac{d}{L_0}\right)^n\left(\sinh\frac{2\pi h}{L}\right)\left(\frac{H_0'}{H}\right)$$

であるが，直角入射なので $H_0'=H_0$ である．また，$H=K_sH_0$（K_s は浅水係数）より，

$$\frac{H_0}{L_0}=\alpha\left(\frac{d}{L_0}\right)^n\left(\sinh\frac{2\pi h}{L}\right)K_s^{-1}$$

と書ける．ここで，

$$K_s=\sqrt{\frac{C_{g0}}{C_g}}=\left[\left\{1+\frac{2kh}{\sinh 2kh}\right\}\tanh kh\right]^{-1/2}$$

なので，

$$\frac{H_0}{L_0}=\alpha\left(\frac{d}{L_0}\right)^n\tanh kh\left\{\frac{1}{2}(\sinh 2kh+2kh)\right\}^{1/2}$$

となる．ここで $n=1/3$，$\alpha=1.35$ の数値，および $L_0=gT^2/2\pi=76.4\ \mathrm{m}$ を代入すると，

$$\tanh kh\left\{\frac{1}{2}(\sinh 2kh+2kh)\right\}^{1/2}=2.316$$

となる．これを kh について解くと*，$kh=2\pi h/L\fallingdotseq 1.503$ となる．

一方，

$$L=\frac{gT^2}{2\pi}\tanh\frac{2\pi h}{L}$$

の右辺に $kh=2\pi h/L\fallingdotseq 1.503$ と $T=7$ s および $g=9.8$ m/s^2 の値を代入すると $L=69.2$ m が得られる．したがって表層移動限界水深 $h=16.6$ m が求められる．ただし，*の計算は若干煩雑なので水理公式集（水理委員会，土木学会，713 p.）の算定図を利用すると便利である．

7.2 砕波点では波長が水深に比べて十分長いので $C_g=C=\sqrt{gh_b}$ とすることができる．よって

$$Q=\alpha(EC_g)_b\cos\alpha_b\sin\alpha_b=\frac{\alpha}{2}(EC_g)_b\sin 2\alpha_b$$

$$=\frac{\alpha}{16}\rho g H_b^2\sqrt{gh_b}\sin 2\alpha_b$$

数値を代入すると

$$Q=\frac{\alpha}{16}\times 1[\mathrm{tf/m^3}]\times(2[\mathrm{m}])^2\times\sqrt{9.8[\mathrm{m/s^2}]\times 3[\mathrm{m}]}\times\sin 20°$$

$$=\frac{\alpha}{16}\times 1[\mathrm{tf/m^3}]\times(2[\mathrm{m}])^2\times 5.42[\mathrm{m/s}]\times 0.34$$

$$=\frac{0.3[\mathrm{m^3/tf}]}{16}\times 1[\mathrm{tf/m^3}]\times 4[\mathrm{m^2}]\times 4.68\times 10^5[\mathrm{m/日}]\times 0.34$$

$$=1.19\times 10^4[\mathrm{m^3/日}]$$

となる．

[8　章]

8.1 (1) 速度ポテンシャル

$$\phi=u_0\left(r+\frac{R^2}{r}\right)\cos\theta$$

(2) 流速

$$u=\frac{R^2u_0}{r^2}\cos 2\theta,\ v=\frac{R^2u_0}{r^2}\sin 2\theta$$

(3) 圧力分布

$$p=\left\{c(t)+\frac{R(du_0/dt)}{r}\cos\theta+\frac{R^2u_0}{r^2}\cos 2\theta-\frac{1}{2}\frac{R^4u_0^2}{r^4}\right\}$$

(4) 流体力

$$F_x=-\int_0^{2\pi}dp\cos\theta=-\rho\pi R^2\frac{du_0}{dt},\quad F_y=-\int_0^{2\pi}dp\sin\theta=0$$

[9　章]

9.1 表層の生産層（有光層）と有機物の分解および栄養塩類の再生の場である底層の距離が近く，かつ栄養塩類の供給源である陸域に近いために，沿岸海域の植物の単位面積あたりの生物量と生産量が大きい．

9.2 海洋では，光が届かず，有機物の分解および栄養塩類の再生の場である深層と，表層の生産層が鉛直的に分離しているので，深層にプールされた栄養塩類が表層の生産層に運ばれないこと

には，植物の第1次生物生産は大きくならない．表層水の冷却に伴う海水の鉛直混合の促進によって，深層にプールされた栄養塩類は表層の生産層に運ばれる．

9.3 沿岸海域において開発･防災事業の一環として行われている埋立てや干拓は，必然的に自然海岸，干潟の消失を伴い，これは沿岸海域の水質浄化能力の低下をもたらし，ひいては富栄養化による水質汚濁を促進している．干潟およびそれに隣接する浅場の面積の縮小は，アサリの生息域の縮小を意味する．自然海岸，干潟，藻場の消失は沿岸海域の水質浄化能力の低下をもたらし，つねに過剰な栄養塩類が水中に存在するので，富栄養化の進行が止まらず，赤潮が頻発しやすい状況ができる．

9.4 暖期に海水の成層（鉛直安定度）を壊す要因，たとえば強風あるいは台風などの襲来による海水撹乱，冷夏などによる表面水温の低下による海水の鉛直安定度の低下（猛暑による逆の過程），半閉鎖的水域内と外海水との間の海水交換などに，季節・年変動が生じるからである．

索　　引

あ　行

か　行

さ 行

た 行

な　行

は　行

ま　行

や, ら, わ行

著者略歴

いわた こういちろう
岩田好一朗

1941年　富山県に生まれる
1967年　大阪大学大学院工学研究科修士課程修了
現　在　中部大学工学部都市建設工学科教授
　　　　名古屋大学名誉教授
　　　　工学博士

みず たに のり み
水谷法美

1960年　三重県に生まれる
1988年　名古屋大学大学院工学研究科博士課程満了
現　在　名古屋大学大学院工学研究科教授
　　　　工学博士

あお き しん いち
青木伸一

1957年　香川県に生まれる
1983年　大阪大学大学院工学研究科修士課程修了
現　在　豊橋技術科学大学建設工学系教授
　　　　工学博士

むら かみ かず お
村上和男

1947年　静岡県に生まれる
1972年　東北大学大学院工学研究科修士課程修了
現　在　武蔵工業大学工学部教授
　　　　工学博士

せき ぐち ひで お
関口秀夫

1944年　福岡県に生まれる
1973年　東京大学大学院農学研究科博士課程修了
現　在　三重大学生物資源学部教授
　　　　農学博士

役にたつ土木工学シリーズ 1
海岸環境工学　　定価はカバーに表示

2005年10月30日　初版第1刷
2021年 1月25日　　　第9刷

著　者　岩田好一朗
　　　　水谷法美
　　　　青木伸一
　　　　村上和男
　　　　関口秀夫
発行者　朝倉誠造
発行所　株式会社 朝倉書店
　　　　東京都新宿区新小川町6-29
　　　　郵便番号　162-8707
　　　　電　話　03(3260)0141
　　　　FAX　03(3260)0180
　　　　http://www.asakura.co.jp

〈検印省略〉

中央印刷・渡辺製本

ISBN 978-4-254-26511-8 C3351　　Printed in Japan